中国近海底栖动物多样性丛书

丛书主编　王春生

南海底栖动物常见种形态分类图谱

中册

黄雅琴　王建军　主编

科学出版社

北京

内 容 简 介

本书参考国内外最新文献资料，在对历年来采集的南海软体动物标本进行重新整理和分类的基础上，依据《中国近海底栖动物分类体系》撰写而成。本书系统收录了南海常见底栖软体动物178种，包括多板纲4种、掘足纲1种、腹足纲82种、双壳纲89种和头足纲2种，内容涵盖了南海常见软体动物的中文名、学名、主要特征、生态习性及地理分布等，所列物种均配以原色彩色照片，力求更详尽地表现其三维形态和分类特征。

本书可供海洋生物性、水产资源学与生物多样性等研究领域的科研工作者、高校师生阅读参考。

图书在版编目（CIP）数据

南海底栖动物常见种形态分类图谱. 中册 / 黄雅琴, 王建军主编. -- 北京：科学出版社, 2024.12.

(中国近海底栖动物多样性丛书 / 王春生主编).

ISBN 978-7-03-079898-5

Ⅰ. Q958.8-64

中国国家版本馆CIP数据核字第2024V53Z11号

责任编辑：李　悦　田明霞 / 责任校对：郑金红
责任印制：肖　兴 / 装帧设计：北京美光设计制版有限公司

科学出版社 出版
北京东黄城根北街16号
邮政编码：100717
http://www.sciencep.com

北京华联印刷有限公司印刷
科学出版社发行　各地新华书店经销

*

2024年12月第 一 版　　开本：787×1092　1/16
2024年12月第一次印刷　印张：21 1/2
字数：510 000

定价（中册）：328.00元
（如有印装质量问题，我社负责调换）

"中国近海底栖动物多样性丛书"编辑委员会

丛书主编 王春生

丛书副主编（以姓氏笔画为序）

　　王建军　寿　鹿　李新正　张东声　张学雷　周　红
　　蔡立哲

编　　委（以姓氏笔画为序）

　　王小谷　王宗兴　王建军　王春生　王跃云　甘志彬
　　史本泽　刘　坤　刘材材　刘清河　汤雁滨　许　鹏
　　孙　栋　孙世春　寿　鹿　李　阳　李新正　邱建文
　　沈程程　宋希坤　张东声　张学雷　张睿妍　林施泉
　　周　红　周亚东　倪　智　徐勤增　郭玉清　黄　勇
　　黄雅琴　龚　琳　鹿　博　葛美玲　蒋　维　傅素晶
　　曾晓起　温若冰　蔡立哲　廖一波　翟红昌

审稿专家　张志南　蔡如星　林　茂　徐奎栋　江锦祥　刘镇盛
　　张敬怀　肖　宁　郑凤武　李荣冠　陈　宏　张均龙

《南海底栖动物常见种形态分类图谱》（中册）编辑委员会

主　　　编　黄雅琴　王建军
副　主　编（以姓氏笔画为序）
　　　　　　李　众　李荣冠　刘　坤
编　　　委（以姓氏笔画为序）
　　　　　　马　林　王亚琴　王春生　王跃云　甘志彬　刘昕明
　　　　　　刘清河　牟剑锋　曲寒雪　江锦祥　闫　嘉　孙世春
　　　　　　陈丙温　陈昕韡　李　阳　李　渊　李一璇　李新正
　　　　　　宋希坤　张　然　张心科　张学雷　张舒怡　何雪宝
　　　　　　初雁凌　杨德援　林龙山　林和山　林俊辉　周细平
　　　　　　郑新庆　饶义勇　赵小雨　徐勤增　郭玉清　隋吉星
　　　　　　龚　琳　寇　琦　彭文晴　葛美玲　董　栋　曾晓起
　　　　　　谢伟杰　傅素晶　蔡立哲

丛书序

海洋底栖动物是海洋生物中种类最多、生态学关系最复杂的生态类群，包括大多数的海洋动物门类，在已有记录的海洋动物种类中，60%以上是底栖动物。它们大多生活在有氧和有机质丰富的沉积物表层，是组成海洋食物网的重要环节。底栖动物对海底的生物扰动作用在沉积物–水界面生物地球化学过程研究中具有十分重要的科学意义。

海洋底栖动物区域性强，迁移能力弱，且可通过生物富集或生物降解等作用调节体内的污染物浓度，有些种类对污染物反应极为敏感，而有些种类则对污染物具有很强的耐受能力。因此，海洋底栖动物在海洋污染监测等方面具有良好的指示作用，是海洋环境监测和生态系统健康评估体系的重要指标。

海洋底栖动物与人类的关系也十分密切，一些底栖动物是重要的水产资源，经济价值高；有些种类又是医药和多种工业原料的宝贵资源；有些种类能促进污染物降解与转化，发挥环境修复作用；还有一些污损生物破坏水下设施，严重危害港务建设、交通航运等。因此，海洋底栖动物在海洋科学研究、环境监测与保护、保障海洋经济和社会发展中具有重要的地位与作用。

但目前对我国海洋底栖动物的研究步伐远跟不上我国社会经济的发展速度。尤其是近些年来，从事分类研究的老专家陆续退休或离世，生物分类研究队伍不断萎缩，人才青黄不接，严重影响了海洋底栖动物物种的准确鉴定。另外，缺乏规范的分类体系，无系统的底栖动物形态鉴定图谱和检索表等分类工具书，也造成种类鉴定不准确，甚至混乱。

在海洋公益性行业科研专项"我国近海常见底栖动物分类鉴定与信息提取及应用研究"的资助下，结合形态分类和分子生物学最新研究成果，我们组织专家开展了我国近海常见底栖动物分类体系研究，并采用新鲜样品进行图像等信息的采集，编制完成了"中国近海底栖动物多样性丛书"，共10册，其中《中国近海底栖动物分类体系》1册包含18个动物门771个科；《中国近海底栖动物常见种名录》1册共收录了18个动物门4585个种；渤海、黄海（上、下册）、东海（上、下册）和南海（上、中、下册）形态分类图谱分别包含了12门151科260种、13门219科484种、13门229科522种和13门282科680种。

在本丛书编写过程中，得到了项目咨询专家中国海洋大学张志南教授、浙江大学蔡如星教授和自然资源部第三海洋研究所林茂研究员的指导。中国科学院海洋研究所徐奎栋研究员、肖宁博士和张均龙博士，自然资源部第二海洋研究所刘镇盛研究员，自然资源部第三海洋研究所江锦祥研究员、郑凤武研究员和李荣冠研究员，自然资源部南海局张敬怀研究员，海南南海热带海洋研究所陈宏研究员审阅了书稿，并提出了宝贵意见，在此一并表示感谢。

同时本丛书得以出版与原国家海洋局科学技术司雷波司长和辛红梅副司长的支持分不开。在实施方案论证过程中，原国家海洋局相关业务司领导及评审专家提出了很多有益的意见和建议，笔者深表谢意！

　　在丛书编写过程中我们尽可能采用了 WoRMS 等最新资料，但由于有些门类的分类系统在不断更新，有些成果还未被吸纳进来，为了弥补不足，项目组注册并开通了"中国近海底栖动物数据库"，将不定期对相关研究成果进行在线更新。

　　虽然我们采取了十分严谨的态度，但限于业务水平和现有技术，书中仍不免会出现一些疏漏和不妥之处，诚恳希望得到国内外同行的批评指正，并请将相关意见与建议上传至"中国近海底栖动物数据库"，便于编写组及时更正。

"中国近海底栖动物多样性丛书"编辑委员会

2021 年 8 月 15 日于杭州

前　言

南海东临太平洋，西接印度洋，是西北太平洋最大的半封闭热带边缘海，在季风、水团、洋流及地形地貌等多重因素的影响下，形成了复杂多样的海洋环境，孕育了丰富的底栖生物群落。软体动物作为底栖生物群落中的重要组成部分，在物质循环、能量流动和生境构建中发挥关键作用，同时也是海洋生态系统健康的重要指示生物。

我国南海软体动物种类繁多，广泛分布于珊瑚礁、红树林、海草床和泥沙底栖生境，其中以暖水性种类占优势，主要为热带和亚热带适温种类。许多软体动物在经济、生态及科学研究方面均具有重要价值，如扇贝、牡蛎、鲍鱼和乌贼等软体动物不仅我国是沿海渔业的重要支柱，还为水产养殖和出口贸易提供了有力支撑；滤食性贝类（如贻贝、牡蛎）能够净化水质，而掘穴性贝类（如竹蛏）则有助于维持海底沉积物的稳定，促进生态平衡；芋螺和头足类等软体动物因其独特的生理特性，在生物医药、神经毒素开发及海洋生态监测方面展现出重要的应用价值。

然而，随着全球气候变化和人类活动的加剧，南海海洋生态系统正面临着显著的环境压力，包括海水温度上升、海洋酸化、沿海污染及过度捕捞等，这些因素正在深刻影响软体动物的群落结构、生物多样性和生态功能。因此，定期更新软体动物资料，有助于反映物种分布和生态环境的最新状况，为生态保护和资源管理提供科学依据。

本册图谱参考国内外最新文献资料，对自然资源部第三海洋研究所历年来在南海采集的软体动物标本进行了重新整理和分类，依据《中国近海底栖动物分类体系》撰写而成，系统收录了南海常见底栖软体动物 178 种，包括多板纲 4 种、掘足纲 1 种、腹足纲 82 种、双壳纲 89 种和头足纲 2 种。图谱内容涵盖了南海常见软体动物的中文名、学名、主要特征、生态习性及地理分布等，所列物种全部配以高分辨率的原色彩色照片，力求更详尽地表现其三维形态和分类特征。

感谢自然资源部第三海洋研究所各级领导和同事对海洋软体动物分类工作的大力支持，同时本册图谱的出版得到了海洋公益性行业科研专项"我国近海常见底栖动物分类鉴定与信息提取及应用研究"（201505004）项目的资助。全册图谱所列标本虽然只是南海众多软体动物中的其中一部分，种类数量不算多，但已包含大量常见、有重要经济价值的种类。希望本册图谱能够为南海软体动物的分类和生态研究提供新的资料与视角，为海洋科研人员和管理部门提供可靠的物种辨识工具，同时也为解析南海生物多样性格局、制定可持续海洋保护策略提供重要科学依据。

本册图谱凝聚了众多研究人员的辛勤劳动，在编写过程中我们始终怀着审慎的态度，但由于编者水平和资料的限制，书中难免存在疏漏，恳请读者提出宝贵意见，以期不断改进，更好地发挥其参考价值。

编　者

2024 年 12 月于厦门

目　录

软体动物门 Mollusca

多板纲 Polyplacophora
石鳖目 Chitonida
鬃毛石鳖科 Mopaliidae Dall, 1889
宽板石鳖属 *Placiphorella* Dall, 1879
日本宽板石鳖 *Placiphorella japonica* (Dall, 1925) 2
石鳖科 Chitonidae Rafinesque, 1815
利石鳖属 *Liolophura* Pilsbry, 1893
日本利石鳖 *Liolophura japonica* (Lischke, 1873) 3
毛肤石鳖科 Acanthochitonidae Pilsbry, 1893
毛肤石鳖属 *Acanthochitona* Gray, 1821
红条毛肤石鳖 *Acanthochitona rubrolineata* (Lischke, 1873) 4

掘足纲 Scaphopoda
角贝目 Dentaliida
角贝科 Dentaliidae Children, 1834
角贝属 *Dentalium* Linnaeus, 1758
变肋角贝 *Dentalium octangulatum* Donovan, 1804 5
梭角贝目 Gadilida
梭角贝科 Gadilidae Stoliczka, 1868
梭角贝属 *Gadila* Gray, 1847
棒梭角贝 *Gadila clavata* (Gould, 1859) 6

腹足纲 Gastropoda / 帽贝亚纲 Patellogastropoda
帽贝总科 Patelloidea Rafinesque, 1815
花帽贝科 Nacellidae Thiele, 1891
嫁𧒒属 *Cellana* H. Adams, 1869
嫁𧒒 *Cellana toreuma* (Reeve, 1854) 7
青螺总科 Lottioidea Gray, 1840
青螺科 Lottiidae Gray, 1840
日本笠贝属 *Nipponacmea* Sasaki & Okutani, 1993
史氏日本笠贝 *Nipponacmea schrenckii* (Lischke, 1868) 8
拟帽贝属 *Patelloida* Quoy & Gaimard, 1834

矮拟帽贝 *Patelloida pygmaea* (Dunker, 1860) 9
乌爪拟帽贝 *Patelloida saccharina lanx* (Reeve, 1855) 10

腹足纲 Gastropoda / 新进腹足亚纲 Caenogastropoda

蟹守螺总科 Cerithioidea J. Fleming, 1822
平轴螺科 Planaxidae Gray, 1850
　平轴螺属 *Planaxis* Lamarck, 1822
　　平轴螺 *Planaxis sulcatus* (Born, 1778) 11
汇螺科 Potamididae H. Adams & A. Adams, 1854
　拟蟹守螺属 *Cerithidea* Swainson, 1840
　　彩拟蟹守螺 *Cerithidea balteata* A. Adams, 1855 12
　小汇螺属 *Pirenella* Gray, 1847
　　小翼小汇螺 *Pirenella microptera* (Kiener, 1841) 14
滩栖螺科 Batillariidae Thiele, 1929
　滩栖螺属 *Batillaria* Benson, 1842
　　纵带滩栖螺 *Batillaria zonalis* (Bruguière, 1792) 16
　　疣滩栖螺 *Batillaria sordida* (Gmelin, 1791) 18
锥螺科 Turritellidae Lovén, 1847
　锥螺属 *Turritella* Lamarck, 1799
　　棒锥螺 *Turritella bacillum* Kiener, 1843 20

梯螺总科 Epitonioidea Berry, 1910 (1812)
梯螺科 Epitoniidae Berry, 1910 (1812)
　梯螺属 *Epitonium* Röding, 1798
　　宽带梯螺 *Epitonium clementinum* (Grateloup, 1840) 22

滨螺形目 Littorinimorpha
滨螺科 Littorinidae Children, 1834
　拟滨螺属 *Littoraria* Gray, 1833
　　粗糙拟滨螺 *Littoraria articulata* (Philippi, 1846) 23
　　黑口拟滨螺 *Littoraria melanostoma* (Gray, 1839) 24
　结节滨螺属 *Echinolittorina* Habe, 1956
　　塔结节滨螺 *Echinolittorina pascua* (Rosewater, 1970) 25
蛇螺科 Vermetidae Rafinesque, 1815
　布袋蛇螺属 *Thylacodes* Guettard, 1770
　　覆瓦布袋蛇螺 *Thylacodes adamsii* (Mörch, 1859) 26
　蛇螺属 *Vermetus* Daudin, 1800
　　紧卷蛇螺 *Vermetus renisectus* (Carpenter, 1857) 27

目 录

帆螺科 Calyptraeidae Lamarck, 1809
    管帽螺属 *Ergaea* H. Adams & A. Adams, 1854
        扁平管帽螺 *Ergaea walshi* (Reeve, 1859) 28

凤螺科 Strombidae Rafinesque, 1815
    唇翼螺属 *Euprotomus* Gill, 1870
        黑口唇翼螺 *Euprotomus aratrum* (Röding, 1798) 30

玉螺科 Naticidae Guilding, 1834
    塔玉螺属 *Tanea* Marwick, 1931
        线纹塔玉螺 *Tanea lineata* (Röding, 1798) 32
    多肋玉螺属 *Naticarius* Duméril, 1805
        海南多肋玉螺 *Naticarius hainanensis* (Liu, 1977) 33
    乳玉螺属 *Mammilla* Schumacher, 1817
        黑田乳玉螺 *Mammilla kurodai* (Iw. Taki, 1944) 34
    无脐玉螺属 *Polinices* Montfort, 1810
        蛋白无脐玉螺 *Polinices albumen* (Linnaeus, 1758) 35
    窦螺属 *Sinum* Röding, 1798
        爪哇窦螺 *Sinum javanicum* (Gray, 1834) 36

光螺科 Eulimidae Philippi, 1853
    光螺属 *Melanella* Bowdich, 1822
        马氏光螺 *Melanella martinii* (A. Adams in Sowerby, 1854) 38

宝贝科 Cypraeidae Rafinesque, 1815
    宝贝属 *Cypraea* Linnaeus, 1758
        虎斑宝贝 *Cypraea tigris* Linnaeus, 1758 39
    绶贝属 *Mauritia* Troschel, 1863
        阿文绶贝 *Mauritia arabica asiatica* Schilder & Schilder, 1939 40

冠螺科 Cassidae Latreille, 1825
    冠螺属 *Cassis* Scopoli, 1777
        唐冠螺 *Cassis cornuta* (Linnaeus, 1758) 41
    宝冠螺属 *Cypraecassis* Stutchbury, 1837
        宝冠螺 *Cypraecassis rufa* (Linnaeus, 1758) 42

嵌线螺科 Cymatiidae Iredale, 1913
    蝌蚪螺属 *Gyrineum* Link, 1807
        粒蝌蚪螺 *Gyrineum natator* (Röding, 1798) 44

法螺科 Charoniidae Powell, 1933
    法螺属 *Charonia* Gistel, 1847

vii

法螺 *Charonia tritonis* (Linnaeus, 1758) 46
扭螺科 Personidae Gray, 1854
   扭螺属 *Distorsio* Röding, 1798
      网纹扭螺 *Distorsio reticularis* (Linnaeus, 1758) 48
蛙螺科 Bursidae Thiele, 1925
   赤蛙螺属 *Bufonaria* Schumacher, 1817
      习见赤蛙螺 *Bufonaria rana* (Linnaeus, 1758) 50

新腹足目 Neogastropoda

骨螺科 Muricidae Rafinesque, 1815
   棘螺属 *Chicoreus* Montfort, 1810
      褐棘螺 *Chicoreus brunneus* (Link, 1807) 52
   丝岩螺属 *Mancinella* Link, 1807
      红痘丝岩螺 *Mancinella alouina* (Röding, 1798) 54
   骨螺属 *Murex* Linnaeus, 1758
      浅缝骨螺 *Murex trapa* Röding, 1798 56
   翼螺属 *Pterynotus* Swainson, 1833
      翼螺 *Pterynotus alatus* (Röding, 1798) 58
   腾螺属 *Tenguella* Arakawa, 1965
      镶珠腾螺 *Tenguella musiva* (Kiener, 1835) 59
   印荔枝螺属 *Indothais* Claremont, Vermeij, Williams & Reid, 2013
      可变印荔枝螺 *Indothais lacera* (Born, 1778) 60
   瑞荔枝螺属 *Reishia* Kuroda & Habe, 1971
      疣瑞荔枝螺 *Reishia clavigera* (Küster, 1860) 62
核螺科 Columbellidae Swainson, 1840
   小笔螺属 *Mitrella* Risso, 1826
      白小笔螺 *Mitrella albuginosa* (Reeve, 1859) 64
东风螺科 Babyloniidae Kuroda, Habe & Oyama, 1971
   东风螺属 *Babylonia* Schlüter, 1838
      方斑东风螺 *Babylonia areolata* (Link, 1807) 66
织纹螺科 Nassariidae Iredale, 1916 (1835)
   鱼篮螺属 *Nassaria* Link, 1807
      尖鱼篮螺 *Nassaria acuminata* (Reeve, 1844) 68
   织纹螺属 *Nassarius* Duméril, 1805
      光织纹螺 *Nassarius dorsatus* (Röding, 1798) 70
      节织纹螺 *Nassarius hepaticus* (Pulteney, 1799) 72

　　　　西格织纹螺 *Nassarius siquijorensis* (A. Adams, 1852) 74
　　　　红带织纹螺 *Nassarius succinctus* (A. Adams, 1852) 76
　　　　胆形织纹螺 *Nassarius pullus* (Linnaeus, 1758) 78
　　　　秀丽织纹螺 *Nassarius festivus* (Powys, 1835) 80
　榧螺科 Olividae Latreille, 1825
　　榧螺属 *Oliva* Bruguière, 1789
　　　　伶鼬榧螺 *Oliva mustelina* Lamarck, 1811 82
　细带螺科 Fasciolariidae Gray, 1853
　　鸽螺属 *Peristernia* Mörch, 1852
　　　　鸽螺 *Peristernia nassatula* (Lamarck, 1822) 84
　衲螺科 Cancellariidae Forbes & Hanley, 1851
　　三角口螺属 *Trigonaphera* Iredale, 1936
　　　　白带三角口螺 *Trigonaphera bocageana* (Crosse & Debeaux, 1863) 86
　　莫利加螺属 *Merica* H. Adams & A. Adams, 1854
　　　　中华莫利加螺 *Merica sinensis* (Reeve, 1856) 88
　塔螺科 Turridae H. Adams & A. Adams, 1853 (1838)
　　果蕾螺属 *Unedogemmula* MacNeil, 1961
　　　　细肋果蕾螺 *Unedogemmula deshayesii* (Doumet, 1840) 89
　　乐飞螺属 *Lophiotoma* T. L. Casey, 1904
　　　　白龙骨乐飞螺 *Lophiotoma leucotropis* (A. Adams & Reeve, 1850) 90
　西美螺科 Pseudomelatomidae J. P. E. Morrison, 1966
　　区系螺属 *Funa* Kilburn, 1988
　　　　杰氏区系螺 *Funa jeffreysii* (E. A. Smith, 1875) 92
　棒螺科 Clavatulidae Gray, 1853
　　拟塔螺属 *Turricula* Schumacher, 1817
　　　　爪哇拟塔螺 *Turricula javana* (Linnaeus, 1767) 94
　　　　假奈拟塔螺 *Turricula nelliae spuria* (Hedley, 1922) 96
　笋螺科 Terebridae Mörch, 1852
　　双层螺属 *Duplicaria* Dall, 1908
　　　　双层螺 *Duplicaria duplicata* (Linnaeus, 1758) 98

腹足纲 Gastropoda / 古腹足亚纲 Vetigastropoda
小笠螺目 Lepetellida
　钥孔蝛科 Fissurellidae Fleming, 1822
　　盾蝛属 *Scutus* Montfort, 1810
　　　　中华盾蝛 *Scutus sinensis* (Blainville, 1825) 99

马蹄螺目 Trochida

马蹄螺总科 Trochoidea Rafinesque, 1815

 小阳螺科 Solariellidae Powell, 1951

  小铃螺属 *Minolia* A. Adams, 1860

   中国小铃螺 *Minolia chinensis* G. B. Sowerby III, 1889 100

 马蹄螺科 Trochidae Rafinesque, 1815

  单齿螺属 *Monodonta* Lamarck, 1799

   拟蜑单齿螺 *Monodonta neritoides* (R. A. Philippi, 1849) 102

  马蹄螺属 *Trochus* Linnaeus, 1758

   褶条马蹄螺 *Trochus sacellum* R. A. Philippi, 1855 104

  蝐螺属 *Umbonium* Link, 1807

   托氏蝐螺 *Umbonium thomasi* (Crosse, 1863) 105

 蝾螺科 Turbinidae Rafinesque, 1815

  星螺属 *Astralium* Link, 1807

   紫底星螺 *Astralium haematragum* (Menke, 1829) 107

  小月螺属 *Lunella* Röding, 1798

   粒花冠小月螺 *Lunella coronata* (Gmelin, 1791) 108

  蝾螺属 *Turbo* Linnaeus, 1758

   节蝾螺 *Turbo bruneus* (Röding, 1798) 110

腹足纲 Gastropoda / 蜑形亚纲 Neritimorpha

蜑螺目 Cycloneritida

 蜑螺科 Neritidae Rafinesque, 1815

  彩螺属 *Clithon* Montfort, 1810

   奥莱彩螺 *Clithon oualaniense* (Lesson, 1831) 112

  蜑螺属 *Nerita* Linnaeus, 1758

   条蜑螺 *Nerita striata* Burrow, 1815 113

   渔舟蜑螺 *Nerita albicilla* Linnaeus, 1758 114

   黑线蜑螺 *Nerita balteata* Reeve, 1855 115

腹足纲 Gastropoda / 异鳃亚纲 Heterobranchia

轮螺总科 Architectonicoidea J. E. Gray, 1850

 轮螺科 Architectonicidae Gray, 1850

  轮螺属 *Architectonica* Röding, 1798

   大轮螺 *Architectonica maxima* (R. A. Philippi, 1849) 117

   鹧鸪轮螺 *Architectonica perdix* (Hinds, 1844) 118

目 录

头楯目 Cephalaspidea
长葡萄螺科 Haminoeidae Pilsbry, 1895
泥螺属 Bullacta Bergh, 1901
泥螺 Bullacta caurina (W. H. Benson, 1842) 119
三叉螺科 Cylichnidae H. Adams & A. Adams, 1854
盒螺属 Cylichna Lovén, 1846
圆筒盒螺 Cylichna biplicata (A. Adams in Sowerby, 1850) 120
半囊螺属 Semiretusa Thiele, 1925
婆罗半囊螺 Semiretusa borneensis (A. Adams, 1850) 121
壳蛞蝓科 Philinidae Gray, 1850 (1815)
壳蛞蝓属 Philine Ascanius, 1772
东方壳蛞蝓 Philine orientalis A. Adams, 1855 122

海兔目 Aplysiida
海兔科 Aplysiidae Lamarck, 1809
海兔属 Aplysia Linnaeus, 1767
网纹海兔 Aplysia pulmonica Gould, 1852 123

裸鳃目 Nudibranchia
片鳃科 Arminidae Iredale & O'Donoghue, 1923 (1841)
片鳃属 Armina Rafinesque, 1814
乳突片鳃 Armina papillata Baba, 1933 124

耳螺目 Ellobiida
耳螺科 Ellobiidae L. Pfeiffer, 1854 (1822)
胄螺属 Cassidula Férussac, 1821
绞孔胄螺 Cassidula plecotrematoides Möllendorff, 1885 125

菊花螺目 Siphonariida
菊花螺科 Siphonariidae Gray, 1827
菊花螺属 Siphonaria G. B. Sowerby I, 1823
日本菊花螺 Siphonaria japonica (Donovan, 1824) 126
松菊花螺 Siphonaria laciniosa (Linnaeus, 1758) 127

柄眼目 Systellommatophora
石磺科 Onchidiidae Rafinesque, 1815
石磺螺属 Onchidium Buchannan, 1800
瘤背石磺螺 Onchidium reevesii (Gray, 1850) 128

双壳纲 Bivalvia / 复鳃亚纲 Autobranchia

蚶目 Arcida

蚶科 Arcidae Lamarck, 1809

中蚶属 *Mesocibota* Iredale, 1939

- 双纹中蚶 *Mesocibota bistrigata* (Dunker, 1866) 130

扭蚶属 *Trisidos* Röding, 1798

- 扭蚶 *Trisidos tortuosa* (Linnaeus, 1758) 132

粗饰蚶属 *Anadara* Gray, 1847

- 魁蚶 *Anadara broughtonii* (Schrenck, 1867) 134
- 联粗饰蚶 *Anadara consociata* (E. A. Smith, 1885) 136
- 角粗饰蚶 *Anadara cornea* (Reeve, 1844) 138
- 锈粗饰蚶 *Anadara ferruginea* (Reeve, 1844) 140
- 胀粗饰蚶 *Anadara globosa* (Reeve, 1844) 142
- 唇粗饰蚶 *Anadara labiosa* (G. B. Sowerby I, 1833) 144

泥蚶属 *Tegillarca* Iredale, 1939

- 结蚶 *Tegillarca nodifera* (Martens, 1860) 146

贻贝目 Mytilida

贻贝科 Mytilidae Rafinesque, 1815

股贻贝属 *Perna* Philipsson, 1788

- 翡翠股贻贝 *Perna viridis* (Linnaeus, 1758) 148

隔贻贝属 *Septifer* Récluz, 1848

- 隔贻贝 *Septifer bilocularis* (Linnaeus, 1758) 150

短齿蛤属 *Brachidontes* Swainson, 1840

- 变化短齿蛤 *Brachidontes variabilis* (Krauss, 1848) 152

弧蛤属 *Arcuatula* Jousseaume in Lamy, 1919

- 凸壳弧蛤 *Arcuatula senhousia* (Benson, 1842) 154

牡蛎目 Ostreida

牡蛎科 Ostreidae Rafinesque, 1815

巨牡蛎属 *Crassostrea* Sacco, 1897

- 近江巨牡蛎 *Crassostrea ariakensis* (Fujita, 1913) 156

囊牡蛎属 *Saccostrea* Dollfus & Dautzenberg, 1920

- 僧帽牡蛎 *Saccostrea cucullata* (Born, 1778) 158
- 咬齿牡蛎 *Saccostrea scyphophilla* (Peron & Lesueur, 1807) 160

江珧科 Pinnidae Leach, 1819

江珧属 *Atrina* Gray, 1842

旗江珧 *Atrina vexillum* (Born, 1778) 162
　珠母贝科 Margaritidae Blainville, 1824
　　珠母贝属 *Pinctada* Röding, 1798
　　　大珠母贝 *Pinctada maxima* (Jameson, 1901) 164
　钳蛤科 Isognomonidae Woodring, 1925 (1828)
　　钳蛤属 *Isognomon* Lightfoot, 1786
　　　方形钳蛤 *Isognomon nucleus* (Lamarck, 1819) 166
　　　扁平钳蛤 *Isognomon ephippium* (Linnaeus, 1758) 168

扇贝目 Pectinida
　扇贝科 Pectinidae Rafinesque, 1815
　　类栉孔扇贝属 *Mimachlamys* Iredale, 1929
　　　华贵类栉孔扇贝 *Mimachlamys crassicostata* (G. B. Sowerby II, 1842) 170
　　海湾扇贝属 *Argopecten* Monterosato, 1889
　　　海湾扇贝 *Argopecten irradians* (Lamarck, 1819) 172
　　掌扇贝属 *Volachlamys* Iredale, 1939
　　　新加坡掌扇贝 *Volachlamys singaporina* (Sowerby II, 1842) 174
　海菊蛤科 Spondylidae Gray, 1826
　　海菊蛤属 *Spondylus* Linnaeus, 1758
　　　血色海菊蛤 *Spondylus squamosus* Schreibers, 1793 176
　海月蛤科 Placunidae Rafinesque, 1815
　　海月蛤属 *Placuna* Lightfoot, 1786
　　　海月 *Placuna placenta* (Linnaeus, 1758) 178

帘蛤目 Venerida
　棱蛤科 Trapezidae Lamy, 1920 (1895)
　　新棱蛤属 *Neotrapezium* Habe, 1951
　　　纹斑新棱蛤 *Neotrapezium liratum* (Reeve, 1843) 180
　　　次光滑新棱蛤 *Neotrapezium sublaevigatum* (Lamarck, 1819) 182
　蚬科 Cyrenidae Gray, 1840
　　硬壳蚬属 *Geloina* Gray, 1842
　　　红树蚬 *Geloina coaxans* (Gmelin, 1791) 184
　绿螂科 Glauconomidae Gray, 1853
　　绿螂属 *Glauconome* Gray, 1828
　　　中国绿螂 *Glauconome chinensis* Gray, 1828 186
　蛤蜊科 Mactridae Lamarck, 1809
　　蛤蜊属 *Mactra* Linnaeus, 1767

华丽蛤蜊 *Mactra achatina* Holten, 1802 188
高蛤蜊 *Mactra alta* Deshayes, 1855 190
扁蛤蜊 *Mactra antecedems* Iredale, 1930 192
西施舌 *Mactra antiquata* Spengler, 1802 194
四角蛤蜊 *Mactra quadrangularis* Reeve, 1854 196

帘蛤科 Veneridae Rafinesque, 1815

皱纹蛤属 *Periglypta* Jukes-Browne, 1914

布目皱纹蛤 *Periglypta exclathrata* (Sacco, 1900) 198

雪蛤属 *Placamen* Iredale, 1925

头巾雪蛤 *Placamen foliaceum* (Philippi, 1846) 200
伊萨伯雪蛤 *Placamen isabellina* (Philippi, 1849) 202
美叶雪蛤 *Placamen lamellatum* (Röding, 1798) 204

美女蛤属 *Circe* Brandt, 1835

面具美女蛤 *Circe scripta* (Linnaeus, 1758) 206
华丽美女蛤 *Circe tumefacta* G. B. Sowerby II, 1851 208

加夫蛤属 *Gafrarium* Röding, 1798

凸加夫蛤 *Gafrarium pectinatum* (Linnaeus, 1758) 210
歧脊加夫蛤 *Gafrarium divaricatum* (Gmelin, 1791) 212

卵蛤属 *Pitar* Römer, 1857

细纹卵蛤 *Pitar striatus* (Gray, 1838) 214

镜蛤属 *Dosinia* Scopoli, 1777

日本镜蛤 *Dosinia japonica* (Reeve, 1850) 216

缀锦蛤属 *Tapes* Megerle von Mühlfeld, 1811

短圆缀锦蛤 *Tapes sulcarius* (Lamarck, 1818) 218
钝缀锦蛤 *Tapes conspersus* (Gmelin, 1791) 220
四射缀锦蛤 *Tapes belcheri* Sowerby, 1852 222

蛤仔属 *Ruditapes* Chiamenti, 1900

菲律宾蛤仔 *Ruditapes philippinarum* (Adams & Reeve, 1850) 224

格特蛤属 *Marcia* H. Adams & A. Adams, 1857

裂纹格特蛤 *Marcia hiantina* (Lamarck, 1818) 226

薄盘蛤属 *Macridiscus* Dall, 1902

等边薄盘蛤 *Macridiscus aequilatera* (G. B. Sowerby I, 1825) 228

仙女蛤属 *Callista* Poli, 1791

中国仙女蛤 *Callista chinensis* (Holten, 1802) 230

文蛤属 *Meretrix* Lamarck, 1799

文蛤 *Meretrix meretrix* (Linnaeus, 1758) 232
丽文蛤 *Meretrix lusoria* (Röding, 1798) 234
小文蛤 *Meretrix planisulcata* (G. B. Sowerby II, 1854) 236
青蛤属 *Cyclina* Deshayes, 1850
青蛤 *Cyclina sinensis* (Gmelin, 1791) 238
类缀锦蛤属 *Paratapes* Stoliczka, 1870
波纹类缀锦蛤 *Paratapes undulatus* (Born, 1778) 240
织锦类缀锦蛤 *Paratapes textilis* (Gmelin, 1791) 242
原缀锦蛤属 *Protapes* Dall, 1902
锯齿原缀锦蛤 *Protapes gallus* (Gmelin, 1791) 244

满月蛤目 Lucinida
满月蛤科 Lucinidae J. Fleming, 1828
无齿蛤属 *Anodontia* Link, 1807
无齿蛤 *Anodontia edentula* (Linnaeus, 1758) 247

心蛤目 Carditida
心蛤科 Carditidae Férussac, 1822
心蛤属 *Cardita* Bruguière, 1792
斜纹心蛤 *Cardita leana* Dunker, 1860 248

鸟蛤目 Cardiida
鸟蛤科 Cardiidae Lamarck, 1809
弯鸟蛤属 *Acrosterigma* Dall, 1900
粗糙弯鸟蛤 *Acrosterigma impolitum* (G. B. Sowerby II, 1834) 250
薄壳鸟蛤属 *Fulvia* J. E. Gray, 1853
澳洲薄壳鸟蛤 *Fulvia australis* (G. B. Sowerby II, 1834) 252
砗磲属 *Tridacna* Bruguière, 1797
无磷砗磲 *Tridacna derasa* (Röding, 1798) 254
长砗磲 *Tridacna maxima* (Röding, 1798) 256
大鸟蛤属 *Vasticardium* Iredale, 1927
红大鸟蛤 *Vasticardium rubicundum* (Reeve, 1844) 258
刺鸟蛤属 *Vepricardium* Iredale, 1929
银边鸟蛤 *Vepricardium coronatum* (Schröter, 1786) 260
斧蛤科 Donacidae J. Fleming, 1828
斧蛤属 *Donax* Linnaeus, 1758
楔形斧蛤 *Donax cuneatus* (Linnaeus, 1758) 262
微红斧蛤 *Donax incarnatus* Gmelin, 1791 264

紫云蛤科 Psammobiidae J. Fleming, 1828
　　紫云蛤属 *Gari* Schumacher, 1817
　　　　紫云蛤 *Gari elongata* (Lamarck, 1818) 266
　　　　胖紫云蛤 *Gari inflata* (Bertin, 1880) 268
　　隙蛤属 *Hiatula* Modeer, 1793
　　　　双线隙蛤 *Hiatula diphos* (Linnaeus, 1771) 270
双带蛤科 Semelidae Stoliczka, 1870 (1825)
　　双带蛤属 *Semele* Schumacher, 1817
　　　　龙骨双带蛤 *Semele carnicolor* (Hanley, 1845) 272
樱蛤科 Tellinidae Blainville, 1814
　　锯形蛤属 *Serratina* Pallary, 1920
　　　　编织锯形蛤 *Serratina perplexa* (Hanley, 1844) 274
　　胖樱蛤属 *Abranda* Iredale, 1924
　　　　洁胖樱蛤 *Abranda casta* (Hanley, 1844) 276
　　吉樱蛤属 *Jitlada* M. Huber, Langleit & Kreipl, 2015
　　　　幼吉樱蛤 *Jitlada juvenilis* (Hanley, 1844) 278
　　　　菲律宾吉樱蛤 *Jitlada philippinarum* (Hanley, 1844) 280
　　砂白樱蛤属 *Psammacoma* Dall, 1900
　　　　截形砂白樱蛤 *Psammacoma gubernaculum* (Hanley, 1844) 282
　　韩瑞蛤属 *Hanleyanus* M. Huber, Langleit & Kreipl, 2015
　　　　衣韩瑞蛤 *Hanleyanus vestalis* (Hanley, 1844) 284
　　　　长韩瑞蛤 *Hanleyanus oblongus* (Gmelin, 1791) 286
　　马甲蛤属 *Macalia* H. Adams, 1861
　　　　马甲蛤 *Macalia bruguieri* (Hanley, 1844) 288
贫齿目 Adapedonta
　竹蛏科 Solenidae Lamarck, 1809
　　竹蛏属 *Solen* Linnaeus, 1758
　　　　直线竹蛏 *Solen linearis* Spengler, 1794 290
　　　　长竹蛏 *Solen strictus* Gould, 1861 292
　　　　赤竹蛏 *Solen gordonis* Yokoyama, 1920 294
海螂目 Myida
　篮蛤科 Corbulidae Lamarck, 1818
　　河篮蛤属 *Potamocorbula* Habe, 1955
　　　　焦河篮蛤 *Potamocorbula nimbosa* (Hanley, 1843) 296
　海笋科 Pholadidae Lamarck, 1809

全海笋属 *Barnea* Risso, 1826

  马尼拉全海笋 *Barnea manilensis* (Philippi, 1847) 298

笋螂目 Pholadomyida

 鸭嘴蛤科 Laternulidae Hedley, 1918 (1840)

  鸭嘴蛤属 *Laternula* Röding, 1798

   渤海鸭嘴蛤 *Laternula gracilis* (Reeve, 1860) 300

 杓蛤科 Cuspidariidae Dall, 1886

  杓蛤属 *Cuspidaria* Nardo, 1840

   日本杓蛤 *Cuspidaria japonica* Kuroda, 1948 302

 灯塔蛤科 Pharidae H. Adams & A. Adams, 1856

  灯塔蛤属 *Pharella* Gray, 1854

   尖齿灯塔蛤 *Pharella acutidens* (Broderip & Sowerby, 1829) 304

  刀蛏属 *Cultellus* Schumacher, 1817

   小刀蛏 *Cultellus attenuatus* Dunker, 1862 306

头足纲 Cephalopoda

 乌贼目 Sepiida

  耳乌贼科 Sepiolidae Leach, 1817

   耳乌贼属 *Sepiola* Leach, 1817

    双喙耳乌贼 *Sepiola birostrata* Sasaki, 1918 308

头足纲 Cephalopoda / 鹦鹉螺亚纲 Nautiloidea

 鹦鹉螺目 Nautilida

  鹦鹉螺科 Nautilidae Blainville, 1825

   鹦鹉螺属 *Nautilus* Linnaeus, 1758

    鹦鹉螺 *Nautilus pompilius* Linnaeus, 1758 310

软体动物门参考文献 312

中文名索引 315

拉丁名索引 319

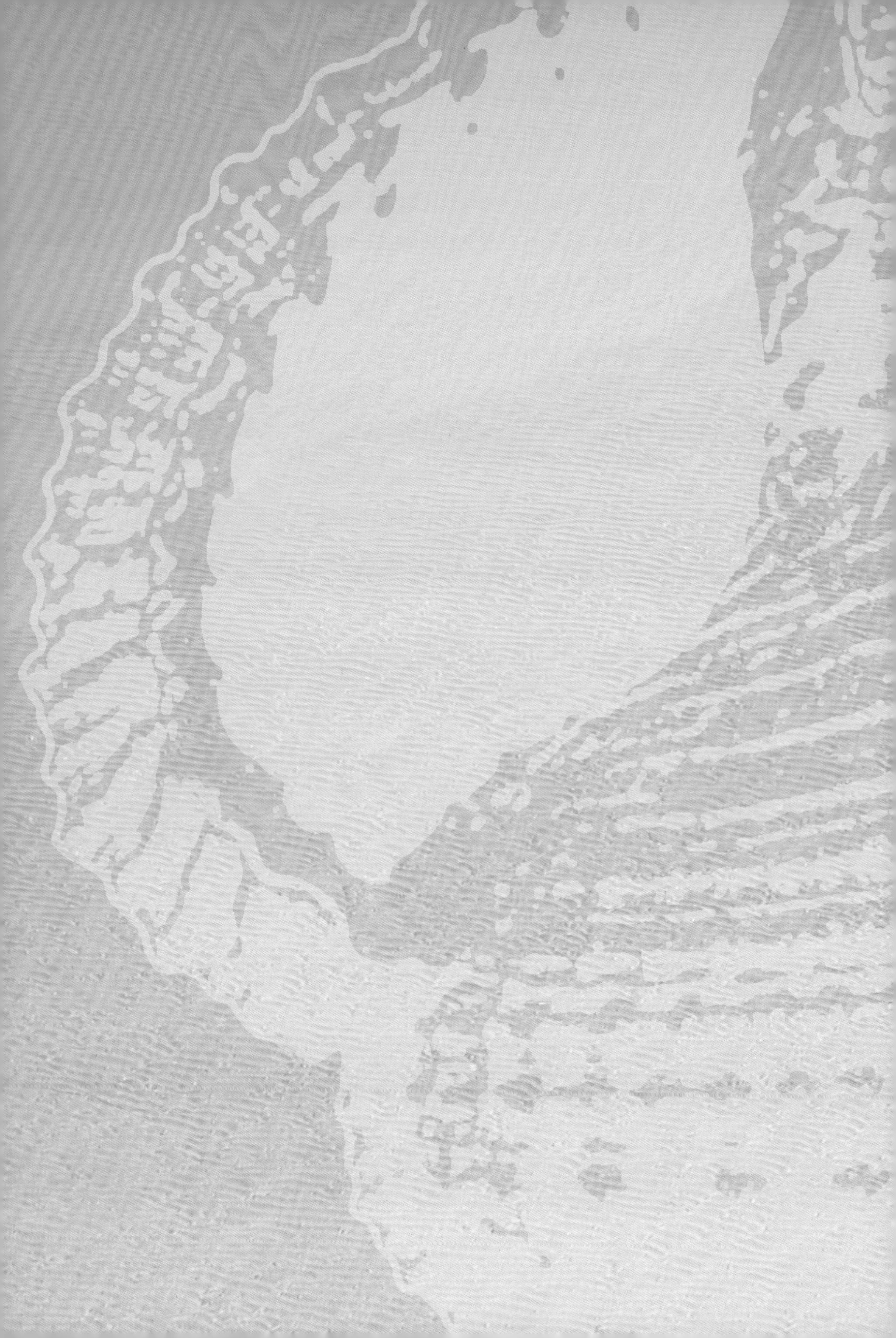

软体动物门
Mollusca

石鳖目 Chitonida
鬃毛石鳖科 Mopaliidae Dall, 1889
宽板石鳖属 *Placiphorella* Dall, 1879

日本宽板石鳖
Placiphorella japonica (Dall, 1925)

同物异名：*Acanthopleura japonica* (Lischke, 1873); *Chiton defilippii* Tapparone Canefri, 1874; *Chiton japonicus* Lischke, 1873; *Liolophura japonica* f. *planispinosa* Is. Taki, 1962; *Liolophura japonica* f. *unispinosa* Is. Taki, 1962; *Nuttallina allantophora* Dall, 1919; *Onithochiton caliginosus* Pilsbry, 1893

标本采集地：广东陆丰。

形态特征：体近圆形。壳板短而宽，较扁平，颜色常因不同的个体和生活环境有很大的差异，一般有红色、黑色或褐色花纹。头板呈新月形，有细密的生长纹，嵌入片具一个列齿缺刻；中间板的翼部较中央部略高；尾板小，壳顶靠后端，尾板中央区很大。环带前缘特别宽，向后逐渐变窄，上有长短不一、不均匀的棒状棘。鳃 22～24 对，鳃列长度超过足长的 2/3。

生态习性：栖息于潮间带的低潮区，常附着在岩礁上。

地理分布：浙江至广东沿海。

参考文献：张玺和齐钟彦，1964；张素萍，2008；杨文等，2017。

图 1　日本宽板石鳖 *Placiphorella japonica* (Dall, 1925)
A. 背面观；B. 腹面观

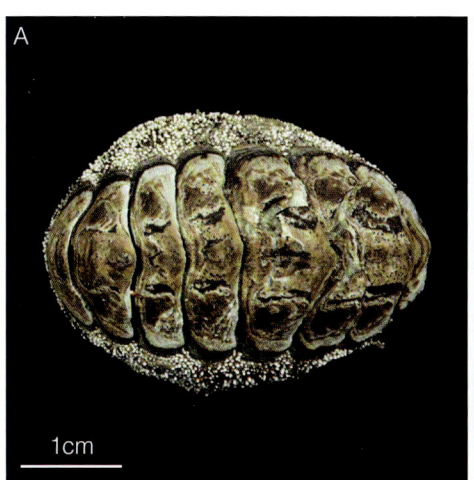

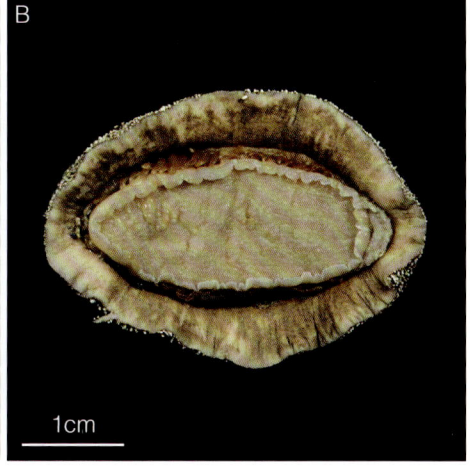

石鳖科 Chitonidae Rafinesque, 1815
利石鳖属 Liolophura Pilsbry, 1893

日本利石鳖
Liolophura japonica (Lischke, 1873)

同物异名： *Acanthopleura japonica* (Lischke, 1873)；*Chiton defilippii* Tapparone Canefri, 1874；*Chiton japonicus* Lischke, 1873 (原始命名)；*Liolophura japonica* f. *planispinosa* Is. Taki, 1962；*Liolophura japonica* f. *unispinosa* Is. Taki, 1962；*Nuttallina allantophora* Dall, 1919；*Onithochiton caliginosus* Pilsbry, 1893

标本采集地： 广东徐闻、大亚湾，广西防城港。

形态特征： 体呈长椭圆形。壳板为褐色。头板略呈半圆形，表面有互相交织的细放射肋和生长纹；中间板具有同心环纹，中央部和翼部分界不明显，嵌入片两侧各具1个齿裂，在6块中间板中以第3块或第4块最宽，宽度约为长度的3倍；尾板小，中央区很大。环带肥厚且宽，其上着生粗而短的石灰质棘，棘呈白色和黑色相间带状排列。鳃的数目多，沿整个足长分布。

生态习性： 栖息于潮间带中、低潮区的岩礁上。

地理分布： 中国东南沿海；日本和朝鲜亦有分布。

参考文献： 张玺和齐钟彦，1964；陈道海和孙世春，2010。

图2 日本利石鳖 *Liolophura japonica* (Lischke, 1873)
A. 背面观；B. 腹面观

毛肤石鳖科 Acanthochitonidae Pilsbry, 1893
毛肤石鳖属 Acanthochitona Gray, 1821

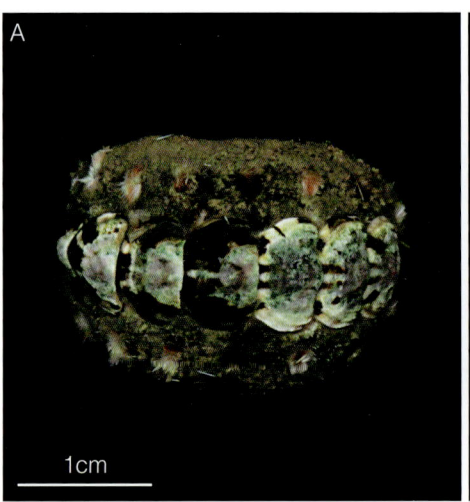

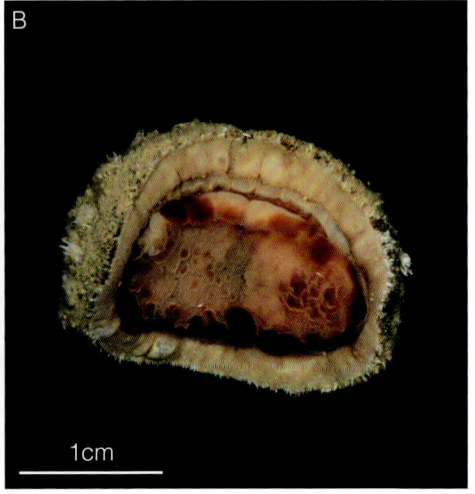

红条毛肤石鳖
Acanthochitona rubrolineata (Lischke, 1873)

同物异名： Acanthochites subachates Thiele, 1909；Chiton rubrolineatus Lischke, 1873

标本采集地： 广东徐闻、大亚湾，广西防城港。

形态特征： 体呈长椭圆形。壳板为暗绿色，中部有 3 条红色纵带。头板半圆形，表面具有粒状突起，嵌入片有 5 个齿裂；中间板的长约为宽的 4/5，峰部具细纵肋，肋部和翼部具有较大的颗粒状突起，缝合板较大，嵌入片两侧各有 1 个齿裂；尾板小，前缘中央微凹，后缘弧形，盖层布有颗粒突起，嵌入片上有 2 个齿裂。环带较宽，呈深绿色，其上面有密集的棒状棘刺，其周围有 18 丛针束。双侧鳃有 21～24 对，鳃列长度相当于足长的 2/3。

生态习性： 栖息于潮间带中、低潮区岩礁上。

地理分布： 中国沿海；俄罗斯远东海域，日本，朝鲜。

参考文献： 张素萍，2008；陈道海和孙世春，2010。

图 3　红条毛肤石鳖 *Acanthochitona rubrolineata* (Lischke, 1873)
A. 背面观；B. 腹面观

角贝目 Dentaliida
角贝科 Dentaliidae Children, 1834
角贝属 *Dentalium* Linnaeus, 1758

掘足纲 Scaphopoda

变肋角贝
Dentalium octangulatum Donovan, 1804

同物异名： *Dentalium japonicum* Dunker, 1877

标本采集地： 广西钦州湾。

形态特征： 贝壳呈管状，前端大、后端小。壳中等大小，弯曲，幼体通常会更弯更细。壳面白色，有光泽，常被腐蚀。壳体结实，有5～9条（多为8条）较强的纵肋，纵肋间有微弱的肋纹，并有环形的细生长纹。壳顶末端腹面有浅"V"形缺刻。壳口呈6～8角形。

生态习性： 栖息于浅海泥沙或软泥底。

地理分布： 东海，南海；印度-西太平洋。

参考文献： 王海艳等，2016；杨文等，2017。

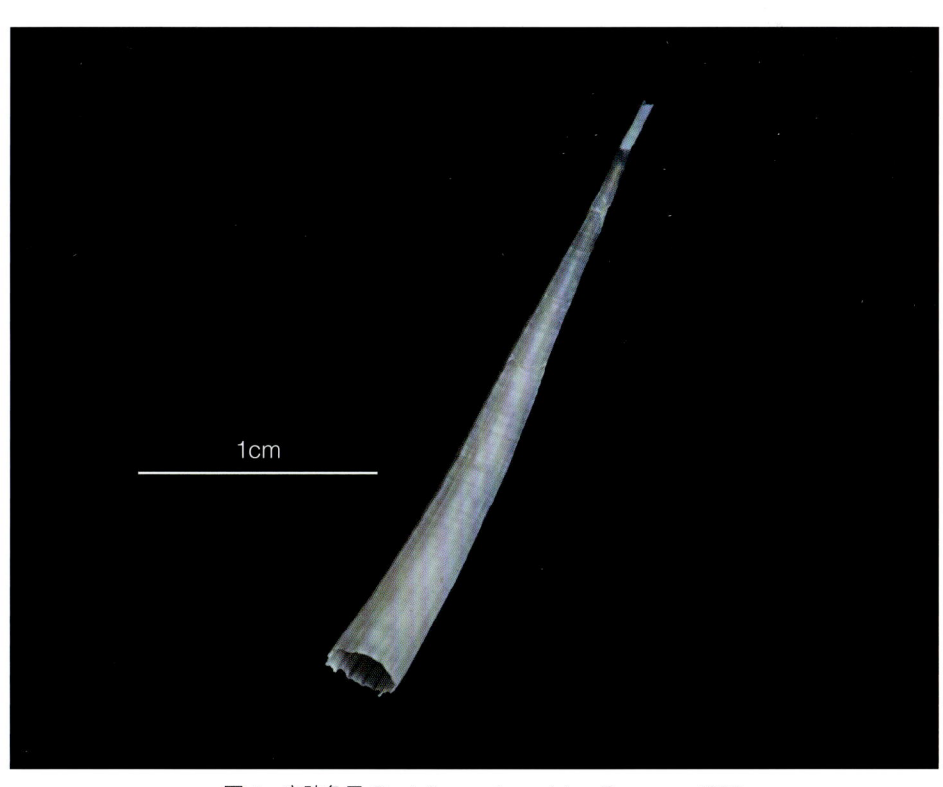

图4 变肋角贝 *Dentalium octangulatum* Donovan, 1804
v 贝壳

梭角贝目 Gadilida
梭角贝科 Gadilidae Stoliczka, 1868
梭角贝属 *Gadila* Gray, 1847

棒梭角贝
Gadila clavata (Gould, 1859)

同物异名：*Cadulus clavatum* (Gould, 1859)；*Dentalium clavatum* Gould, 1859

标本采集地：广东大亚湾。

形态特征：贝壳小，呈牛角状。壳面白色，光滑，壳的中部膨胀，向前、后端收紧，最大直径的部位靠近前端。后端渐缩成尖角状。前、后壳近圆形。

生态习性：栖息于 15～66m 的浅海中。

地理分布：中国沿海。

参考文献：杨文等，2017。

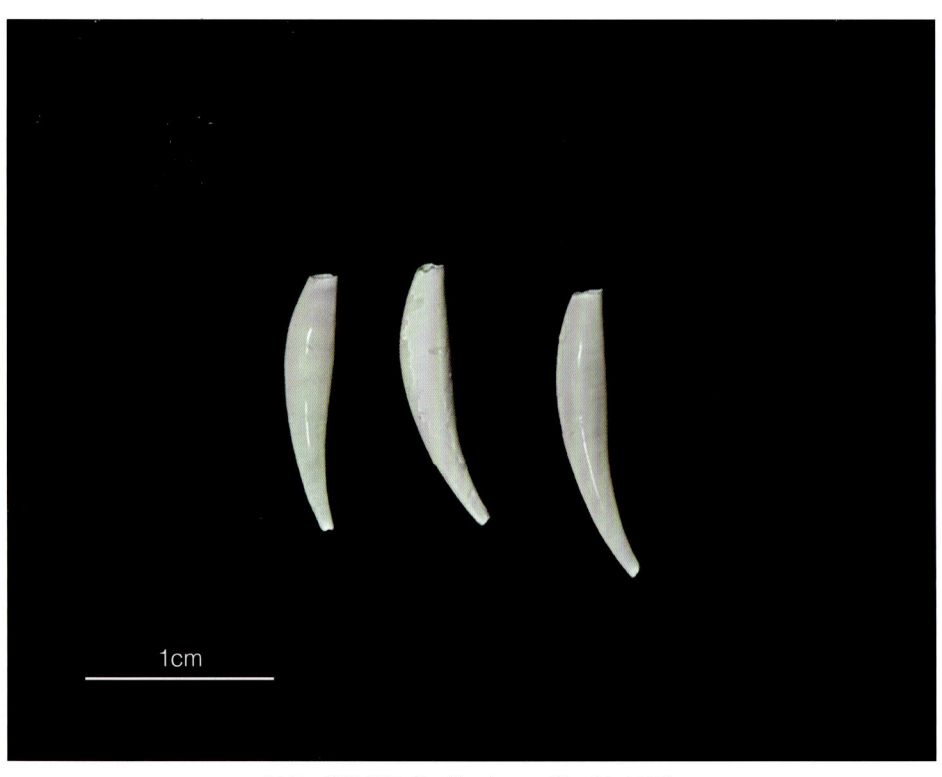

图5　棒梭角贝 *Gadila clavata* (Gould, 1859)
贝壳

帽贝总科 Patelloidea Rafinesque, 1815
花帽贝科 Nacellidae Thiele, 1891
嫁蝛属 *Cellana* H. Adams, 1869

嫁蝛
Cellana toreuma (Reeve, 1854)

同物异名： *Patella toreuma* Reeve, 1854

标本采集地： 广西涠洲岛。

形态特征： 贝壳笠状，低平，壳质较薄，周缘呈长卵圆形。壳顶位于近前方约为壳长的 1/3 处，略向前方弯曲。壳表面有细密的放射肋 30～40 条，生长纹较细，不甚明显，与放射肋交叉形成微小颗粒状。壳面颜色变异较大，通常为锈黄色或青灰色，并杂有不规则的紫色斑带，壳内为银灰色，具有强的珍珠光泽，中间部分为浅褐色，从壳内面清楚地透视壳面的花纹，壳周缘具有细齿状的缺刻。

生态习性： 栖息于潮间带岩礁上，以中、低潮区居多。

地理分布： 中国沿海；西太平洋。

参考文献： 杨文等，2017；张玺和齐钟彦，1964。

图 6　嫁蝛 *Cellana toreuma* (Reeve, 1854)
A. 背面观；B. 腹面观

青螺总科 Lottioidea Gray, 1840

青螺科 Lottiidae Gray, 1840

日本笠贝属 *Nipponacmea* Sasaki & Okutani, 1993

史氏日本笠贝
Nipponacmea schrenckii (Lischke, 1868)

同物异名： *Notoacmea schrenckii* (Lischke, 1868)；*Patella schrenckii* (Lischke, 1868)

标本采集地： 广东陆丰，海南昌江。

形态特征： 贝壳笠状，低平，壳质较薄，半透明，周缘呈椭圆形或近圆形。壳顶尖端向后下方弯曲，略低于壳高。壳顶近前方，自壳顶至前缘的距离约为壳长的1/4。壳前部略窄而低，后部较宽而高。壳色随生活环境而异，多为绿褐色或黄绿色，布有褐色放射色带或斑纹，放射肋细密，肋上有串珠状的微小结节，壳内面灰青色，周缘呈棕色并有褐色放射色带。

生态习性： 栖息于高潮线附近的岩石上。

地理分布： 中国沿海；日本。

参考文献： 杨文等，2017；张素萍，2008。

图7 史氏日本笠贝 *Nipponacmea schrenckii* (Lischke, 1868)
A. 背面观；B. 腹面观

拟帽贝属 *Patelloida* Quoy & Gaimard, 1834

矮拟帽贝
Patelloida pygmaea (Dunker, 1860)

同物异名： *Acmaea testudinalis* var. *minor* Grabau & S. G. King, 1928；*Patella pygmaea* Dunker, 1860

标本采集地： 广西北海、防城港。

形态特征： 贝壳小，帽状，较高，呈椭圆形，壳质坚实而厚。壳周缘呈椭圆形，壳顶钝而高起，位于贝壳的近中央部稍靠前方，且常被腐蚀。壳顶前坡直，后坡则略隆起。壳表具有细的放射肋，生长纹细小，不甚明显。壳面呈青灰色，边缘常有三角形放射状褐色色带，放射带之间常有黄褐色斑点，壳内为浅蓝色或灰白色，边缘有1圈褐色或白色相间的镶边，肌痕黑褐色或青灰色。

生态习性： 附着在潮间带上区的岩石上，数量较多。

地理分布： 中国北部沿海，台湾北部；日本，北太平洋。

参考文献： 张素萍，2016；张玺和齐钟彦，1964。

图8　矮拟帽贝 *Patelloida pygmaea* (Dunker, 1860)
A. 背面观；B. 腹面观

鸟爪拟帽贝
Patelloida saccharina lanx (Reeve, 1855)

标本采集地：海南三亚。

形态特征：贝壳较小，低平，笠状，壳质结实，周缘呈椭圆状的多边形。壳顶近前方，顶尖至前缘的距离约为壳长的 2/5。壳顶常被腐蚀，壳面具有 7 条粗壮爪状放射肋，肋间可见细肋数条。粗肋灰白色，突出壳缘。生长纹不明显。壳面黑褐色，壳内面灰青色，具光泽，有与壳表面放射肋对应的凹沟，周缘呈黑褐色。

生态习性：栖息于高潮线附近的岩石上。

地理分布：东海，南海；西太平洋，日本南部。

参考文献：杨文等，2017；张玺和齐钟彦，1964。

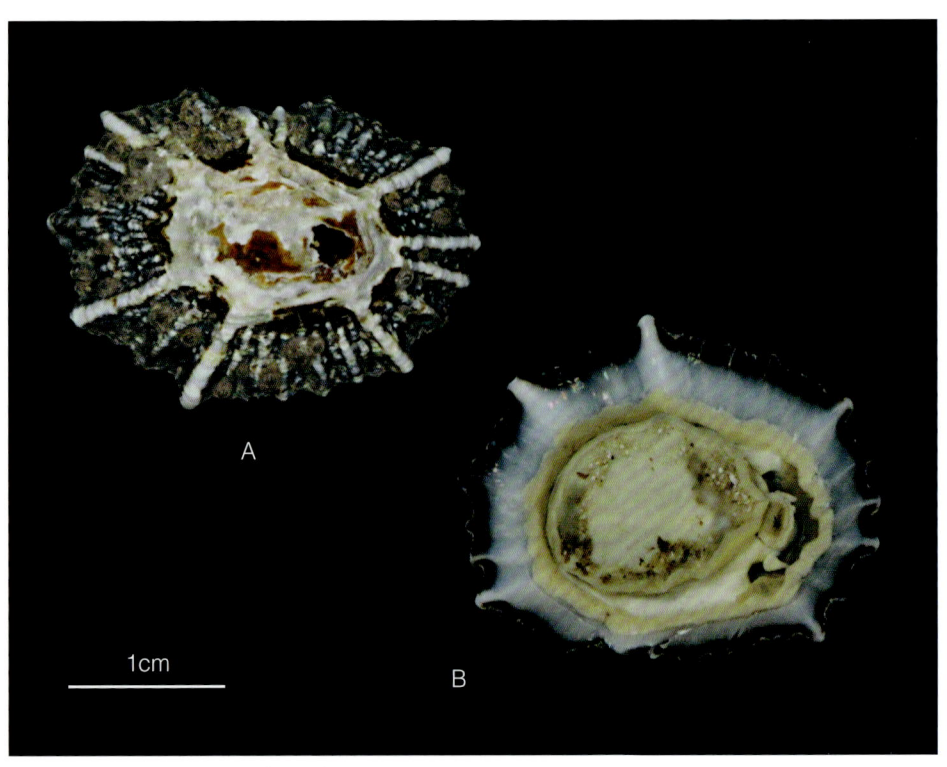

图 9　鸟爪拟帽贝 *Patelloida saccharina lanx* (Reeve, 1855)
A. 背面观；B. 腹面观

蟹守螺总科 Cerithioidea J. Fleming, 1822

平轴螺科 Planaxidae Gray, 1850

平轴螺属 *Planaxis* Lamarck, 1822

平轴螺
Planaxis sulcatus (Born, 1778)

同物异名： *Buccinum pyramidale* Gmelin, 1791；*Buccinum sulcatum* Born, 1778；*Planaxis brevis* Quoy & Gaimard, 1833；*Planaxis buccinoides* Deshayes, 1828

标本采集地： 广西涠洲岛。

形态特征： 贝壳较小，呈尖塔形，其形状近似于滨螺，但有前水管沟。螺层约6层，螺旋部高，体螺层膨大，缝合线明显。壳面灰白色，螺肋宽平、排列整齐，肋上具有褐色或紫褐色的长方形斑纹，斑纹在壳面上形成纵走的色带。壳口半圆形，内面青灰褐色，有光泽，有与壳面相应的沟纹。外唇薄，边缘呈波状，内缘紫褐色；内唇厚，白色，后部有1个结节突起，壳内有放射肋。前沟短，后沟小。无脐孔。厣角质，褐色。

生态习性： 暖海产，栖息于潮间带高潮区岩石间，群生，通常以小型藻类为食。

地理分布： 东海，南海；西太平洋，日本。

参考文献： 杨文等，2017；张玺和齐钟彦，1964。

图 10　平轴螺 *Planaxis sulcatus* (Born, 1778)
A. 背面观；B. 腹面观

汇螺科 Potamididae H. Adams & A. Adams, 1854
拟蟹守螺属 *Cerithidea* Swainson, 1840

彩拟蟹守螺
Cerithidea balteata A. Adams, 1855

同物异名： *Cerithidea cornea* A. Adams, 1855；*Cerithidea ornata* (A. Adams, 1855)；*Cerithidea raricostata* A. Adams, 1855；*Cerithium* (*Cerithidea*) *balteatum* (A. Adams, 1855)；*Cerithium* (*Cerithidea*) *balteatum* var. *mindorensis* Kobelt, 1895；*Cerithium* (*Cerithidea*) *quadrasi* Kobelt, 1895；*Cerithium ornatum* A. Adams, 1855

标本采集地： 广西北海，海南海口。

形态特征： 贝壳呈锥形，稍薄。壳顶常磨损，螺层约8层，各螺层宽度均匀增加。壳面黄白色，微显膨胀，有发达的纵肋，上部各螺层的纵肋较细，排列亦较密，下部各螺层的纵肋则较粗，排列较稀疏，每一螺层上具有2条棕色的螺带。下部两螺层左腹方各有1条纵肿肋，基部有螺肋数条。缝合线深，在缝合线中间有1细弱的线状螺纹。壳口卵圆形，壳口内面有棕色带3条，近壳轴基部有不明显的螺肋数条。外唇稍向外扩张，内唇微有扭曲。前沟呈缺刻状，后沟不显。

生态习性： 栖息于高潮带泥沙质滩涂，常攀爬到红树的茎干或气生根上，也可以在滩涂表面见其踪迹，最高可以攀爬到离地面1.5m的树干上。

地理分布： 东海，南海；西太平洋，日本，菲律宾。

参考文献： 王瑁等，2013；张玺和齐钟彦，1964。

图 11 彩拟蟹守螺 *Cerithidea balteata* A. Adams, 1855
A. 背面观；B. 腹面观；C. 壳顶观；D. 壳口观

小汇螺属 *Pirenella* Gray, 1847

小翼小汇螺
Pirenella microptera (Kiener, 1841)

同物异名： Cerithidea microptera (Kiener, 1841); Cerithideopsilla microptera (Kiener, 1841); Tympanotonos microptera (Kiener, 1841)

标本采集地： 广东大亚湾，广西防城港。

形态特征： 贝壳呈长锥形。螺层约 16 层，螺旋部高，体螺层膨胀。缝合线深，呈沟状，其中间有 1 条细弱的螺纹。每层壳面有 3 条发达的螺肋和多条排列整齐的细纵肋，两肋相交处呈珠状结节。壳基部稍平，有螺肋约 11 条，越近壳轴中心者越细小。壳表黄褐色或褐色。壳口略呈菱形，内面白色染有红褐色带。外唇稍厚，外缘扩张成翼状；内唇轻度扭成"S"形。前沟明显，后沟不发达。脐呈缝隙状。厣角质。

生态习性： 栖息于中潮带上部泥沙质滩涂，少量个体可以分布到高潮带，以沉积物表面的大型藻类为主要食物。

地理分布： 福建以南沿岸；西太平洋，日本，菲律宾。

参考文献： 王瑁等，2013；李琪，2019。

图 12 小翼小汇螺 *Pirenella microptera* (Kiener, 1841)
A. 背面观；B. 腹面观；C. 壳口观；D. 壳顶观

滩栖螺科 Batillariidae Thiele, 1929

滩栖螺属 *Batillaria* Benson, 1842

纵带滩栖螺
Batillaria zonalis (Bruguière, 1792)

同物异名： *Cerithium zonale* Bruguière, 1792； *Lampania aterrima* Dunker, 1877

标本采集地： 广西防城港。

形态特征： 贝壳呈尖锥形，壳质结实。壳色有变化，通常为黑褐色或青灰色，在缝合线下面通常具有 1 条较宽的灰白色螺带，螺旋沟纹内多为灰白色。螺层约 12 层，壳顶常被腐蚀，螺层的高度、宽度增加均匀，缝合线明显。螺旋部高，体螺层低，基部稍斜。壳面具有明显的纵肋和粗细不均匀的螺肋，纵肋在螺旋部较粗壮。壳基部膨胀，下部收窄。壳口卵圆形，内为褐色或具有与壳面沟纹相应的白色条纹，壳口外缘薄，弧形。内唇较厚。前沟呈窦状，后沟仅有缺刻。厣角质。无脐孔。

生态习性： 栖息于潮间带高、中潮区，对盐度要求较低，常在有淡水流入的附近泥沙滩上栖息。

地理分布： 中国沿海；印度 - 西太平洋，日本，澳大利亚。

参考文献： 张素萍，2008；张玺和齐钟彦，1964。

图 13　纵带滩栖螺 Batillaria zonalis (Bruguière, 1792)
A. 背面观；B. 腹面观；C. 壳顶观；D. 壳口观

疣滩栖螺
Batillaria sordida (Gmelin, 1791)

同物异名： *Batillaria bornii* (G. B. Sowerby II, 1855)；*Cerithium bornii* G. B. Sowerby II, 1855；*Cerithium carbonarium* Philippi, 1849；*Cerithium morus* Bruguière, 1792；*Cerithium tourannense* Souleyet, 1852；*Murex sordidus* Gmelin, 1791；*Murex varicosus* Röding, 1798；*Strombus tuberculatus* Born, 1778

标本采集地： 广西北海、钦州，海南儋州、三亚。

形态特征： 贝壳呈锥形，基部向右侧稍扭曲。壳面粗糙，呈灰褐色。螺层约9层，螺旋部高，壳顶常磨损，体螺层膨圆，缝合线浅，螺旋部各螺层有2条、体螺层有6条由黑褐色疣状突起组成的螺肋，肋间有细肋。壳口近卵圆形。外唇具细齿，边缘常有黑褐色斑点；内唇瓷白色，中部弯曲。前沟短，后沟呈缺刻状。脐呈线状。

生态习性： 栖息于潮间带岩石间。

地理分布： 东海，南海；西太平洋。

参考文献： 王海艳等，2016；张素萍，2008。

图 14 疣滩栖螺 *Batillaria sordida* (Gmelin, 1791)
A. 背面观；B. 腹面观；C. 壳顶观；D. 壳口观

锥螺科 Turritellidae Lovén, 1847

锥螺属 *Turritella* Lamarck, 1799

棒锥螺
Turritella bacillum Kiener, 1843

同物异名： *Turritella reevei* Dautzenberg & Fischer, 1907

标本采集地： 广西北海，广东雷州半岛。

形态特征： 贝壳尖锥形，壳质厚而坚固。壳表面呈黄褐色或灰紫褐色。壳顶尖细，螺旋部高，体螺层低，缝合线较深，呈沟状。螺层有 21～28 层，每层的高度、宽度增长均匀，表面稍凸，各螺层的下半部较膨胀、上半部较平直。螺旋部的每一螺层具有 5～7 条排列不均匀的螺肋，肋间夹有细肋，在顶部各螺层肋数逐渐随高度的缩小而减少。壳口近圆形，内面具有与壳面相同的肋纹。外唇薄，内唇稍扭曲。无脐。厣角质。

生态习性： 栖息于低潮带至浅海数十米的砂泥质或淤泥质海底。为浅海拖网习见种类。

地理分布： 浙江南部以南；西太平洋，日本，斯里兰卡。

经济意义： 经济种，肉可供食用。

参考文献： 杨文等，2017；张玺和齐钟彦，1964。

图 15　棒锥螺 *Turritella bacillum* Kiener, 1843
A. 背面观；B. 腹面观；C. 壳口观

梯螺总科 Epitonioidea Berry, 1910 (1812)

梯螺科 Epitoniidae Berry, 1910 (1812)

梯螺属 *Epitonium* Röding, 1798

宽带梯螺
Epitonium clementinum (Grateloup, 1840)

同物异名：*Epitonium* (*Papyriscala*) *latifasciata* (G. B. Sowerby II, 1874); *Epitonium grateloupeanum* (Nyst, 1871); *Epitonium trifasciatum* (G. B. Sowerby II, 1844); *Papyriscala clementina* (Grateloup, 1840); *Scalaria clementina* Grateloup, 1840

标本采集地：广东大亚湾。

形态特征：贝壳小，呈低锥形。壳质薄脆，易破碎。壳面黄白色，在体螺层上有3条较宽的环形深棕色色带，其余各螺层具有2条棕色色带。螺层约7层，缝合线深，螺层较膨圆，壳顶尖小，常破损。螺旋部的螺层高度、宽度增长均匀，至体螺层突然扩张。螺旋部呈圆锥形，体螺层膨大。壳面精致而细的片状纵肋整齐排列，在各螺层的纵肋上下并不对齐也不连接，在体螺层有20余条。壳口卵圆形，外唇较薄，内唇稍厚，下缘有反折宽带。脐孔小而深，大部分被内唇遮盖。厣角质，褐色，核位于中部内侧。

生态习性：栖息于浅海水深10～30m的沙或泥沙质海底。

地理分布：东海，南海；印度-西太平洋。

参考文献：张素萍，2016；齐钟彦等，1986。

图16 宽带梯螺 *Epitonium clementinum* (Grateloup, 1840)
A. 腹面观；B. 背面观

滨螺形目 Littorinimorpha
滨螺科 Littorinidae Children, 1834
拟滨螺属 *Littoraria* Gray, 1833

粗糙拟滨螺
Littoraria articulata (Philippi, 1846)

同物异名： *Littorina intermedia* var. *articulata* R. A. Philippi, 1846；*Melaraphe blanfordi* Dunker, 1871

标本采集地： 广东徐闻，海南三亚。

形态特征： 贝壳呈低锥形，壳质不坚厚。壳色有变化，有灰黄色、灰色或淡褐色，杂有放射状色带或环走的条纹。螺层8层，缝合线明显。壳顶尖，螺旋部塔形，体螺层稍宽大，壳表具有很多螺纹和细密的生长线，在缝合线上方有1条较粗的螺肋，此肋在体螺层的下部形成1明显的棱角。壳口桃形。外唇薄，内唇厚，下端向外反折。无脐。厣褐色，角质，薄。

生态习性： 栖息于高潮线附近的岩石上，为习见种类，产于东南沿海者一般个体较大。

地理分布： 渤海，黄海，东海，南海；日本，菲律宾。

参考文献： 王海艳等，2016；张玺和齐钟彦，1964。

图17　粗糙拟滨螺 *Littoraria articulata* (Philippi, 1846)
A. 背面观；B. 腹面观

黑口拟滨螺
Littoraria melanostoma (Gray, 1839)

标本采集地： 广东大亚湾，福建厦门。

形态特征： 贝壳呈尖锥形。壳表面具有较浅而明显的螺旋沟纹，淡黄色，其上具有小的淡褐色斑点或纵走褐色花纹。螺层约9层，螺旋部高，呈塔状，体螺层稍膨大。缝合部明显。螺肋宽平，体螺层约有14条。壳口较大，梨形。外唇薄，内缘具缺刻；内唇微厚，紫黑色，为本种的重要特征。无脐。厣角质。

生态习性： 栖息于潮间带岩石上，常在红树林内的红树基部或枝杈上匍匐生活。

地理分布： 福建以南的东海，南海；西太平洋。

参考文献： 张素萍，2016。

图 18　黑口拟滨螺 *Littoraria melanostoma* (Gray, 1839)
A. 腹面观；B. 背面观

结节滨螺属 *Echinolittorina* Habe, 1956

塔结节滨螺
Echinolittorina pascua (Rosewater, 1970)

同物异名：*Echinolittorina trochoides* (Gray, 1839)；*Littorina trochoides* Gray, 1839；*Nodilittorina pascua* (Rosewater, 1970)；*Nodilittorina pyramidalis pascua* Rosewater, 1970；*Nodilittorina trochoides* (Gray, 1839)

标本采集地：广西涠洲岛。

形态特征：贝壳小型，尖锥形。螺层约7层，螺旋部高，体螺层稍膨大，缝合线明显。贝壳表面具有发达的颗粒状突起和细小的螺肋，在体螺层颗粒状突起有2排，其余各层为1排。壳基部有细微的同心纹，有的还能看到不明显的微小颗粒突起。壳面呈青灰色，突起处为黄灰色。壳口卵圆形，内面紫棕色。外唇薄，随着壳面的颗粒突起在边缘形成两个曲折；内唇厚，稍扩张。无脐。厣角质。

生态习性：栖息于潮间带岩石间。

地理分布：东海，南海；印度-西太平洋。

参考文献：王海艳等，2016；张玺和齐钟彦，1964。

图19 塔结节滨螺 *Echinolittorina pascua* (Rosewater, 1970)
A. 背面观；B. 腹面观

蛇螺科 Vermetidae Rafinesque, 1815

布袋蛇螺属 *Thylacodes* Guettard, 1770

覆瓦布袋蛇螺
Thylacodes adamsii (Mörch, 1859)

同物异名：*Serpulorbis imbricatus* (Dunker, 1860); *Siphonium adamsii* Mörch, 1859; *Vermetus imbricatus* Dunker, 1860

标本采集地：广东大亚湾。

形态特征：贝壳呈管状，通常以水平的方位逐步向外盘卷如蛇卧。全壳大部分固着在岩石上或其他物体上，仅壳口部稍游离。壳面粗糙，具数条较粗的螺肋；粗肋间密布3～5条细肋，这些肋上都有不明显的覆瓦状鳞片。生长纹粗糙，有的在粗肋上相交形成小的结节。壳表面灰黄色或褐色。壳内面褐色，有珍珠光泽。卵产出后附于管壁上。壳口圆形或卵圆形，内呈褐色，有珍珠光泽。

生态习性：固着生活在潮间带岩石上。

地理分布：浙江以南沿海；西太平洋，日本，菲律宾。

经济意义：可作药材基源。

参考文献：张素萍，2008；张玺和齐钟彦，1964。

图20 覆瓦布袋蛇螺 *Thylacodes adamsii* (Mörch, 1859)
A. 背面观；B. 腹面观

蛇螺属 *Vermetus* Daudin, 1800

紧卷蛇螺
Vermetus renisectus (Carpenter, 1857)

标本采集地： 广东南澳。

形态特征： 贝壳小，呈管状，极薄脆。贝壳以逆时针方向盘卷，一般有 10 层，各层紧相连，不游离。贝壳在壳顶部盘旋的直径较小，向前逐渐增大，管也相应加粗，但增大和加粗的程度均较小。壳面灰棕色或灰褐色，粗糙，有螺肋和纵肋多条，螺肋和纵肋相交形成近方格状。壳口圆形或桃形。厣角质。

生态习性： 以贝壳固着生活在潮间带。

地理分布： 福建以南沿岸；西太平洋，日本，菲律宾。

经济意义： 可作药材基源。

参考文献： 张素萍，2008；张玺和齐钟彦，1964。

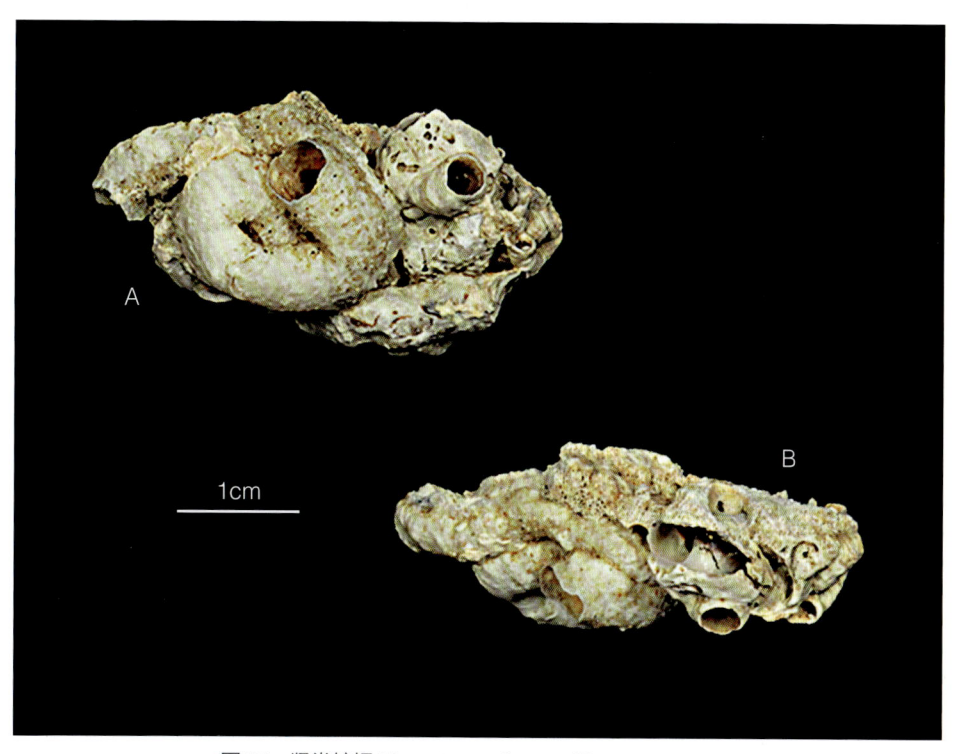

图 21　紧卷蛇螺 *Vermetus renisectus* (Carpenter, 1857)
A. 背面观；B. 侧面观

帆螺科 Calyptraeidae Lamarck, 1809
管帽螺属 *Ergaea* H. Adams & A. Adams, 1854

扁平管帽螺
Ergaea walshi (Reeve, 1859)

同物异名： *Calyptraea plana* A. Adams & Reeve, 1850; *Crepidula excisa* Philippi, 1849; *Crepidula orbella* Yokoyama, 1920; *Crepidula ostraeiformis* Grabau & S. G. King, 1928; *Crepidula plana* (A. Adams & Reeve, 1850); *Crepidula scabies* (Reeve, 1859); *Crepidula walshi* Reeve, 1859; *Crypta* (*Ergaea*) *walshi* (Reeve, 1859); *Crypta lamellosa* A. Adams, 1862; *Crypta walshi* (Reeve, 1859); *Siphopatella walshi* (Reeve, 1859)

标本采集地： 广东廉江。

形态特征： 贝壳扁平，椭圆形或近圆形，其形状常随着附着物体形态的变化而变化。壳质较薄，半透明。螺层约3层，缝合线细，不清晰。壳顶小，呈乳头状，稍突出壳面，位于壳的后缘。螺旋部低小，微突起，体螺层呈片状，几乎占贝壳的全部。壳面除壳顶光滑外，其余壳面具有明显的同心纹，有时形成褶纹。壳面被有淡黄色的壳皮，易脱落。壳面白色或黄白色，壳顶处有时染有淡褐色。壳内面乳白色，有光泽。内隔片呈扇形，隔片上有一个扁管，自壳顶斜向左前方。无厣。

生态习性： 栖息于浅海，从潮间带至水深数十米都有其踪迹。营附着生活，喜欢附着在空额螺壳中。

地理分布： 中国沿海；日本，朝鲜半岛，新加坡，斯里兰卡。

参考文献： 王海艳等，2016；李琪，2019。

图 22　扁平管帽螺 *Ergaea walshi* (Reeve, 1859)
A. 背面观；B. 腹面观

凤螺科 Strombidae Rafinesque, 1815
唇翼螺属 Euprotomus Gill, 1870

黑口唇翼螺
Euprotomus aratrum (Röding, 1798)

同物异名： *Lambis aratrum* Röding, 1798；*Strombus* (*Euprotomus*) *aratrum* (Röding, 1798)；*Strombus aratrum* (Röding, 1798)；*Strombus melanostomus* G. B. Sowerby I, 1825

标本采集地： 广西北海。

形态特征： 贝壳较大而厚。螺层约10层。壳面灰黄色，具褐色斑纹，壳口边缘呈浓栗褐色。螺旋部约为壳长的1/3，各螺层中部扩张形成肩角，其上有1列结节突起。体螺层背部具螺肋和3～4列结节突起，越在下方者越发达。壳口狭长，内面杏黄色。外唇厚、扩张，边缘的前后部各有1个缺刻，后端延伸出1个呈半管状的棘；内唇滑层厚，向外扩张至体螺层的腹面，内唇上半部和外唇缘呈栗色。前沟稍长，弯向背方。厣角质，小，呈柳叶形。

生态习性： 栖息于浅海沙或泥沙底。

地理分布： 台湾岛，广东，广西，海南岛；西太平洋，菲律宾，澳大利亚。

参考文献： 张素萍，2016；齐钟彦等，1983。

图 23 黑口唇翼螺 *Euprotomus aratrum* (Röding, 1798)
A. 背面观；B. 腹面观；C. 壳顶观；D. 壳口观

玉螺科 Naticidae Guilding, 1834

塔玉螺属 *Tanea* Marwick, 1931

线纹塔玉螺
Tanea lineata (Röding, 1798)

同物异名: *Cochlis lineata* Röding, 1798；*Natica lineata* (Röding, 1798)；*Naticarius lineatus* (Röding, 1798)；*Notocochlis lineata* (Röding, 1798)

标本采集地: 广东汕头。

形态特征: 贝壳中等大，略呈球形，壳质薄而坚硬。螺层约6层，缝合线浅。螺旋部低小，体螺层大而膨圆。壳面光滑，富有光泽，壳顶黑紫色，壳面淡褐色，密布斜纵行褐色波状线纹。壳口大，近卵圆形，内面淡褐色，并能隐约显示壳面的花纹。外唇薄，呈弧形；内唇略直，上部向外扩张，中部形成1个发达的黄色结节。脐孔较大而深，部分被结节遮盖。厣石灰质，白色，外缘有2条凹沟，核位于内缘下方。

生态习性: 栖息于低潮带至潮下带沙或泥沙质海底。

地理分布: 福建以南沿海；印度-西太平洋，日本，菲律宾。

经济意义: 肉可供食用。

参考文献: 张素萍，2016；齐钟彦等，1983。

图24 线纹塔玉螺 *Tanea lineata* (Röding, 1798)
A. 腹面观；B. 背面观；C. 壳顶观

多肋玉螺属 *Naticarius* Duméril, 1805

海南多肋玉螺
Naticarius hainanensis (Liu, 1977)

同物异名： Natica hainanensis Liu, 1977； Natica qizhongyani Ma & Zhang, 1994

标本采集地： 海南陵水新村港。

形态特征： 贝壳中等大，略呈球形。壳质不厚，但结实。螺层约5层，螺旋部低小，体螺层膨圆。生长线细。壳面呈灰白色或黄褐色，在体螺层具上宽下窄的2条褐色色带，色带的上下缘有褐色斑点或斑纹，近基部的1列小斑点脱离了褐色色带而单独排列，该种的色带和花纹多少有变化。壳口大，半圆形，内面白色，深处为褐色。外唇呈弧形，微向外扩张；内唇稍直，上部向外扩张，中下部有1结节。脐孔大而深，脐索占据了部分脐孔。厣石灰质，瓷白色，近半圆形，表面密布粗细较均匀的主螺肋约10条。

生态习性： 栖息于潮间带至浅海沙底。

地理分布： 南海；西太平洋。

参考文献： 张素萍，2016；杨文等，2017。

图25 海南多肋玉螺 *Naticarius hainanensis* (Liu, 1977)
A. 腹面观；B. 背面观；C. 壳顶观

乳玉螺属 *Mammilla* Schumacher, 1817

黑田乳玉螺
Mammilla kurodai (Iw. Taki, 1944)

同物异名： *Natica macrostoma* Philippi, 1852；*Polinices kurodai* Iw. Taki, 1944；*Polinices macrostoma* (Philippi, 1852)

标本采集地： 广东徐闻。

形态特征： 贝壳呈卵圆形，质薄，结实。螺层约6层，缝合线浅。壳顶小而尖，螺旋部低小，稍高起，体螺层宽大。壳面膨胀，刻有细弱的丝状螺纹，生长线较粗糙，呈放射状。体螺层通常有3条断续的紫褐色色带，上下2条有时不显或不清楚。壳色灰白，被易脱落的黄褐色壳皮。壳口极广大，呈卵圆形，内面白色，杂有褐色斑带。外唇薄，呈弧形；内唇厚，稍曲，中部加厚呈紫褐色，向外扩张形成狭长的遮缘。脐孔小，呈褐色，部分被内唇的遮缘部掩盖。厣角质，黄褐色。

生态习性： 栖息于浅海沙或泥沙底。

地理分布： 东海，南海；日本。

经济意义： 肉可供食用。

参考文献： 张素萍，2016。

图26　黑田乳玉螺 *Mammilla kurodai* (Iw. Taki, 1944)
A. 腹面观；B. 背面观；C. 壳顶观

无脐玉螺属 *Polinices* Montfort, 1810

蛋白无脐玉螺
Polinices albumen (Linnaeus, 1758)

同物异名： *Nerita albumen* Linnaeus, 1758；*Neverita albumen* (Linnaeus, 1758)

标本采集地： 广东汕头。

形态特征： 贝壳扁平，卵圆形，壳质坚厚。螺层约5层，缝合线浅而不明显。螺旋部低矮，体螺层极宽大，几乎占贝壳的全部。壳面膨胀，光滑无肋，生长纹明显，呈放射状。壳面橘黄色，顶部和基部白色，沿壳顶缝合线有1环形淡黄色的螺带一直延伸至壳口外唇的边缘。壳口稍斜，半圆形，内面淡褐色，有光泽。外唇呈弧形；内唇厚，稍弯曲，上部加厚，中部有1发达的结节伸向脐部。脐部宽大，有发达的牛角状脐索，脐孔深。厣角质，黄褐色。

生态习性： 栖息于潮间带低潮线至浅海沙底。

地理分布： 台湾岛，南海；西太平洋。

经济意义： 肉可供食用。

参考文献： 张素萍，2016；齐钟彦等，1983。

图27 蛋白无脐玉螺 *Polinices albumen* (Linnaeus, 1758)
A. 腹面观；B. 背面观；C. 壳顶观；D. 壳口观

窦螺属 *Sinum* Röding, 1798

爪哇窦螺
Sinum javanicum (Gray, 1834)

同物异名： *Cryptostoma javanica* Gray, 1834；*Sigaretus insculptus* A. Adams & Reeve, 1850；*Sinum* (*Sinum*) *javanicum* (Gray, 1834)

标本采集地： 广东汕头。

形态特征： 贝壳扁平，耳状，壳质稍薄，结实。螺层约5层，缝合线浅，壳顶小，稍高于壳面，螺旋部低小，体螺层相当宽大，几为贝壳的全部。壳表面具有低平的螺肋，肋缘具有比较细微的齿状缺刻。肋宽稍大于肋间距离。生长纹较粗糙，壳顶淡紫褐色，其余部分白色，被一层黄褐色壳皮，略有光泽。外唇简单，弧曲；内唇稍厚，上部反折形成一狭的遮缘推盖脐部，脐孔不显。无厣，动物体大部不能缩入壳内。

生态习性： 暖海产，栖息于浅海二三十米深的沙或泥沙质海底。

地理分布： 台湾岛，东海，南海；印度-西太平洋，日本，印度尼西亚。

经济意义： 肉可供食用。

参考文献： 李琪，2019；张素萍和马绣同，1997。

图28 爪哇窦螺 *Sinum javanicum* (Gray, 1834)
A. 背面观；B. 腹面观；C. 壳顶观

玉螺科分属检索表

1. 具石灰质厣 2
 - 具角质厣 3
2. 厣上有螺肋 8 条以下 .... 塔玉螺属 *Tanea*
 - 厣上有螺肋 10 条及以上 .... 多肋玉螺属 *Naticarius*
3. 壳面不平滑，具螺肋 .... 窦螺属 *Sinum*
 - 壳面光滑，无螺肋 4
4. 壳色灰白；壳口极广大，呈卵圆形；脐孔小 .... 乳玉螺属 *Mammilla*
 - 壳面橘黄色；壳口稍斜，半圆形；脐孔深 .... 无脐玉螺属 *Polinices*

光螺科 Eulimidae Philippi, 1853

光螺属 *Melanella* Bowdich, 1822

马氏光螺
Melanella martinii (A. Adams in Sowerby, 1854)

同物异名： *Eulima martinii* A. Adams, 1854

标本采集地： 广东南澳。

形态特征： 贝壳稍长，塔锥形。螺层约16层，体螺层较宽大，近壳顶几层向左微曲，缝合线浅。壳面白色，较平滑，具光泽。各螺层有一裂缝斜行于壳口上方。壳口近梨形，右侧上方肿胀成肋状。外唇薄，内唇向外卷。无脐孔。厣角质，薄。

生态习性： 栖息于潮间带至浅海数十米深的海底，拖网可以采到。

地理分布： 东海，南海；印度-西太平洋。

参考文献： 张素萍，2008；郑小东等，2013。

图29　马氏光螺 *Melanella martinii* (A. Adams in Sowerby, 1854)
A. 腹面观；B. 背面观；C. 壳顶观；D. 壳口观

宝贝科 Cypraeidae Rafinesque, 1815
宝贝属 *Cypraea* Linnaeus, 1758

虎斑宝贝
Cypraea tigris Linnaeus, 1758

同物异名： *Cypraea tigris* var. *chionia* Melvill, 1888

标本采集地： 海南三亚、西沙群岛。

形态特征： 贝壳较大，呈卵圆形，壳质结实，背部膨圆，两端微凸出。背线明显，偏向一侧，略弓曲。壳面极光滑，有瓷光，呈灰白色或淡褐色（壳色常随栖息环境的变化而变化），布满不规则的黑褐色斑点，形如虎皮的斑纹，故名。基部中凹，呈乳白色。内唇中部稍靠后方在滑层的下面有1块黑褐色大斑。壳口狭长，前端稍宽，后端微曲，两唇缘具齿列，内唇齿较细，中部较密，两端较稀疏，有22～26枚，外唇齿较粗，有24～30枚。壳内面白色。

动物的外套膜上具有暗灰色和淡黄色的纵走条纹及黄褐色斑点，其上有较长乳突，触手为黑灰色。

生态习性： 栖息于低潮区或稍深的岩礁和珊瑚礁质海底，退潮后常隐居在洞穴和缝隙间。

地理分布： 香港，海南岛，西沙群岛，南沙群岛；印度-太平洋暖海区。

参考文献： 马绣同，1997；张素萍和尉鹏，2011。

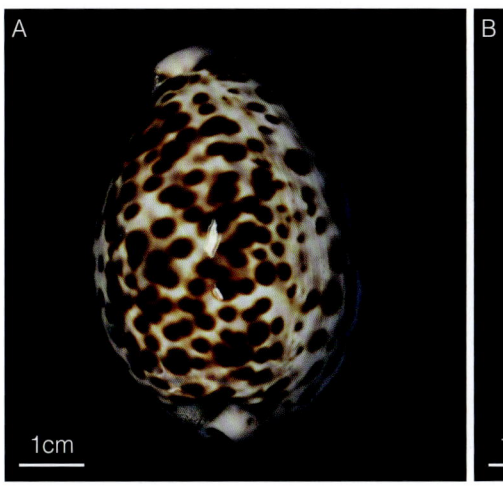

图30 虎斑宝贝 *Cypraea tigris* Linnaeus, 1758
A. 背面观；B. 腹面观

绶贝属 *Mauritia* Troschel, 1863

阿文绶贝
Mauritia arabica asiatica Schilder & Schilder, 1939

同物异名： *Mauritia arabica merguina* Lorenz & F. Huber, 1993

标本采集地： 广东大亚湾。

形态特征： 贝壳呈长卵圆形。背部膨圆，光滑有光泽，两侧基部稍收缩。壳面呈淡褐色或灰褐色，布有不规则棕褐色、纵走而间断的点线花纹，背部具有褐色或灰蓝色色带，这种色带在幼螺极明显，至成体多模糊不清。背线宽而明显，不具花纹，两侧缘和基部为灰褐色，两侧缘并饰有紫褐色斑点，一直延伸到基部。壳口窄长，微曲，前端稍宽，内外两唇齿各约32枚，红褐色。壳内面淡紫色，前后水管沟短。

生态习性： 栖息于低潮线附近有珊瑚礁和岩石的地方，在海南岛4～6月产卵。

地理分布： 台湾岛，福建以南沿海至南沙群岛；印度-西太平洋。

参考文献： 马绣同，1997；张素萍和尉鹏，2011。

图31　阿文绶贝 *Mauritia arabica asiatica* Schilder & Schilder, 1939
A. 背面观；B. 腹面观；C、D. 壳口观

冠螺科 Cassidae Latreille, 1825
冠螺属 Cassis Scopoli, 1777

唐冠螺
Cassis cornuta (Linnaeus, 1758)

同物异名： Buccinum cornutum Linnaeus, 1758；Cassis (Cassis) cornuta (Linnaeus, 1758)；Cassis caputequinum Röding, 1798；Cassis hamata Röding, 1798；Cassis labiata Dillwyn, 1817

标本采集地： 西沙群岛。

形态特征： 贝壳大而厚，似帽状。该种为冠螺科中个体最大的种，最大者壳高可达300mm以上。螺层约6层，缝合线浅，螺旋部低矮，体螺层高大，几乎占贝壳的全部，壳顶尖细、光滑。表面螺肋和纵肋纹明显，各螺层在缝合线上方有突起。体螺层背部膨大，向前渐缩小，肩部有1列大的角状突起，其前方有2列带有突起的粗壮螺肋。壳面灰白色，布有较细的螺肋和纵肋，两肋交织成格子状。壳口狭长，呈红黄色，富有光泽，美丽。内、外唇极度扩张呈楯面，后方相连。外唇内侧具6～7枚齿；内唇有肋状褶襞。前沟狭窄，前端弯向背方。脐孔小而深。厣角质。

生态习性： 栖息于浅海沙底。

地理分布： 东海，南海；印度-西太平洋。

经济意义： 有一定的收藏价值。

参考文献： 张素平和马绣同，2004；杨文等，2017。

图32　唐冠螺 Cassis cornuta (Linnaeus, 1758)
A. 侧面观；B. 壳口观；C. 背面观

宝冠螺属 *Cypraecassis* Stutchbury, 1837

宝冠螺
Cypraecassis rufa (Linnaeus, 1758)

同物异名： *Buccinum pennatum* Gmelin, 1791； *Buccinum pullum* Born, 1778； *Buccinum rufum* Linnaeus, 1758； *Buccinum ventricosum* Gmelin, 1791； *Cassis labiata* Perry, 1811； *Cassis rufa* (Linnaeus, 1758)； *Cassis rufescens* Röding, 1798； *Cassis tuberosa* Röding, 1798； *Cypraecassis* (*Cypraecassis*) *rufa* (Linnaeus, 1758)

标本采集地： 海南文昌。

形态特征： 贝壳呈卵圆形，坚厚。螺层约7层，缝合线明显。螺旋部低平，体螺层部膨大，占贝壳的极大部分，向前渐缩小，右侧缘内凹成沟状。壳面紫褐色，杂有黄白色和紫褐色的斑，在外唇的背面有6～7条紫褐色的螺带。表面螺肋和纵肋纹明显，体螺层有3～4列瘤状突起，上方2列的突起较强大，向下逐渐变弱而形成纵肋纹。壳口狭长，内、外唇滑层较厚，富有光泽，呈橙红色，其上具橙红色的螺带。外唇扩张向背方翻卷，内缘具白色肋状齿约22枚；内唇有细密白色的褶襞，褶襞间为紫褐色。前后沟短，均向背方弯曲。脐孔小而深。厣角质。

生态习性： 栖息于浅海岩礁或珊瑚礁海底。

地理分布： 东海，南海；印度-西太平洋。

经济意义： 有一定的收藏价值。

参考文献： 张素平和马绣同，2004；杨文等，2017。

图 33　宝冠螺 *Cypraecassis rufa* (Linnaeus, 1758)
A. 侧面观；B. 腹面观；C. 背面观

嵌线螺科 Cymatiidae Iredale, 1913
蝌蚪螺属 Gyrineum Link, 1807

粒蝌蚪螺
Gyrineum natator (Röding, 1798)

同物异名： *Biplex elegans* Perry, 1811；*Bursa tuberculata* (Broderip, 1833)；*Gyrineum natator* var. *robusta* Fulton, 1936；*Ranella olivator* Mörch, 1853；*Ranella tuberculata* Broderip, 1833；*Tritonium natator* Röding, 1798

标本采集地： 广西北海，广东陆丰。

形态特征： 贝壳略呈三角形，壳质结实。贝壳背、腹面稍扁，两侧各具1条纵肿肋。有整齐的纵肋和螺肋，两肋交织成整齐的颗粒状黑褐色突起。壳面黄棕色或黄紫色，杂有白色色带，被有绒毛状壳皮。壳口卵圆形，外唇厚，内缘有6～8枚齿；内唇外卷。前沟较短，半管状，角质。厣角质，紫棕色，核位于下端。

生态习性： 栖息于潮间带岩礁间。

地理分布： 东海，南海；印度-西太平洋暖水区。

参考文献： 王海艳等，2016。

图 34　粒蝌蚪螺 *Gyrineum natator* (Röding, 1798)
A. 背面观；B. 腹面观；C. 壳顶观；D. 壳口观

法螺科 Charoniidae Powell, 1933
法螺属 *Charonia* Gistel, 1847

法螺
Charonia tritonis (Linnaeus, 1758)

同物异名： *Eutritonium tritonis* (Linnaeus, 1758); *Murex tritonis* Linnaeus, 1758; *Septa tritonia* Perry, 1810; *Triton marmoratum* Link, 1807; *Triton umbricata* W. H. D. Adams, 1868

标本采集地： 西沙群岛。

形态特征： 贝壳极大，呈号角状，后端尖细，前端扩展，壳质坚厚。螺层约10层，缝合线浅，不整齐。螺旋部高，呈尖锥形，螺顶常缺损。体螺层宽大，壳面膨圆。每螺层常有2条明显的纵肿肋，其基部左侧常延伸成片状。体螺层上的螺肋光滑、宽大而且低平，其间有较深的螺沟及少数细肋。在缝合线下方的第1条螺肋上面生有结节突起。每一螺层不同的方位还生有纵肿肋，纵肿肋在左侧基部呈片状突出。贝壳表面光亮，壳面黄红色，具黄褐色或紫褐色鱼鳞状花纹。壳口卵圆形，内面橘红色，具瓷光。外唇缘向外延伸，内缘有成对的红褐色齿肋；内唇紧贴于壳轴上，有白色与褐色相间的花纹和条纹褶襞。前沟短。厣角质，厚，核近中央。足部异常发达，肉可供食用。

生态习性： 常以海星、双壳类如珠母贝幼贝等为食。暖海产，多栖息于岩礁底浅海区和珊瑚礁间，有些种类则生活在沙或泥沙质海底，从潮间带到几百米水深的海底。

地理分布： 东海，南海；印度 - 太平洋暖水区。

经济意义： 有较高的收藏价值。

参考文献： 张素萍和马绣同，2004；齐钟彦等，1983。

图 35 法螺 *Charonia tritonis* (Linnaeus, 1758)
A. 腹面观；B. 背面观

扭螺科 Personidae Gray, 1854

扭螺属 Distorsio Röding, 1798

网纹扭螺
Distorsio reticularis (Linnaeus, 1758)

同物异名： Distorsio acuta (Perry, 1811)；Distorsio decipiens (Reeve, 1844)；Distorsio francesae Iredale, 1931；Distorsio reticulata Röding, 1798；Distorta acuta Perry, 1811；Murex mulus Dillwyn, 1817；Murex reticularis Linnaeus, 1758；Triton decipiens Reeve, 1844

标本采集地： 广东大亚湾。

形态特征： 贝壳两端尖，略呈菱形，壳质坚厚。螺层约9层，缝合线浅，壳顶尖，常被损坏。各螺层扭曲，发育不均衡，尤以前方的螺层背部膨胀，腹面压平，形如驼背。壳面黄褐色，被有发达的壳皮和壳毛。壳表具纵肋与环肋，两肋交织成网目状，在纵横肋交叉的地方形成小的结节突起。壳口呈桃形，内面白色，内、外唇扩张成片状，黄褐色。外唇缘具发达的齿；内唇中央凹陷，上半部呈格子状，下半部有粒状齿。前沟稍长，半管状，向前延伸，微向背方弯曲；后沟内侧有一肋状突起。厣角质，褐色。

生态习性： 栖息于浅海十余米至百余米水深的软泥或泥沙质海底。

地理分布： 东海，南海。

参考文献： 张素平和马绣同，2004；齐钟彦等，1983。

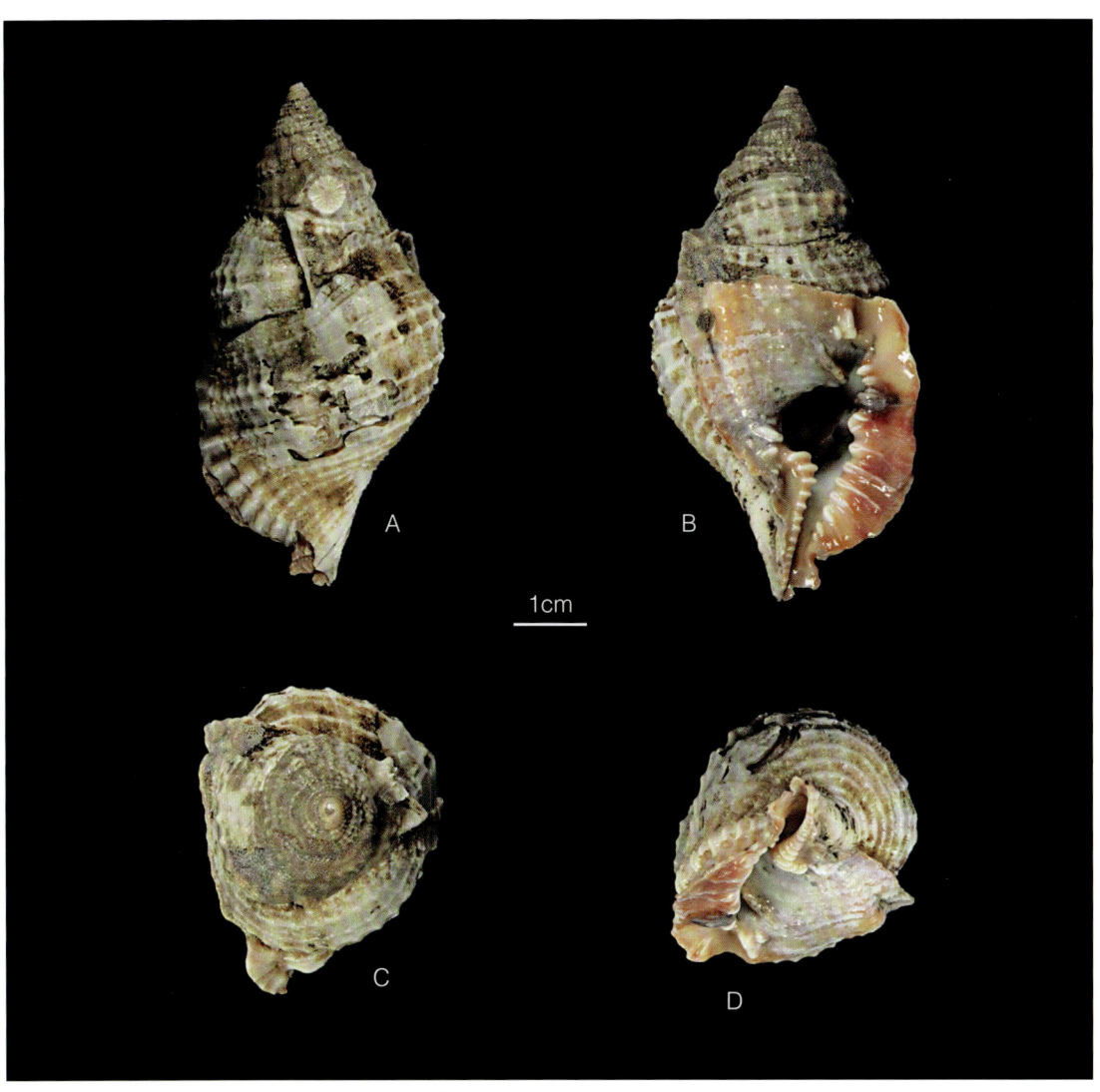

图 36　网纹扭螺 *Distorsio reticularis* (Linnaeus, 1758)
A. 背面观；B 腹面观；C. 壳顶观；D. 壳口观

蛙螺科 Bursidae Thiele, 1925

赤蛙螺属 *Bufonaria* Schumacher, 1817

习见赤蛙螺
Bufonaria rana (Linnaeus, 1758)

同物异名： *Bufonaria albivaricosa* (Reeve, 1844)；*Bufonaria subgranosa* (G. B. Sowerby II, 1836)；*Bursa rana* (Linnaeus, 1758)；*Murex rana* Linnaeus, 1758；*Ranella albivaricosa* Reeve, 1844；*Ranella beckii* Kiener, 1841；*Ranella subgranosa* G. B. Sowerby II, 1836

标本采集地： 广西北海。

形态特征： 贝壳呈菱形，壳质坚硬。螺层约9层，缝合线浅。壳面有细的螺肋，肋上生有小的颗粒结节。各螺层两侧有1条纵肿肋，肋上有短棘。螺旋部各层的肩部有1列短棘，短棘在体螺层有2～3列，以肩部的一列较强。壳面黄白色，上有不规则的黄褐色斑点和火焰状条纹。壳口宽大，橄榄形，内面黄白色。外唇加厚，内缘具齿，齿呈白色；内唇弧形，上、下部具齿，中部具褶襞。前沟半管状，前段微向背方弯曲；后沟较深，内侧有时具有肋状突起。厣角质，棕色。狭长，核位于内侧中央。

生态习性： 栖息于数米至数百米水深的软泥、泥沙或细沙质的海底。

地理分布： 东海，南海；日本。

经济意义： 经济种，肉可供食用。

参考文献： 王海艳等，2016。

图 37　习见赤蛙螺 *Bufonaria rana* (Linnaeus, 1758)
A. 背面观；B. 腹面观；C. 壳顶观；D. 壳口观

新腹足目 Neogastropoda
骨螺科 Muricidae Rafinesque, 1815
棘螺属 *Chicoreus* Montfort, 1810

褐棘螺
Chicoreus brunneus (Link, 1807)

同物异名： *Chicoreus* (*Triplex*) *brunneus* (Link, 1807)；*Chicoreus adustus* (Lamarck, 1822)；*Murex adustus* Lamarck, 1822；*Murex australiensis* A. Adams, 1854；*Murex brunneus* (Link, 1807)；*Murex despectus* A. Adams, 1854；*Murex erithrostomus* Dufo, 1840；*Murex huttoniae* B. H. Wright, 1878；*Murex oligocanthus* Euthyme, 1889；*Murex versicolor* Gmelin, 1791；*Purpura brunneus* Link, 1807；*Purpura scabra* Martyn, 1789；*Triplex flavicunda* Perry, 1810；*Triplex rubicunda* Perry, 1810

标本采集地： 广东大亚湾。

形态特征： 贝壳呈纺锤形，壳质极厚。螺层约8层，螺旋部较高，呈塔状，缝合线浅而宽。各螺层有纵肿肋3条，肋上有排列紧密的短棘，体螺层肩部上的一列棘最发达，在纵肿肋之间有1个发达的瘤状突起。壳面有细而密的螺纹，体螺层上有多数细肋组成较粗的螺肋。壳色紫黑或紫褐，壳顶部常被腐蚀而呈白色。壳口小，卵圆形，内面白色，唇缘通常带有肉红色。壳口向外扩张。外唇边缘有强的褶襞，内唇光滑。前沟粗，管状；后沟狭小，呈深的缺刻。厣角质，栗色，多旋，核位于一端。

生态习性： 栖息于潮下带至浅海软泥或泥沙质海底。

地理分布： 东海，南海；印度 - 西太平洋。

经济意义： 经济种，肉可供食用。

参考文献： 王海艳等，2016；齐钟彦等，1983。

图 38 褐棘螺 *Chicoreus brunneus* (Link, 1807)
A. 背面观；B. 腹面观；C. 壳顶观；D. 壳口观

丝岩螺属 *Mancinella* Link, 1807

红痘丝岩螺
Mancinella alouina (Röding, 1798)

同物异名： *Drupella mancinella* (Linnaeus, 1758)；*Mancinella aculeata* Link, 1807；*Murex mancinella* Linnaeus, 1758；*Murex pyrum* Dillwyn, 1817；*Purpura gemmulata* Lamarck, 1816；*Purpura mancinella* (Linnaeus, 1758)；*Thais* (*Mancinella*) *alouina* (Röding, 1798)；*Thais* (*Mancinella*) *mancinella* (Linnaeus, 1758)；*Thais gemmulata* (Lamarck, 1816)；*Thais mancinella* (Linnaeus, 1758)；*Volema alouina* Röding, 1798；*Volema glacialis* Röding, 1798

标本采集地： 海南昌江。

形态特征： 贝壳中等大小，呈卵圆形，壳质坚厚。螺层约6层，缝合线浅。壳顶部常被腐蚀。壳黄白色，壳面膨胀，每一螺层上有1~2列红紫色疣状突起，在体螺层的红紫色疣状突起有4~5列，其上方第2、3列较发达。壳面刻有许多细的螺肋。壳口卵圆形，内面淡橘黄色，具杏红色细肋纹，富有光泽。外唇厚，内唇光滑。前沟稍发达，呈深沟状；后沟细浅，绷带发达。厣角质，褐色，核位于外侧近中央部。

生态习性： 栖息于中、低潮区附近的岩礁间。

地理分布： 南海；印度-西太平洋。

经济意义： 经济种，肉可供食用。

参考文献： 杨文等，2017；齐钟彦等，1983。

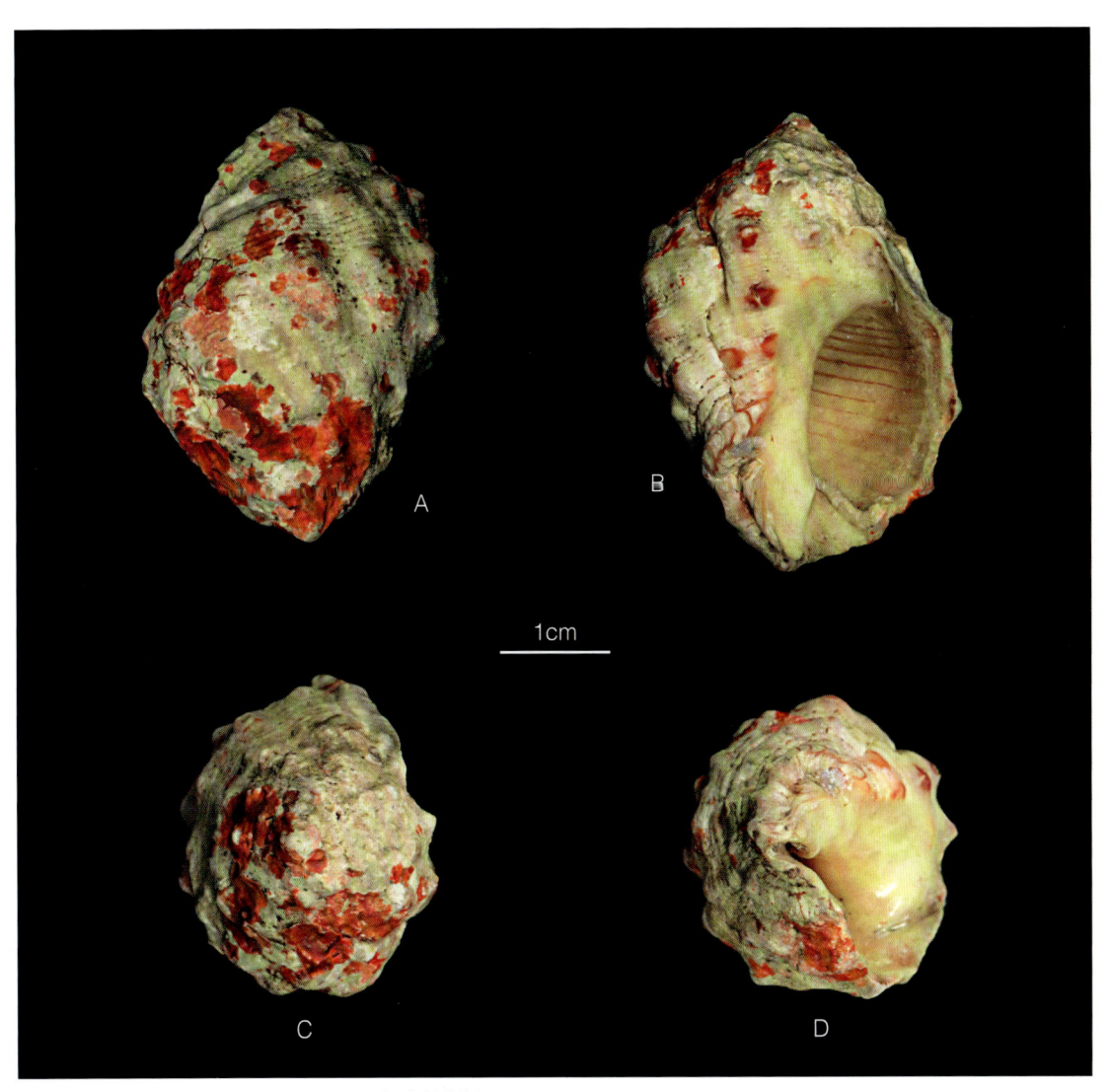

图 39 红痘丝岩螺 *Mancinella alouina* (Röding, 1798)
A. 背面观；B. 腹面观；C. 壳顶观；D. 壳口观

骨螺属 *Murex* Linnaeus, 1758

浅缝骨螺
Murex trapa Röding, 1798

同物异名: *Murex (Murex) trapa* Röding, 1798; *Murex duplicatus* Pusch, 1837; *Murex martinianus* Reeve, 1845; *Murex rarispina* Lamarck, 1822; *Murex unidentatus* G. B. Sowerby II, 1834

标本采集地: 海南东寨港。

形态特征: 贝壳表面具有许多短小的棘，壳质坚硬。螺层约8层，螺旋部呈塔状，体螺层膨大，缝合线浅。肩角明显，螺肋和纵肋交织排列。各螺层有3条纵肿肋，螺旋部各纵肿肋的中部有1枚尖刺，体螺层的纵肿肋上具有3枚较长的尖刺。在体螺层纵肿肋之间有5～7条细弱的纵肋，纵肋越向壳顶部越明显，而数目逐渐减少。壳面的螺肋细而凸出，较明显，在各螺层的中部和体螺层上部的肩角上有一条螺肋比较发达。壳表呈黄褐色或灰黄色，壳口卵圆形，内面褐色。外唇边缘呈齿状缺刻，中下部具一强齿；内唇上半部薄，下半部较厚，向外翻卷。前沟甚长，占壳长的一半以上，近管状，管壁后部有3列尖刺。厣角质。

生态习性: 栖息于浅海沙泥底，底拖网习见种类。

地理分布: 东海，南海；日本，太平洋。

参考文献: 张素萍，2008；齐钟彦等，1983。

图 40　浅缝骨螺 *Murex trapa* Röding, 1798
A. 腹面观；B. 背面观

翼螺属 *Pterynotus* Swainson, 1833

翼螺
Pterynotus alatus (Röding, 1798)

同物异名：*Murex martinianus* L. Pfeiffer, 1840；*Murex pinnatus* Swainson, 1822；*Pterynotus pinnatus* (Swainson, 1822)；*Purpura alata* Röding, 1798

标本采集地：海南昌江。

形态特征：贝壳较狭长，呈扭曲的三棱形，壳质较薄，但坚硬。螺层约10层，缝合线呈线状。每螺层具3条翼状的纵肿肋，各纵肿肋间具有1个明显的瘤状突起。壳面白色，螺肋细密，每隔2～3条细肋即出现1条稍粗的螺肋。壳口小，卵圆形，内面白色。外唇较厚，边缘有多数整齐的褶襞；内唇光滑。前沟稍长，略弯曲，呈管状，前沟右侧残留1条生长遗留下的旧沟，与前沟排列成"人"字形。

生态习性：栖息于浅海10～80m深的砂泥质海底。

地理分布：台湾岛，南海；日本。

参考文献：杨文等，2017；齐钟彦等，1983。

图41 翼螺 *Pterynotus alatus* (Röding, 1798)
A. 背面观；B. 腹面观

腾螺属 *Tenguella* Arakawa, 1965

镶珠腾螺
Tenguella musiva (Kiener,1835)

同物异名： *Morula* (*Morula*) *musiva* (Kiener, 1835); *Purpura musiva* Kiener, 1835

标本采集地： 广西涠洲岛。

形态特征： 贝壳近纺锤形，壳质坚厚。螺层约7层，螺旋部高，螺层高度和宽度增加均匀，缝合线浅。壳面淡黄褐色，具有排列较规则的黑色和红褐色相间的圆珠粒状结节，通常黑珠低平，褐珠凸出。结节在螺旋部每层有2环列，体螺层有6环列，结节间有细密的螺肋。壳面灰白色。壳口小，长卵圆形，内面灰黄色或淡蓝紫色。外唇下方略向外翻折，内缘具白色粒状齿4～5枚；内唇下部较厚，与绷带共形成假脐。前沟短；后沟呈缺刻状。厣角质。

生态习性： 栖息于潮间带岩礁间。

地理分布： 东海，南海；日本。

参考文献： 王海艳等，2016；李琪，2019。

图42 镶珠腾螺 *Tenguella musiva* (Kiener,1835)
A. 腹面观；B. 背面观

印荔枝螺属 *Indothais* Claremont, Vermeij, Williams & Reid, 2013

可变印荔枝螺
Indothais lacera (Born, 1778)

同物异名： *Murex lacerus* Born, 1778; *Thais* (*Thaisella*) *lacera* (Born, 1778)

标本采集地： 海南三亚。

形态特征： 贝壳呈卵圆形，壳质坚厚。螺层约7层，螺旋部高，缝合线明显，在体螺层与次体螺层间的缝合线加深成沟状。螺旋部各螺层中部凸出，形成1条龙骨状的肩角，在体螺层有2条龙骨突起，肩角上有不规则的突起。壳面黄紫色，密布粗糙的细螺肋和生长纹。壳口较大，卵圆形，内面淡黄褐色。外唇较厚，具缺刻；内唇光滑向外扩张，与绷带形成较大的假脐。前沟稍宽，弯向背方；后沟明显，呈缺刻状。厣角质，多旋，核位于近中央的外侧。

生态习性： 栖息于潮间带中、低潮区的岩礁间。

地理分布： 台湾岛，广东；日本，澳大利亚。

参考文献： 王瑁等，2013；齐钟彦等，1983。

图 43　可变印荔枝螺 *Indothais lacera* (Born, 1778)
A. 背面观；B. 腹面观；C. 壳口观；D. 壳顶观

瑞荔枝螺属 *Reishia* Kuroda & Habe, 1971

疣瑞荔枝螺
Reishia clavigera (Küster, 1860)

同物异名： *Purpura clavigera* Küster, 1860； *Thais clavigera* (Küster, 1860)

标本采集地： 广东大亚湾。

形态特征： 贝壳呈卵圆形，壳质坚厚。螺层约6层，缝合线浅，螺旋部高，体螺层膨大。壳顶光滑，在每一螺层的中部有1环列明显的黑褐色疣状突起，体螺层通常有4～5列疣状突起，以上方的2列突起较大，向下逐渐变弱。在两列疣状突起之间常有2～3条较明显的螺肋。壳面呈灰褐色或青灰色，具有不规则的白色条纹和斑点。壳口卵圆形，内面灰黄色或淡黄褐色。外唇薄，内缘有3～4个肋状突起，边缘呈黑褐色；内唇光滑，略直，呈淡黄色。前沟短，缺刻状，稍向背方弯曲。厣角质，褐色，少旋，核位于近外缘。

生态习性： 栖息于潮间带中、低潮区的岩石缝隙内及石块下面，有群居习性。产卵季节，卵袋附着在岩石上，呈鲜黄色并逐渐变为紫色。

地理分布： 中国沿海；日本。

经济意义： 经济种，肉可供食用，贝壳可入药。

参考文献： 王海艳等，2016；张素萍，2016。

图44 疣瑞荔枝螺 *Reishia clavigera* (Küster, 1860)
A. 背面观；B. 腹面观；C. 壳顶观；D. 壳口观

骨螺科分属检索表

1. 螺层纵肋上生有粗壮的分枝状的棘 .... 棘螺属 *Chicoreus*
 - 螺层纵肋上没有分枝的棘 2
2. 壳口的前沟多延长 3
 - 壳口的前沟不延长 4
3. 前沟甚长，占壳长的一半以上 .... 骨螺属 *Murex*
 - 前沟稍长，略弯曲 .... 翼螺属 *Pterynotus*
4. 贝壳近纺锤形 .... 腾螺属 *Tenguella*
 - 贝壳卵圆形 5
5. 体螺层有龙骨突起 .... 印荔枝螺属 *Indothais*
 - 体螺层有疣状突起 6
6. 突起红紫色 .... 丝岩螺属 *Mancinella*
 - 突起黑褐色 .... 瑞荔枝螺属 *Reishia*

核螺科 Columbellidae Swainson, 1840

小笔螺属 *Mitrella* Risso, 1826

白小笔螺
Mitrella albuginosa (Reeve, 1859)

同物异名： *Columbella albuginosa* Reeve, 1859；*Columbella albuginosa* var. *major* W. H. Turton, 1932；*Columbella approximata* G. B. Sowerby III, 1921；*Columbella bella* Reeve, 1859；*Columbella rietensis* W. H. Turton, 1933；*Columbella rufanensis* W. H. Turton, 1932；*Mitrella bella* (Reeve, 1859)；*Pyrene albuginosa* (Reeve, 1859)；*Pyrene bella* (Reeve, 1859)

标本采集地： 广西北海、防城港。

形态特征： 贝壳小，细长，呈塔形，壳质较坚硬。螺层约9层，缝合线明显。螺旋部较高，尖锥形，底部收缩，各螺层宽度增加均匀。壳面除在贝壳基部约有10条不很发达的螺沟外，其余部分都较光滑。壳表黄白色，具有褐色或紫褐色火焰状纵走的斑纹，斑纹的粗细随个体有变化，在体螺层的中部则有1条淡黄色环带把花纹割裂为上、下两列。壳口小，长卵形，内面黄白色，具珍珠光泽，外唇较薄，下部略向外扩张，内刻有数条螺肋，螺肋的外侧通常有5个小齿，以位于上、下端者较粗大。内唇稍扭曲，中部有一加厚的边缘，上面常有2个不明显的齿状突起。前、后沟明显。厣角质，黄褐色，大卵圆形，核位于一端的内侧。

生态习性： 栖息于潮间带岩石块下面或浅海的泥沙质海底。

地理分布： 中国沿海；印度 - 西太平洋。

参考文献： 齐钟彦等，1983。

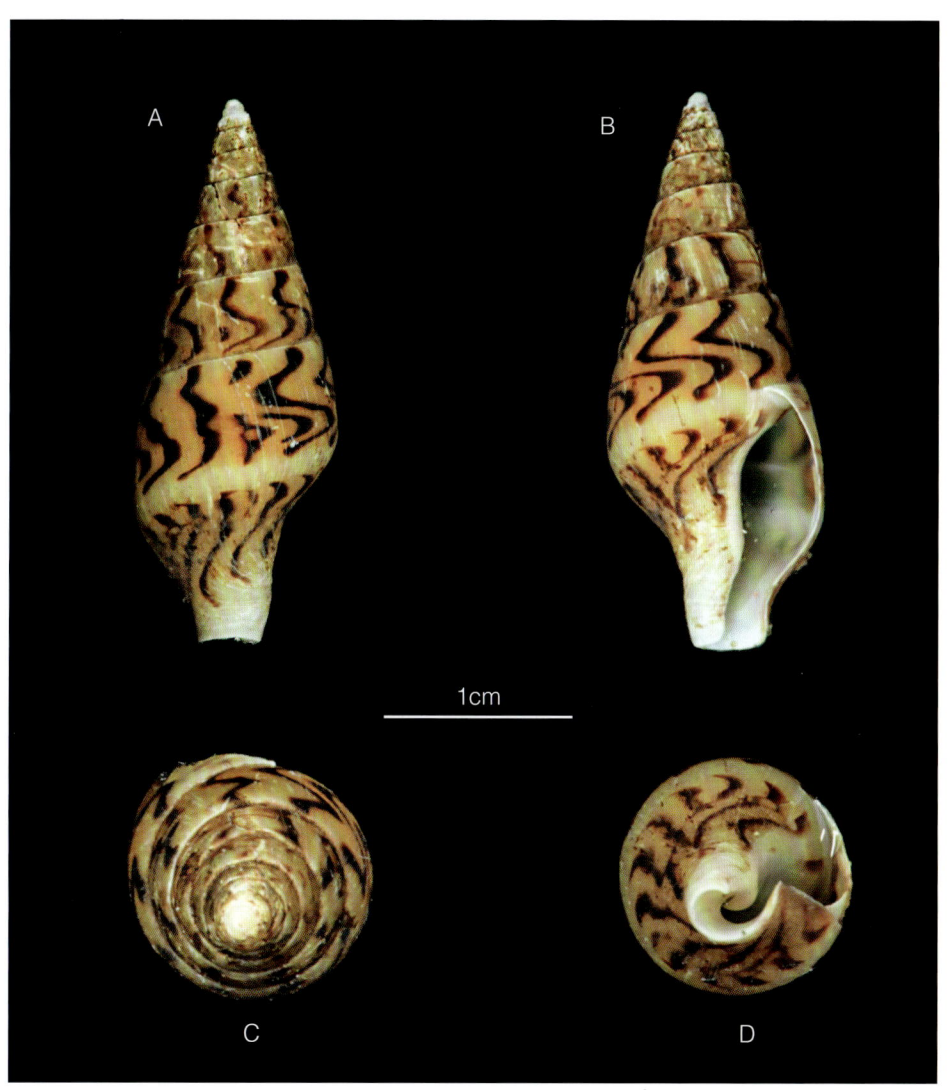

图 45 白小笔螺 Mitrella albuginosa (Reeve, 1859)
A. 背面观；B. 腹面观；C. 壳顶观；D. 壳口观

东风螺科 Babyloniidae Kuroda, Habe & Oyama, 1971
东风螺属 *Babylonia* Schlüter, 1838

方斑东风螺
Babylonia areolata (Link, 1807)

同物异名： *Babylonia areolata* f. *austraoceanensis* Lan, 1997；*Babylonia lani* E. Gittenberger & Goud, 2003；*Babylonia magnifica* Fraussen & Stratmann, 2005；*Babylonia tessellata* (Swainson, 1823)；*Buccinum areolatum* Link, 1807；*Buccinum maculosum* Röding, 1798；*Eburna chemnitziana* Fischer von Waldheim, 1807；*Eburna tessellata* Swainson, 1823

标本采集地： 海南临高。

形态特征： 贝壳呈长卵形，壳质稍薄。螺层约 8.5 层。缝合线明显，呈沟状。各螺层壳面较膨圆，在缝合线下方形成窄而平坦的肩部。壳表光滑，生长纹细密。壳面黄白色，被有黄褐色壳皮，并具有不规则的长方形紫褐色斑块，斑块在体螺层有 3 横列，以上方的一列最大。壳口半圆形，内面瓷白色，可映印出壳表的色彩。外唇薄，弧形；内唇光滑，紧贴于壳轴上。前沟宽短，呈"U"形。绷带扁平，紧绕脐缘，脐孔大而深。厣角质，厚，棕色，核位于前端内侧。

生态习性： 栖息于数米至数十米的泥沙质海底。

地理分布： 中国东南沿海；斯里兰卡，日本。

经济意义： 经济种，肉可供食用。

参考文献： 杨文等，2017；齐钟彦等，1983。

图46 方斑东风螺 *Babylonia areolata* (Link, 1807)
A. 背面观；B. 腹面观；C. 壳顶观；D. 壳口观

织纹螺科 Nassariidae Iredale, 1916 (1835)
鱼篮螺属 *Nassaria* Link, 1807

尖鱼篮螺
Nassaria acuminata (Reeve, 1844)

同物异名： Hindsia acuminata (Reeve, 1844); Hindsia suturalis A. Adams, 1855; Hindsia varicifera A. Adams, 1855; Triton acuminatus Reeve, 1844

标本采集地： 广东大亚湾。

形态特征： 贝壳呈塔形，壳质坚硬。螺层约9层，缝合线深，呈宽沟状。整个壳面刻有发达的纵肋和较细的螺肋。在体螺层约有10条纵肋，其在缝合线凸出成锯齿状，20余条螺肋排列紧密。壳表面黄白色，有的个体在缝合线上部和体螺层上杂有褐色色带，褐色色带通常在螺层的下半部较明显。壳口小，卵圆形，内面灰白色，刻有许多肋纹。外唇弧形，较厚；内唇呈领状，贴于壳轴上，内缘具许多细的肋纹。前沟呈接近封闭的管状，前端弯向背方。绷带弯曲，明显，上面刻有螺纹。

生态习性： 栖息于十余米至五六十米水深的泥沙质海底。

地理分布： 东海，南海。

经济意义： 经济种，肉可供食用。

参考文献： 齐钟彦等，1983。

图 47　尖鱼篮螺 *Nassaria acuminata* (Reeve, 1844)
A. 背面观；B. 腹面观；C. 壳顶观；D. 壳口观

织纹螺属 *Nassarius* Duméril, 1805

光织纹螺
Nassarius dorsatus (Röding, 1798)

同物异名： *Buccinum laeve sinuatum* Chemnitz, 1780； *Buccinum trifasciatum* Gmelin, 1791； *Buccinum unicolorum* Kiener, 1834； *Bullia cinerea* Preston, 1906； *Nassa* (*Alectrion*) *pallidula* A. Adams, 1852； *Nassa* (*Alectrion*) *rutilans* Reeve, 1853； *Nassa* (*Zeuxis*) *pallidula* A. Adams, 1852； *Nassa dorsata* (Röding, 1798)； *Nassa laevis* Mörch, 1852； *Nassa livida* Gray, 1826； *Nassa nitidula* Marrat, 1880； Nassa *pallidula* A. Adams, 1852； *Nassa rutilans* Reeve, 1853； *Nassa trifasciata* (Gmelin, 1791)； *Nassa unicolorata* Reeve, 1853； *Nassarius* (*Zeuxis*) *dorsatus* (Röding, 1798)； *Tarazeuxis unicolorus* (Kiener, 1834)； *Zeuxis dorsatus* (Röding, 1798)

标本采集地： 广东徐闻。

形态特征： 贝壳近卵圆形，壳质稍薄。螺层约9层，缝合线深。螺旋部较细小，体螺层膨胀圆。在壳顶部数螺层具有纵肋和细螺旋沟纹，其他螺层除体螺层基部有十余条和在缝合线紧下方有1条沟纹外，其余部分均很光滑。壳面淡黄白色，在体螺层背部隐约可见3条很淡的黄褐色色带。壳口卵圆形，内面淡褐色，外缘白色，刻有十余条明显的肋纹。外唇弧形，基部有五六枚尖齿；内唇紧贴于壳轴上，内缘具许多皱褶，其中上方第一褶较明显。前沟宽短；后沟呈缺刻状。绷带稍肿胀，不发达。厣角质。

生态习性： 栖息于数十米至百余米水深的泥沙质海底。

地理分布： 南海；日本。

经济意义： 经济种，肉可供食用。

参考文献： 张素萍，2008；齐钟彦等，1983。

图 48　光织纹螺 Nassarius dorsatus (Röding, 1798)
A. 背面观；B. 腹面观；C. 壳顶观；D. 壳口观

节织纹螺
Nassarius hepaticus (Pulteney, 1799)

同物异名： Buccinum hepaticum Pulteney, 1799; Nassa hepatica (Pulteney, 1799)

标本采集地： 广西湄洲岛。

形态特征： 贝壳呈长圆形，壳质坚硬。螺层约 8 层，缝合线深，各螺层呈阶梯状，体螺层稍膨胀。壳面纵肋光滑而发达，体螺层上有 16 条纵肋。在每一螺层缝合线的下方有 1 条螺沟，把纵肋的上端切成 1 环列念珠突起。在体螺层基部有数条明显的螺旋纹。壳面灰褐色，各螺层中部有 1 条白色色带。壳口卵圆形，边缘淡黄色，内面紫褐色。外唇厚，内缘有肋状齿；内唇光滑，外卷，具褶襞。前沟短宽；后沟浅而小，呈"V"形。厣角质。

生态习性： 栖息于十余米至六十余米水深的沙或泥沙质海底。

地理分布： 东海，南海；西太平洋。

经济意义： 经济种，肉可供食用。

参考文献： 王海艳等，2016；齐钟彦等，1983。

图49 节织纹螺 *Nassarius hepaticus* (Pulteney, 1799)
A. 背面观；B. 腹面观；C. 壳顶观；D. 壳口观

西格织纹螺
Nassarius siquijorensis (A. Adams, 1852)

同物异名： Buccinum canaliculatum Lamarck, 1822；Nassa (Hinia) siquijorensis A. Adams, 1852；Nassa (Hinia) siquijorensis marinuensis Koperberg, 1931；Nassa (Hinia) siquijorensis timorensis Koperberg, 1931；Nassa (Zeuxis) canaliculata (Lamarck, 1822)；Nassa (Zeuxis) canaliculata teschi Koperberg, 1931；Nassa cingenda Marrat, 1880；Nassa crenellifera A. Adams, 1852；Nassa siquijorensis A. Adams, 1852；Nassarius (Zeuxis) siquijorensis (A. Adams, 1852)；Nassarius canaliculatus (Lamarck, 1822)

标本采集地： 广东徐闻。

形态特征： 贝壳卵圆形，壳质较坚硬。体螺层约10层，每螺层增长均匀。体螺层膨大，缝合线稍深，螺层呈阶梯状。壳面有比较发达的纵肋和细螺肋，两肋在基部明显。在缝合线的近下方有1条较深的螺旋沟，把纵肋的上端划成1列结节状突起。壳面黄白色，杂有褐色斑，体螺层上有3条褐色色带，其他螺层有2条褐色色带。壳表纵肋发达，螺肋细弱。内唇贴于壳轴上。壳口卵圆形，内面淡黄色，具十余条明显的肋纹。外唇缘具齿突；内唇薄，外卷，内缘具皱褶。绷带明显，前沟短而深，后沟小。厣角质。

生态习性： 栖息于潮间带低潮区至数十米水深的泥沙质海底。

地理分布： 东海，南海；日本。

经济意义： 经济种，肉可供食用。

参考文献： 王海艳等，2016；齐钟彦等，1983。

图 50 西格织纹螺 Nassarius siquijorensis (A. Adams, 1852)
A. 背面观；B. 腹面观；C. 壳顶观；D. 壳口观

红带织纹螺
Nassarius succinctus (A. Adams, 1852)

同物异名： *Nassa pusilla* Marrat, 1880；*Nassa succincta* A. Adams, 1852；*Nassarius* (*Zeuxis*) *succinctus* (A. Adams, 1852)；*Zeuxis succinctus* (A. Adams, 1852)

标本采集地： 广西钦州。

形态特征： 贝壳小，呈纺锤形，壳质结实。螺层约9层，缝合线明显。螺旋部较高，体螺层中部膨胀，基部收缩。近壳顶几层有明显的纵肋和细的螺肋，其余螺层壳面较光滑，纵肋和螺肋不明显，通常只在缝合线下方有1条和体螺层的基部有清楚的螺旋沟纹。壳表黄白色，体螺层有3条红褐色色带，其余各层有2条红褐色色带。壳口卵圆形，内面黄白色，有与壳面相应的色带。外唇背缘有1强的黄色唇脊，基部有5~6枚细齿；内唇弧形，边缘有小齿。前沟宽短，呈"U"形；后沟窄小。厣角质。

生态习性： 栖息于浅海泥沙底。

地理分布： 中国沿海；日本，菲律宾。

参考文献： 王海艳等，2016；张素萍，2008。

图 51　红带织纹螺 *Nassarius succinctus* (A. Adams, 1852)
A. 腹面观；B. 背面观

胆形织纹螺
Nassarius pullus (Linnaeus, 1758)

同物异名： *Arcularia* (*Plicarcularia*) *thersites* (Bruguière, 1789)；*Arcularia thersites* (Bruguière, 1789)；*Buccinum pullus* Linnaeus, 1758；*Buccinum thersites* Bruguière, 1789；*Nassa* (*Arcularia*) *thersites* (Bruguière, 1789)；*Nassa* (*Eione*) *dorsuosa* A. Adams, 1852；*Nassa* (*Eione*) *sondeiana* K. Martin, 1895；*Nassa* (*Eione*) *thersites* (Bruguière, 1789)；*Nassa dorsuosa* A. Adams, 1852；*Nassa gracilis* Pease, 1868；*Nassa pulla* (Linnaeus, 1758)；*Nassa thersites* (Bruguière, 1789)；*Nassa thersites* var. *acypha* Martens, 1886；*Nassarius* (*Plicarcularia*) *pullus* (Linnaeus, 1758)；*Nassarius* (*Plicarcularia*) *thersites* (Bruguière, 1789)；*Nassarius thersites* (Bruguière, 1789)；*Plicarcularia thersites* (Bruguière, 1789)

标本采集地： 广西防城港。

形态特征： 贝壳粗短，呈胆囊状，壳质坚厚。螺层约7层，缝合线明显，呈波状。螺旋部短小，体螺层膨大。壳面刻有明显的纵肋和螺纹，纵肋在体螺层近壳口部逐渐变弱或消失，螺纹在体螺层的基部有5～6条非常明显。壳面灰绿色，在体螺层上有2条宽的紫褐色色带。壳口较小，梨形，周缘淡黄色，内面深褐色，具有1条黄白色色带。前沟短而深，后沟为一小的缺刻。外唇上部甚厚，下半部较薄，内缘具数个小齿；内唇甚发达，贴在体螺层上，扩张成为淡黄色滑唇，其上缘达次体螺层，并覆盖体螺层腹面。

生态习性： 栖息于潮间带沙滩上。

地理分布： 东海，南海；日本，菲律宾。

参考文献： 李琪，2019；齐钟彦等，1983。

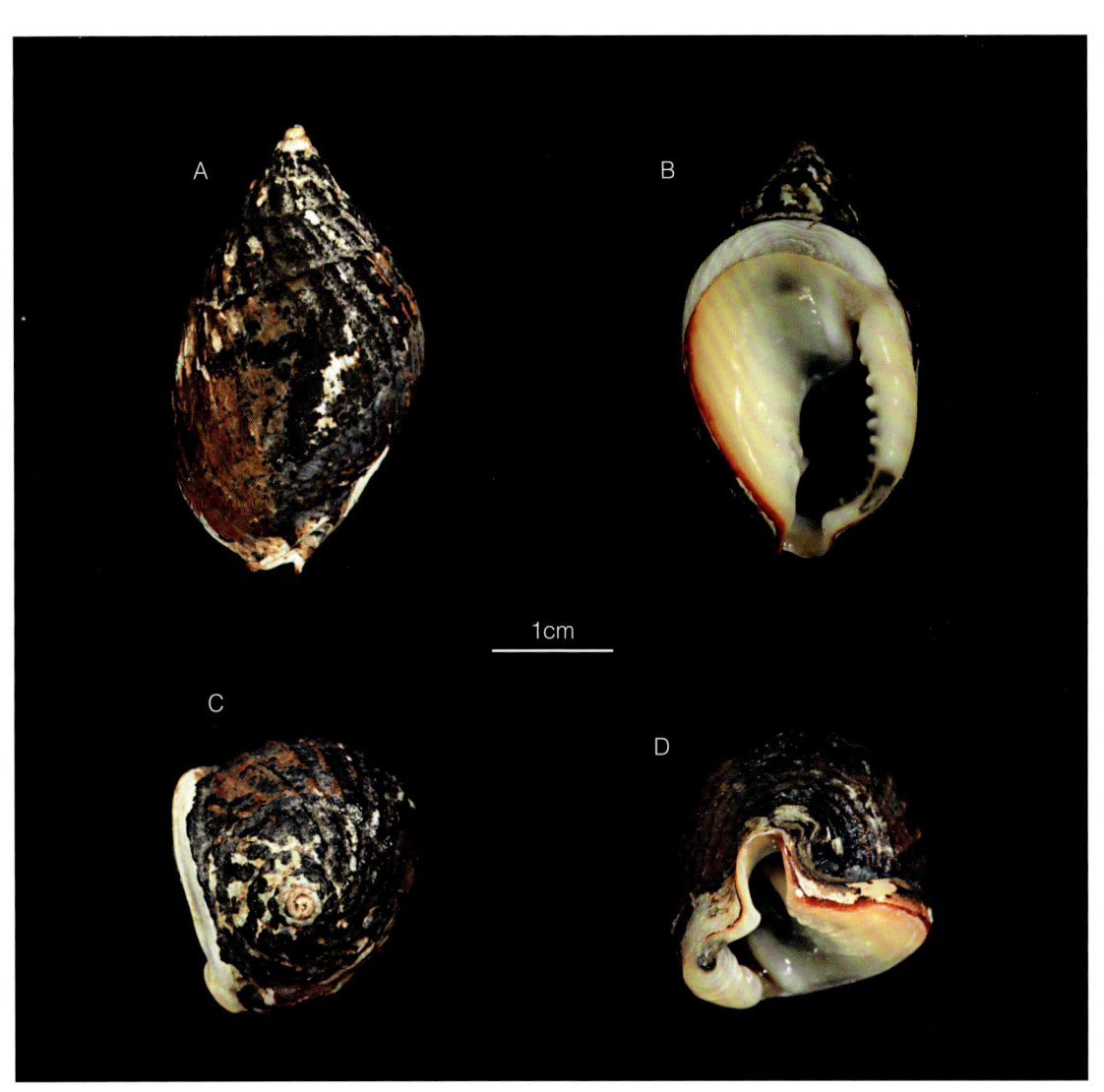

图 52　胆形织纹螺 *Nassarius pullus* (Linnaeus, 1758)
A. 背面观；B. 腹面观；C. 壳顶观；D. 壳口观

秀丽织纹螺
Nassarius festivus (Powys, 1835)

同物异名： *Hinia festiva* (Powys, 1835)；*Nassa* (*Hebra*) *bonneti* Cossmann, 1901；*Nassa* (*Hima*) *festiva* Powys, 1835；*Nassa festiva* Powys, 1835；*Nassa lirata* Dunker, 1860；*Nassa nodata* Hinds, 1844；*Nassarius* (*Hinia*) *festivus* (Powys, 1835)；*Nassarius* (*Hinia*) *prefestivus* MacNeil, 1961；*Nassarius* (*Niotha*) *festivus* (Powys, 1835)；*Reticunassa festiva* (Powys, 1835)；*Tritia* (*Hinia*) *festivus* (Powys, 1835)；*Tritia festiva* (Powys, 1835)

标本采集地： 广西北海、防城港。

形态特征： 贝壳呈长卵圆形，壳质坚实。螺层约9层，缝合线明显，微呈波状。螺旋部呈圆锥形，体螺层稍大。壳顶光滑，其余壳面具有发达的纵肋和细螺肋。纵肋和螺肋相互交叉形成粒状突起。壳面粗糙，呈黄褐色或黄色，具褐色螺带。壳口卵圆形，内面黄色或褐色，清晰可见表面的螺带。外唇薄，内缘具粒状齿；内唇上部滑层薄，下部稍厚，并向外延伸遮盖脐部，内缘具3～4个粒状的齿。前沟短而深；后沟不明显。厣角质。

生态习性： 栖息于潮间带中、低潮区泥和泥沙质的海滩上，退潮后常成群地在滩涂上爬行。

地理分布： 中国沿海；印度洋-西太平洋。

经济意义： 经济种，肉可供食用。

参考文献： 杨文等，2017；齐钟彦等，1983。

图 53　秀丽织纹螺 Nassarius festivus (Powys, 1835)
A. 背面观；B. 腹面观；C. 壳顶观；D. 壳口观

织纹螺属分种检索表

1. 仅胚壳数螺层有明显纵肋，其余体螺层表面光滑	2
- 体螺层具有较发达的纵肋	4
2. 内唇甚发达，贴在体螺层上	胆形织纹螺 Nassarius pullus
- 内唇不发达	3
3. 体螺层上有红褐色色带	红带织纹螺 Nassarius succinctus
- 体螺层背部隐约可见 3 条很淡的黄褐色色带	光织纹螺 Nassarius dorsatus
4. 纵肋和螺肋相互交叉形成粒状突起	秀丽织纹螺 Nassarius festivus
- 纵肋和螺肋相互交叉未形成粒状突起	5
5. 各螺层中部有 1 条白色色带	节织纹螺 Nassarius hepaticus
- 体螺层上有 3 条褐色色带，其他螺层有 2 条褐色色带	西格织纹螺 Nassarius siquijorensis

榧螺科 Olividae Latreille, 1825

榧螺属 *Oliva* Bruguière, 1789

伶鼬榧螺
Oliva mustelina Lamarck, 1811

标本采集地： 广东大亚湾。

形态特征： 贝壳呈圆筒状，壳质厚而坚实。螺层约 8 层，壳顶稍尖，缝合线明显。螺旋部低小，稍突出壳面，质厚，体螺层高大，约占壳长的 90%。壳面光滑，具瓷光，壳表为淡黄褐色，布有波浪状纵走的褐色花纹。壳口狭长，几乎占贝壳的全长，壳口内面为紫色或紫褐色。外唇厚而直；内唇唇褶多而明显，一般有 20 多个，内唇后部有喙状硬结。前沟宽短，呈缺刻状；后沟小。无厣。

生态习性： 暖水种，栖息于低潮线区至四十余米水深的沙或泥沙质海底。

地理分布： 黄海南部，东海，南海；日本（本州中部以南），新加坡。

参考文献： 李海涛等，2015；齐钟彦等，1983。

图 54　伶鼬榧螺 *Oliva mustelina* Lamarck, 1811
A. 腹面观；B. 背面观；C. 壳顶观；D. 壳口观

细带螺科 Fasciolariidae Gray, 1853

鸽螺属 *Peristernia* Mörch, 1852

鸽螺
Peristernia nassatula (Lamarck, 1822)

同物异名：*Latirus nassatula* (Lamarck, 1822); *Peristernia deshayesii* Küster & Kobelt, 1876; *Peristernia nassatula* var. *deshayesii* (Kobelt, 1876); *Turbinella nassatula* Lamarck, 1822

标本采集地：海南岛。

形态特征：贝壳呈短纺锤形，壳质坚硬。螺层约8层，缝合线浅。螺旋部呈圆锥形，其高度与体螺层近等。各螺层宽度增长均匀，中部壳面膨胀，形成比较锐利的肩角。整个壳面刻有发达的纵肋，肋宽大于肋间距离，纵肋在体螺层上通常有11条；螺肋较细，排列紧密，它把纵肋之间的壳面划成许多小坑。壳面淡黄色，纵肋之间印有褐色，壳面通常被污染而呈灰白色。壳口小，卵圆形，内面紫色，有光泽，具线纹。外唇较厚，内缘有齿并向里延伸，内面有许多线纹；内唇弧形，上部有一小的螺肋，基部有2~3条螺肋。前沟较短小，绷带不很发达；后沟呈缺刻状。厣角质，瓜子形。

生态习性：暖水种，栖息于潮间带的珊瑚礁间。

地理分布：黄海，东海，南海。

参考文献：张素萍，2008；齐钟彦等，1983。

图 55 鸽螺 *Peristernia nassatula* (Lamarck, 1822)
A. 背面观；B. 腹面观；C. 壳顶观；D. 壳口观

衲螺科 Cancellariidae Forbes & Hanley, 1851
三角口螺属 *Trigonaphera* Iredale, 1936

白带三角口螺
Trigonaphera bocageana (Crosse & Debeaux, 1863)

同物异名： *Cancellaria bocageana* Crosse & Debeaux, 1863

标本采集地： 广西钦州湾。

形态特征： 贝壳呈高锥形，壳质结实。螺层约 7 层，缝合线明显。螺旋部呈圆锥形，体螺层大。每一螺层上部突出形成肩角，各螺层呈台阶状排列。壳表螺肋细弱，纵肋在体螺层上通常有 8～9 条，粗壮而稀疏，延伸至肩部微凸出。壳面黄褐色，其上常有红褐色螺纹，肩部和底部呈灰白色，在体螺层中部通常具 1 条白色的螺带。壳口小，近三角形，内缘有 8～10 枚小齿。外唇向外扩张；内唇较直，中部有 3 个发达的褶襞。脐孔明显，有的个体部分被内唇掩盖。

生态习性： 栖息于低潮线至水深 2～3m 的泥沙质海底。

地理分布： 中国沿海；日本。

参考文献： 张素萍，2008；齐钟彦等，1983。

图 56 白带三角口螺 *Trigonaphera bocageana* (Crosse & Debeaux, 1863)
A. 背面观；B. 腹面观；C. 壳顶观；D. 壳口观

莫利加螺属 *Merica* H. Adams & A. Adams, 1854

中华莫利加螺
Merica sinensis (Reeve, 1856)

同物异名： *Cancellaria sinensis* Reeve, 1856

标本采集地： 广西钦州湾。

形态特征： 贝壳卵圆形，壳质坚厚，螺层7层，缝合线深。螺旋部较低瘦，体螺层膨大。壳顶部两层光滑，其余螺层壳面稍膨圆，有比较密集的纵横交叉的线纹，使壳面呈波纹状，在纵纹之间生有丝状的生长纹。壳面不光滑，呈淡黄褐色，杂有紫褐色斑块，在次体螺层的中部和体螺层的上下部各有1条淡黄色的环带和数条纵带，使壳面呈大的方格形花纹。壳口长卵形，内面灰白色。外唇薄，内面有小的肋；内唇弧形，中下部有3个发达的褶襞。前沟小而浅。

生态习性： 栖息于数十米至百余米水深的泥沙质海底。

地理分布： 南海；日本。

经济意义： 经济种，肉可供食用。

参考文献： 李海燕等，2008；齐钟彦等，1983。

图57 中华莫利加螺 *Merica sinensis* (Reeve, 1856)
A. 腹面观；B. 背面观；C. 壳顶观；D. 壳口观

塔螺科 Turridae H. Adams & A. Adams, 1853 (1838)
果蕾螺属 *Unedogemmula* MacNeil, 1961

细肋果蕾螺
Unedogemmula deshayesii (Doumet, 1840)

同物异名： *Gemmula deshayesii* (Doumet, 1840)；*Pleurotoma deshayesii* Doumet, 1840

标本采集地： 广东大亚湾，广西防城港。

形态特征： 贝壳呈塔形，壳质结实。螺层约15层，螺旋部高，各螺层中部稍膨圆，缝合线细。各螺层的高度、宽度增加缓慢、均匀。壳表面具许多光滑而细的螺肋，在各螺层中部有2条并列较强的螺肋，在缝合线下面附近有1条螺肋较强。壳面黄褐色，螺肋细而光滑。壳口卵圆形，内面白色。外唇薄，易破损，后缘具1呈"V"形的缺刻；内唇薄，轴唇稍扭曲。前沟延长，呈半管状。厣角质，洋梨形，褐色，核位于下端。

生态习性： 栖息于潮下带水深数十米的泥沙质及软泥质底的浅海。

地理分布： 中国海域；日本。

参考文献： 张素萍，2008；齐钟彦等，1983。

图58 细肋果蕾螺 *Unedogemmula deshayesii* (Doumet, 1840)
A. 背面观；B. 腹面观；C. 壳顶观；D. 壳口观

乐飞螺属 *Lophiotoma* T. L. Casey, 1904

白龙骨乐飞螺
Lophiotoma leucotropis (A. Adams & Reeve, 1850)

同物异名： *Lophioturris leucotropis* (A. Adams & Reeve, 1850)；*Pleurotoma leucotropis* A. Adams & Reeve, 1850

标本采集地： 广东大亚湾，广西防城港。

形态特征： 贝壳呈长纺锤形，壳质较硬。螺层约14层，缝合线细弱。螺旋部呈尖塔形，各螺层宽度增加均匀。在每一螺层的中部有1条发达的螺旋形龙骨，把壳面分为上、下两部分：上部壳面多少内凹，下部壳面较平直。壳面刻有细的螺肋，在缝合线紧下方有1条发达的螺肋，在体螺层和次体螺层壳面的下半部有数条较发达的螺肋。壳表面淡黄褐色，螺肋和龙骨部颜色很淡。壳口小，卵圆形，内面淡黄色。外唇薄，后缘有一深的缺刻；内唇薄而直。前沟细长，呈管状。厣角质。

生态习性： 栖息于数十米至百余米水深的沙或泥沙质海底。

地理分布： 东海，南海；日本，菲律宾。

参考文献： 杨文等，2017；齐钟彦等，1983。

图59 白龙骨乐飞螺 *Lophiotoma leucotropis* (A. Adams & Reeve, 1850)
A. 背面观；B. 腹面观；C. 壳口观；D. 壳顶观

西美螺科 Pseudomelatomidae J. P. E. Morrison, 1966
区系螺属 *Funa* Kilburn, 1988

杰氏区系螺
Funa jeffreysii (E. A. Smith, 1875)

同物异名： *Brachytoma zuiomaru* Nomura & Hatai, 1940；*Drillia jeffreysii* E. A. Smith, 1875；*Drillia principalis* Pilsbry, 1895；*Inquisitor jeffreysii* (E. A. Smith, 1875)

标本采集地： 广东大亚湾。

形态特征： 贝壳较细长。螺旋部较高，螺层可达 11 层，均膨大。壳表面具有明显的纵肋和细密的螺肋，交叉点呈颗粒状。壳面黄色，具纵走的波纹状黄褐色色带。缝合线明显，较窄，呈波纹状。其数目在次体螺层为 9 条，在体螺层为 9～10 条。壳口延长，窄而深。外唇增厚，边缘呈锯齿状，近前沟处有缺刻。前沟短、窄且深，顶端槽口较深。螺旋肋、胚壳及壳口外面呈白色，壳口内侧呈浅黄色。

生态习性： 栖息于水深 9～40m 的浅海沙质、泥沙质或软泥质海底。

地理分布： 中国沿海；朝鲜半岛，日本。

参考文献： 李琪，2019。

图 60　杰氏区系螺 *Funa jeffreysii* (E. A. Smith, 1875)
A. 背面观；B. 腹面观；C. 壳顶观；D. 壳口观

棒螺科 Clavatulidae Gray, 1853
拟塔螺属 Turricula Schumacher, 1817

爪哇拟塔螺
Turricula javana (Linnaeus, 1767)

同物异名： Murex javanus Linnaeus, 1767； Pleurotoma javana Lamarck, 1816； Surcula javana (Linnaeus, 1767)； Turricula flammea Schumacher, 1817

标本采集地： 广东大亚湾，广西防城港。

形态特征： 贝壳呈纺锤形，壳质稍薄。螺层约 11 层，缝合线浅。螺旋部高，壳顶尖，各螺层的高度和宽度增长缓慢、均匀，中部较隆起。每一螺层的中部壳面突出形成肩角，把壳面分成上、下两部分，上半部通常壳面光滑，缝合线下方有 2 条较粗螺肋，下半部壳面具有粗细不均的螺肋。在螺层中部的肩角上有斜形小结节，生长纹斜形呈波纹状。壳面呈淡黄褐色或灰褐色。壳口卵圆形，内面褐色或紫褐色。外唇薄，后缘有 1 较深的缺刻；内唇薄而直。前沟延长，呈半管状。厣角质，洋梨形，褐色，少旋，核位于下端。

生态习性： 栖息于水深 10m 至数十米的浅海沙泥质海底。

地理分布： 东海，南海；印度，日本，爪哇岛。

参考文献： 张素萍，2008；齐钟彦等，1983。

图61 爪哇拟塔螺 *Turricula javana* (Linnaeus, 1767)
A. 背面观；B. 腹面观；C. 壳口观；D. 壳顶观

假奈拟塔螺
Turricula nelliae spuria (Hedley, 1922)

同物异名： *Brachytoma spuria* (Hedley, 1922)； *Inquisitor spurius* Hedley, 1922； *Pleurotoma tuberculata* Gray, 1839 ； *Turricula tuberculata* (Gray, 1839)

标本采集地： 广西钦州湾，广东雷州半岛。

形态特征： 贝壳呈纺锤形，壳质坚实。螺层约 14 层，缝合线明显。螺旋部较高，壳顶尖，每一螺层中部有一具结节的龙骨状突起，把壳面分成上、下两部分，上半部壳面光滑，但缝合线下方有 1 条明显的螺肋，下半部具细结节状螺肋，约有 12 条。壳面黄褐色，具有不大明显的褐色纵走花纹。壳口卵圆形，内面褐色。外唇薄，后缘具一较深的缺刻；内唇弧形。前沟向前延长，呈半管状。

生态习性： 暖水种，栖息于十数米至七八十米水深的泥质海底。

地理分布： 东海，南海。

参考文献： 张素萍，2008；齐钟彦等，1983。

图 62　假奈拟塔螺 *Turricula nelliae spuria* (Hedley, 1922)
A. 背面观；B. 腹面观；C. 壳顶观；D. 壳口观

笋螺科 Terebridae Mörch, 1852
双层螺属 *Duplicaria* Dall, 1908

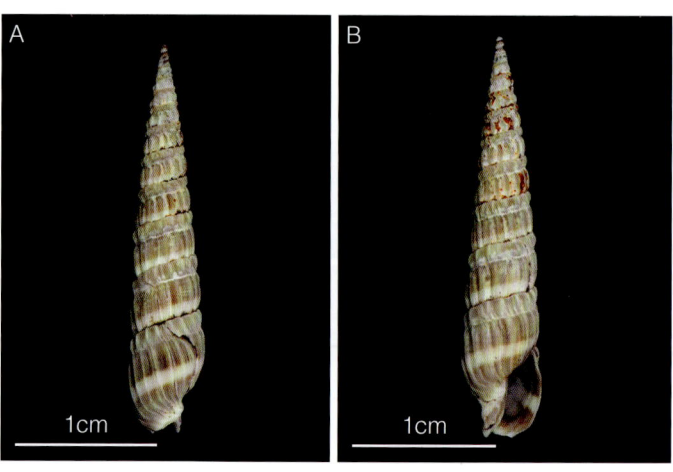

双层螺
Duplicaria duplicata (Linnaeus, 1758)

同物异名： *Buccinum duplicatum* Linnaeus, 1758；*Diplomeriza duplicata* (Linnaeus, 1758)；*Noditerebra duplicata* (Linnaeus, 1758)；*Terebra duplicata* (Linnaeus, 1758)；*Vertagus duplicatus* (Linnaeus, 1758)

标本采集地： 广东大亚湾，海南陵水。

形态特征： 贝壳中等大，呈长尖锥形，壳质较坚硬。螺层约16层，缝合线明显。螺旋部高，约占壳高的2/3，体螺层短，螺层的高度、宽度增长均匀。在各螺层上部刻有1条浅细的螺沟把壳面分为上、下两部，上部的宽度为下部的1/3～1/2。整个壳面生有光滑的纵肋，在各螺层上部的纵肋常较短小，特别在基部各螺层中成为结节突起；在各螺层下部的纵肋非常发达，排列整齐。在体螺层的中部有1条白色环带，沿着缝合线旋转直至壳的下部。壳面呈淡黄褐色，肋间呈褐色或紫褐色。壳口狭小，呈半圆形，内面褐色，具白色色带。外唇薄；内唇稍扭曲，前方形成数个褶襞。厣角质，洋梨形，少旋，核在下端。

生态习性： 栖息于低潮线附近至数十米水深的沙和沙泥质海底。

地理分布： 台湾岛，广东，海南岛；印度 - 西太平洋。

参考文献： 张素萍，2008；齐钟彦等，1983。

图63 双层螺 *Duplicaria duplicata* (Linnaeus, 1758)
A. 背面观；B. 腹面观

小笠螺目 Lepetellida
钥孔蝛科 Fissurellidae Fleming, 1822
盾蝛属 *Scutus* Montfort, 1810

中华盾蝛
Scutus sinensis (Blainville, 1825)

同物异名： *Parmophorus sinensis* Blainville, 1825

标本采集地： 广东徐闻、雷州半岛。

形态特征： 贝壳扁平，长椭圆形，壳质结实。壳顶钝，微向后方弯曲，顶尖至后端的距离约为壳长的 2/5。贝壳前部略窄而高，前缘中央有一凹陷，后缘宽圆。壳面略粗糙，有波状起伏的轮脉，生长纹细密，放射肋较弱。壳色灰白，壳内面白色，有光泽。顶部壳质略薄，稍能透光。动物体黑色，生活时外套膜伸展包被贝壳，仅露出壳顶。

生态习性： 栖息于潮间带岩礁间。

地理分布： 台湾岛，福建，广东，海南岛；日本。

经济意义： 经济种，肉可供食用。

参考文献： 张素萍，2008；张玺和齐钟彦，1964。

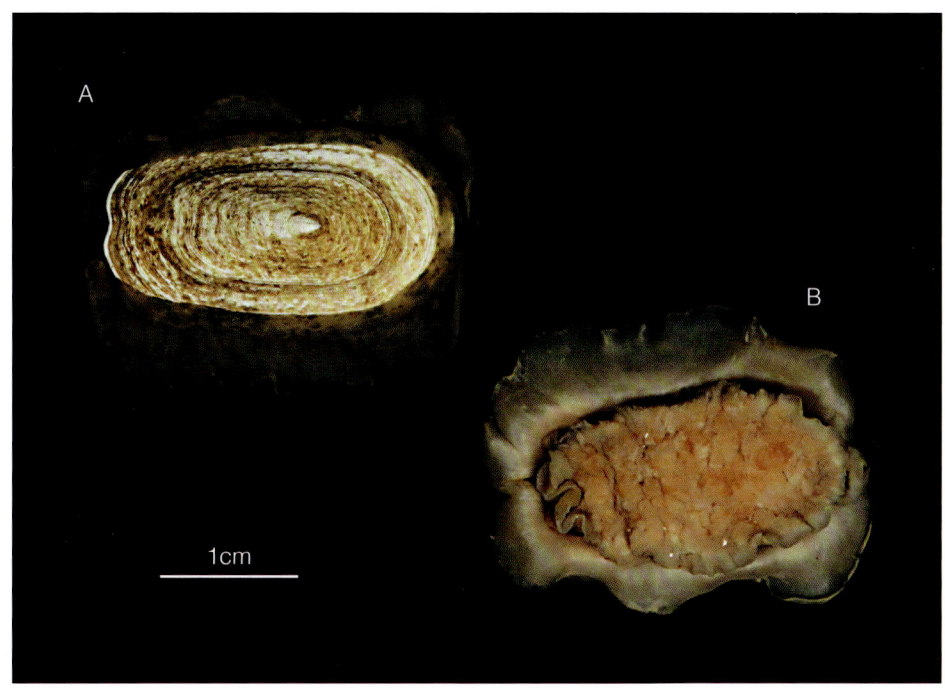

图 64　中华盾蝛 *Scutus sinensis* (Blainville, 1825)
A. 背面观；B. 腹面观

马蹄螺目 Trochida
马蹄螺总科 Trochoidea Rafinesque, 1815
小阳螺科 Solariellidae Powell, 1951
小铃螺属 *Minolia* A. Adams, 1860

中国小铃螺
Minolia chinensis G. B. Sowerby III, 1889

标本采集地： 广东大亚湾。

形态特征： 贝壳小，低圆锥形，壳质薄但坚实。螺层约6层，螺旋部较低小，与体螺层高度略等，体螺层膨圆，缝合线明显。壳面光滑，生长线细密，各螺层上部有一与缝合线平行的螺肋，使壳面形成隆肩。壳表面黄褐色，有光泽，杂有深咖啡色的斑纹。壳基部稍膨胀，壳口近四方形。脐大而深，漏斗状，脐孔外缘具有明显的纵横交叉的布纹状肋纹。贝壳底面隆凸，色泽与壳面同，间杂许多灰白色的短曲形条斑；内缘环生四五条细肋。螺轴弯凹，轴唇平滑；外唇薄，内壁平滑，外缘具虹彩光泽。

生态习性： 栖息于近海深二三十米的泥质海底。

地理分布： 浙江南部沿海，香港，南海。

参考文献： 张玺和齐钟彦，1964；董正之，2002。

图65 中国小铃螺 *Minolia chinensis* G. B. Sowerby III, 1889
A. 壳顶观；B. 壳口观；C. 腹面观

马蹄螺科 Trochidae Rafinesque, 1815
单齿螺属 Monodonta Lamarck, 1799

拟蜑单齿螺
Monodonta neritoides (R. A. Philippi, 1849)

同物异名： *Trochus neritoides* R. A. Philippi, 1850

标本采集地： 广东大亚湾。

形态特征： 贝壳小型，坚实，近梨形。螺层5层，缝合线浅。螺旋部较高，体螺层膨大。壳面棕色，密布宽而低的螺肋，肋间以细沟相隔，螺肋上有近方形、排列整齐的绿色斑块，斑块不隆起，向上渐不明显。壳口斜，呈桃形，内面灰白色，有珍珠光泽，并具有与壳表面螺肋相应的沟纹和肋。外唇缘薄，内缘具较厚的内壁，生有七八个褶襟；内唇厚，弧形，基部有一发达的齿。脐部乳白色，下部微黄，中部微凹，无脐孔。

生态习性： 栖息于浅海，从潮间带至水深数十米都有其踪迹。营附着生活，喜欢附着在空额螺壳中。

地理分布： 浙江，福建，东海，南海；日本海域。

经济意义： 肉可供食用。

参考文献： 王瑁等，2013；董正之，2002。

图 66 拟蜑单齿螺 *Monodonta neritoides* (R. A. Philippi, 1849)
A. 腹面观；B. 背面观；C. 壳顶观；D. 壳口观

马蹄螺属 *Trochus* Linnaeus, 1758

褶条马蹄螺
Trochus sacellum R. A. Philippi, 1855

标本采集地： 广西涠洲岛。

形态特征： 贝壳呈圆锥形，有较高和较矮两种类型，壳质坚厚。螺层约8层，缝合线浅。壳面具有纵行的棕红色波纹状条斑和小颗粒组成的螺肋。螺肋由念珠状颗粒组成，在缝合线上方，有1列排列成等距离的大颗粒突起。壳基部较平，具细粒状同心肋和棕红色波状条纹。壳面呈乳白色。壳口近斜方形。底部平，具均匀的同心颗粒螺肋和棕红色波纹条纹。外唇薄，唇缘有缺刻；内唇斜，具小齿。脐部较厚，粗瓷质，光泽差。具假脐。

生态习性： 栖息于潮间带岩礁底至水深10m左右。

地理分布： 福建，东海，台湾岛，广东，广西，南海；菲律宾。

经济意义： 肉可供食用。

参考文献： 董正之，2002；张素萍，2008。

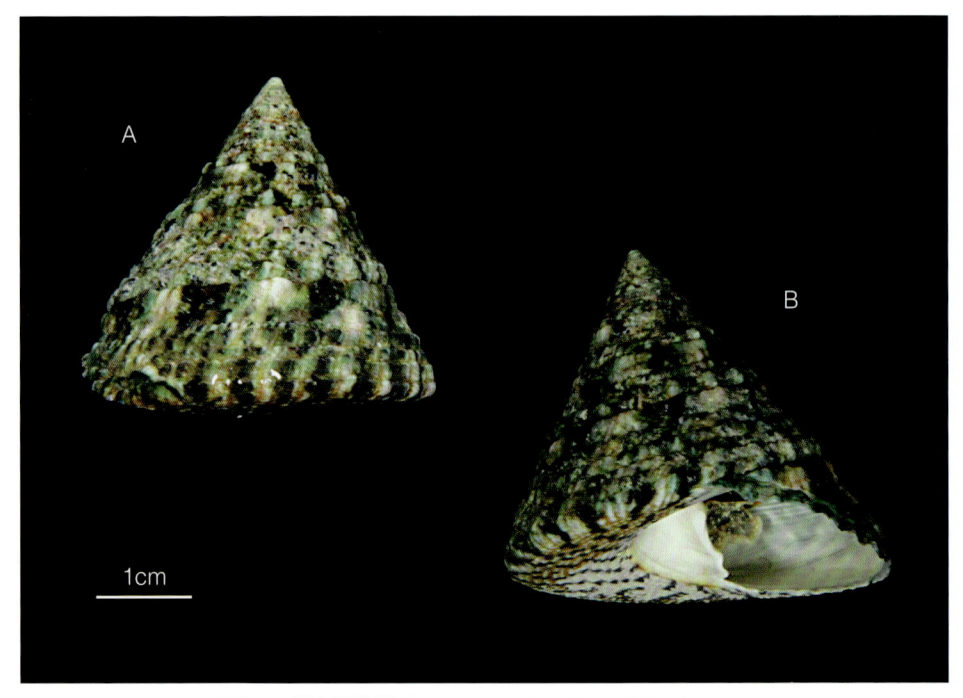

图67 褶条马蹄螺 *Trochus sacellum* R. A. Philippi, 1855
A. 背面观；B. 腹面观

蜟螺属 *Umbonium* Link, 1807

托氏蜟螺
Umbonium thomasi (Crosse, 1863)

同物异名： *Globulus thomasi* Crosse, 1863

标本采集地： 广西北海、防城港。

形态特征： 贝壳呈低圆锥形，壳质结实。螺层7层，各层宽度自上而下逐渐增加，缝合线浅，呈细线状。壳表面平滑，有光泽，壳色常有变化，通常为淡棕色，或棕色与紫色相间，具细密的棕色或紫色花纹。壳面的螺旋纹和生长纹细密，不显著。壳口倾斜，近方形，内有珍珠光泽。外唇薄；内唇厚，具齿状小结节。底面平滑，中间瓷白色，周缘有黑色带。脐部被白色胼胝掩盖。厣角质，近卵圆形，稍薄，约有10圈环纹，核在中央。

生态习性： 栖息于潮间带礁石间。

地理分布： 山东沿海，江苏，南海。

参考文献： 董正之，2002；杨文等，2017。

图68　托氏蜟螺 *Umbonium thomasi* (Crosse, 1863)
A. 壳顶观；B. 壳口观；C. 腹面观

马蹄螺科分属检索表

1. 壳体圆锥形，壳面不光 2
 - 壳体侧扁或低圆锥形，壳面光滑 .... 蜑螺属 *Umbonium*
2. 螺肋突出，轴唇具多个圆头皱褶 .... 马蹄螺属 *Trochus*
 - 螺肋一般隆起，轴唇具单齿 .... 单齿螺属 *Monodonta*

蛾螺科 Turbinidae Rafinesque, 1815
星螺属 *Astralium* Link, 1807

紫底星螺
Astralium haematragum (Menke, 1829)

同物异名： *Trochus haematragus* Menke, 1829

标本采集地： 海南昌江，广东大亚湾。

形态特征： 贝壳呈圆锥形，结实。螺层约6层，缝合线浅，壳顶常被腐蚀，各螺层宽度增加均匀，体螺层不十分膨大。在每一螺层的下缘缝合线处，有1环列发达的角状突起，这种突起在体螺层通常有12～14个，其随着螺层向上旋转而逐渐缩小，数量也逐渐减少。壳面具有不甚明显的由颗粒组成的纵肋。壳色灰白或略带紫红色。贝壳基部稍平，淡紫红色，具有由细鳞片组成的同心螺肋。壳口斜，卵圆形，内面有珍珠光泽，外缘淡紫红色。脐部半月形，内凹，紫色，近滑层边缘处为深紫色，滑层乳白色，光泽强，无脐孔。厣石灰质，卵形，外面深紫色，近中央部白色，靠内唇一端加厚；内面平坦，核稍偏向外侧。

生态习性： 栖息于低潮间带岩礁间。

地理分布： 南海；日本。

参考文献： 董正之，2002；杨文等，2017。

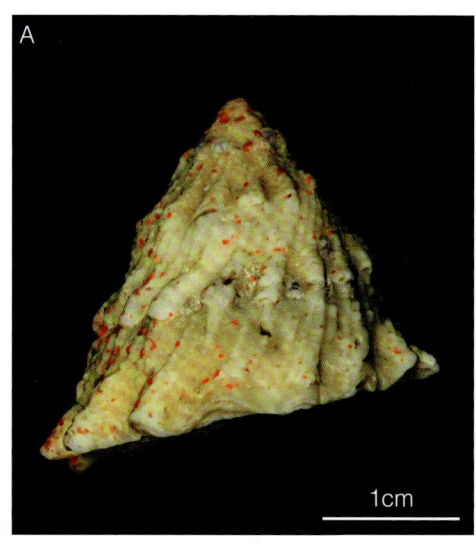

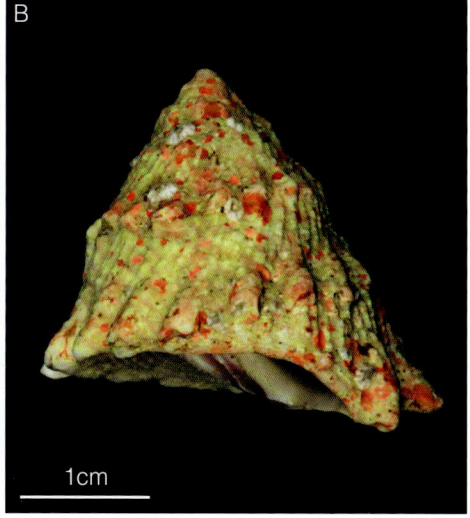

图69 紫底星螺 *Astralium haematragum* (Menke, 1829)
A. 背面观；B. 腹面观

小月螺属 *Lunella* Röding, 1798

粒花冠小月螺
Lunella coronata (Gmelin, 1791)

同物异名： *Turbo coronatus* Gmelin, 1791。

标本采集地： 广西北海、防城港。

形态特征： 贝壳扁球形，坚厚结实。螺层 4～5 层，壳顶常磨损，螺旋部低，体螺层较大，缝合线不深。壳面具有许多由细颗粒组成的螺肋。每一螺层中部有 1 条较粗的肋，将壳面分成两部分，上部微倾斜，下半角成垂直面。缝合线下方的螺肋具有较大的瘤状结节，这种结节在体螺层约有 10 粒，体螺层有间隔近等的粗肋 5 条。壳表黄褐色，布有紫斑，壳顶部显露白色。贝壳基部膨胀，雕刻与颜色和壳面同。壳口卵圆形，内唇向内下方扩展，在壳轴基部形成 1 个粗厚的胼胝。脐部大，内凹，内缘滑层甚光亮。脐孔明显。厣石灰质。

生态习性： 栖息于潮间带岩礁间。

地理分布： 东海，浙江以南沿海；日本。

经济意义： 肉可供食用。

参考文献： 董正之，2002；杨文等，2017。

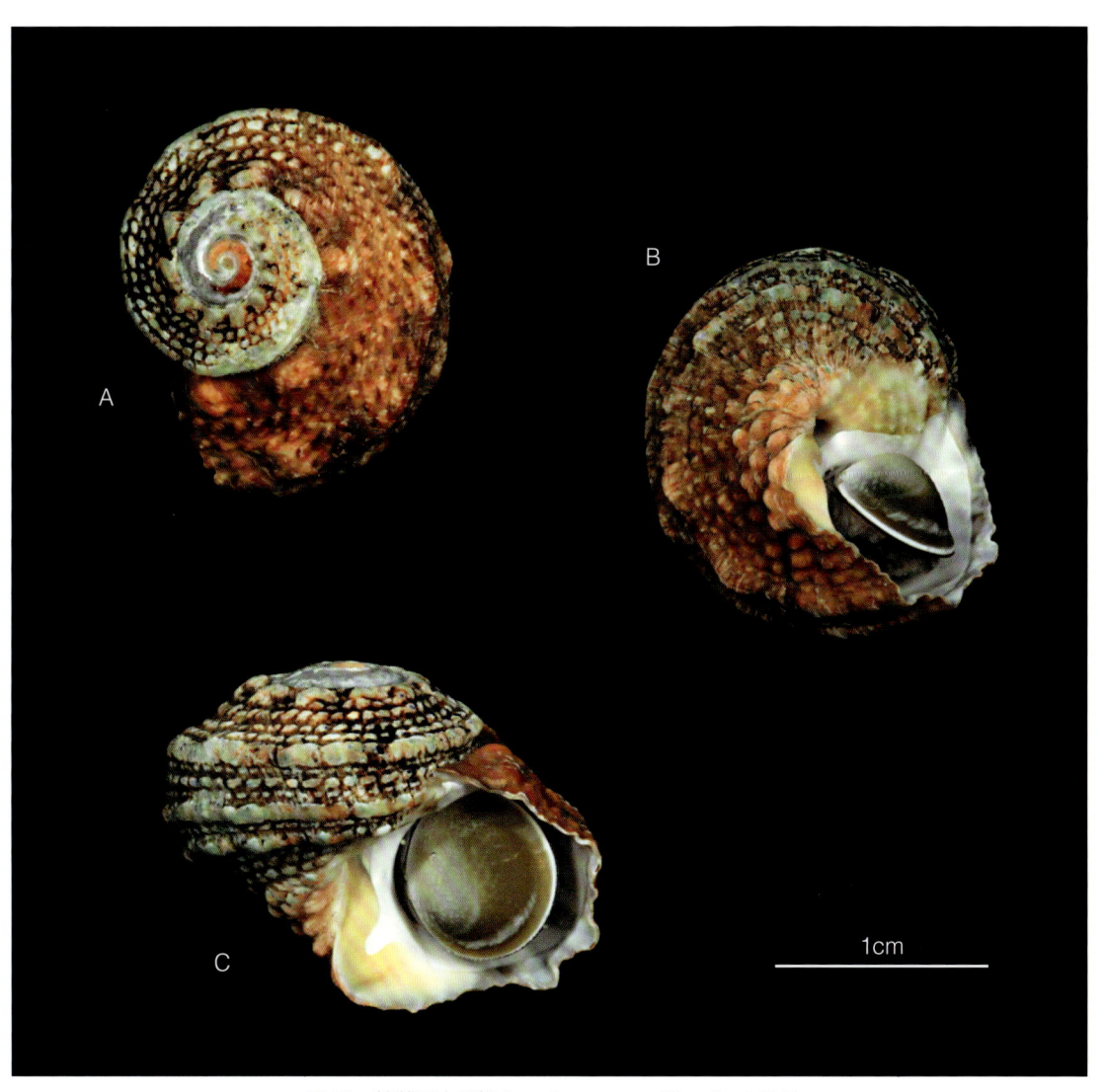

图 70　粒花冠小月螺 *Lunella coronata* (Gmelin, 1791)
A. 壳顶观；B. 壳口观；C. 腹面观

蝾螺属 *Turbo* Linnaeus, 1758

节蝾螺
Turbo bruneus (Röding, 1798)

同物异名： *Lunatica brunea* Röding, 1798

标本采集地： 广西涠洲岛。

形态特征： 贝壳中型，近圆锥形，壳质厚，结实。螺层约 6 层，体螺层膨圆，缝合线明显。壳顶尖，螺旋部中等高。螺层表面粗肋与细肋相间，肋上常有微微隆起的小结节。壳表面粗糙，壳色多变，多为棕黄色或褐色，有清楚的紫褐色放射状色带。壳口大，圆形，壳内面灰白色，有珍珠光泽。外唇有齿状缺刻和淡蓝色镶边；内唇厚，其基端向下方扩展。底面凸，有粗糙的肋，脐孔小而深。厣大部分染有黄绿褐色，石灰质，圆形，厚重，外面凸，表面光滑。

生态习性： 栖息于潮间带中、低潮区岩礁间。

地理分布： 广东，海南岛；日本。

经济意义： 肉可供食用。

参考文献： 董正之，2002；杨文等，2017。

蝾螺科分属检索表

1 壳体扁球形 .... 小月螺属 *Lunella*
- 壳体圆锥形或近圆锥形 2
2. 在每一螺层的下缘缝合线处，有 1 环列发达的角状突起 .... 星螺属 *Astralium*
- 螺层表面粗肋与细肋相间，肋上常有微微隆起的小结节 .... 蝾螺属 *Turbo*

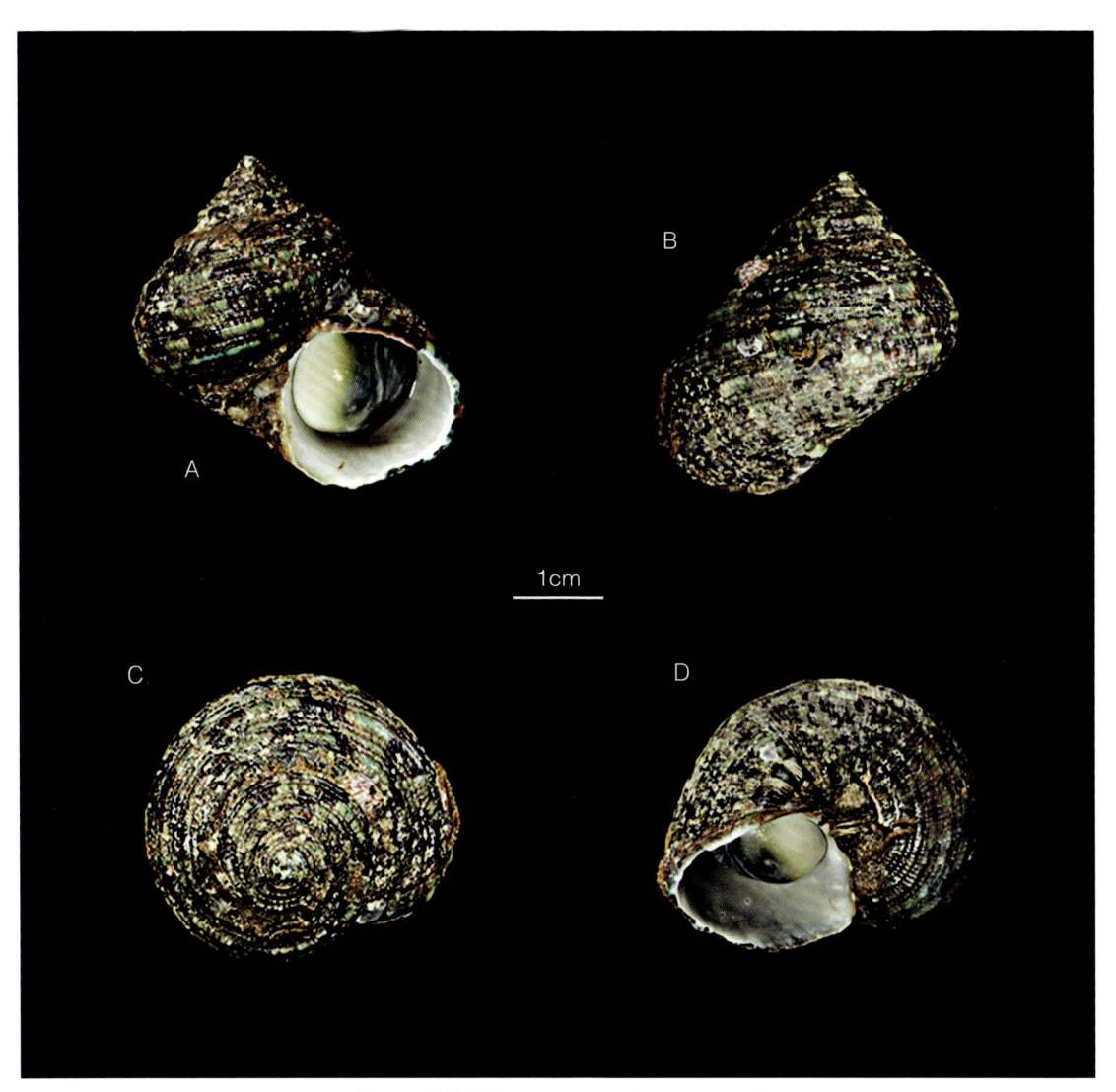

图71 节蝾螺 *Turbo bruneus* (Röding, 1798)
A. 腹面观；B. 背面观；C. 壳顶观；D. 壳口观

蜑螺目 Cycloneritida
蜑螺科 Neritidae Rafinesque, 1815
彩螺属 Clithon Montfort, 1810

奥莱彩螺
Clithon oualaniense (Lesson, 1831)

同物异名： *Neritina oualaniensis* Lesson, 1831

标本采集地： 广西北海、防城港。

形态特征： 贝壳小，卵圆形，壳质不坚硬。螺层约5层，缝合线浅，螺旋部小而低，体螺层膨圆。壳表面光滑，有光泽，颜色及花纹极多变化，有白、紫、黑、黄、绿、褐等色，以黄绿色最为普遍；花纹有带状、网纹状、星点状等。壳口半圆形。外唇薄；内唇狭，表面光滑，内缘中央凹陷具4～5枚小齿。厣半圆形，灰色。

生态习性： 常大量聚集于红树林外缘泥沙质滩涂或红树林间空隙，也常见于海草场，以藻类和有机碎屑为食。

地理分布： 广东，海南岛。

参考文献： 李琪，2019；张玺和齐钟彦，1964。

图72 奥莱彩螺 *Clithon oualaniense* (Lesson, 1831)
A. 背面观；B. 腹面观

蜑螺属 *Nerita* Linnaeus, 1758

条蜑螺
Nerita striata Burrow, 1815

标本采集地： 广西防城港。

形态特征： 贝壳中等大，呈球形，结实。螺层约 4 层，缝合线明显。壳顶较小而突出，螺旋部相对较高，体螺层膨大。壳面具细密的螺肋，生长线明显，粗糙。壳面黄白色，具不均匀的黑色斑纹。壳口呈半圆形。外唇缘有细小缺刻，内面加厚部有 1 列小齿，上端第一齿较发达；内唇稍宽，白色，有发达的褶襞，内缘中部有 3 枚齿。厣半圆形，青灰色，有粒状小突起。

生态习性： 栖息于潮间带岩礁间。

地理分布： 广东，海南岛，西沙群岛；日本，菲律宾。

参考文献： 杨文等，2017；张玺和齐钟彦，1964。

图 73　条蜑螺 *Nerita striata* Burrow, 1815
A. 壳顶观；B. 腹面观；C. 背面观

渔舟蜑螺
Nerita albicilla Linnaeus, 1758

标本采集地： 广西防城港。

形态特征： 贝壳小型，呈卵形，壳质较厚，结实。螺旋部低平，壳顶全部缩于体螺层的背后，体螺层膨大，占贝壳全部。壳面生长线粗糙，放射肋宽、低平。壳色有变化，多为青灰色，有黑色云斑或色带。壳口半月形，内面瓷白色。外唇缘有黑白相间的镶边，内面加厚，具有粒状齿列；内唇宽广，黄白色，表面具许多大小不等的颗粒突起，中央凹陷部通常有3枚小齿。厣石灰质，长卵形，淡黄灰色，表面具有细粒状突起。

生态习性： 营匍匐生活，栖息于中低潮带岩石缝隙。用舌齿刮食海藻。

地理分布： 中国东南沿海；日本，菲律宾。

参考文献： 王海艳等，2016；张素萍，2008。

图74 渔舟蜑螺 *Nerita albicilla* Linnaeus, 1758
A. 背面观；B. 腹面观；C. 侧面观

黑线蜑螺
Nerita balteata Reeve, 1855

标本采集地： 广西钦州湾。

形态特征： 贝壳半球形，壳质较厚。螺旋部低小，稍微突出于体螺层之外，缝合线浅，体螺层膨大，几乎占贝壳的全部。壳面灰黄色，具有黑褐色细螺肋，在体螺层约有20条，肋间呈黄色，肋间距大于螺肋宽度。壳口半月形，灰白色或灰黄色。外唇内面加厚，具有粒状齿列；内唇倾斜，内缘中央凹陷部有2枚强壮齿。厣石灰质，浅灰色，近中部颜色较暗，外表面具有细小的颗粒状突起，靠轴唇一侧具有一明显的齿状突起。

生态习性： 常攀缘于红树的树干基部、呼吸根表面，偶见于岩石表面，红海榄的支柱根基部是其最主要的栖息地。涨潮时向上爬行以躲避潮水和其他动物的捕食，退潮时下行到树干基部或沉积物表面刮食藻类。

地理分布： 南海。

经济意义： 经济种，肉可供食用。

参考文献： 李琪，2019；陈志云等，2015。

图75 黑线蜑螺 *Nerita balteata* Reeve, 1855
A. 背面观；B. 腹面观；C. 侧面观

蜑螺属分种检索表

1. 螺旋部相对较高 ....条蜑螺 *Nerita striata*
   - 螺旋部低小 2
2. 壳面多为青灰色，有黑色云斑或色带 ....渔舟蜑螺 *Nerita albicilla*
   - 壳面灰黄色，具有黑褐色细螺肋 ....黑线蜑螺 *Nerita balteata*

轮螺总科 Architectonicoidea J. E. Gray, 1850
轮螺科 Architectonicidae Gray, 1850
轮螺属 *Architectonica* Röding, 1798

大轮螺
Architectonica maxima (R. A. Philippi, 1849)

同物异名： *Solarium maximum* Philippi, 1849

标本采集地： 广西防城港市江山镇。

形态特征： 贝壳呈低圆锥形，结实。螺层约9层，壳顶低，各层宽度增加迅速。缝合线深，沟状。壳面具有螺肋，肋间呈沟状。螺旋部有螺肋4条，呈念珠状；体螺层有螺肋5条，肋的宽度不等，以螺层中部的1条最宽。在缝合线的上、下两条螺肋上面具有红褐色和白色相间的斑点。壳面为黄褐色或青灰色，具淡黄褐色壳皮，并具念珠状螺肋。贝壳基部平，周缘有1条螺肋，脐孔大而深，脐缘有2条螺肋，内肋较粗，呈白色，具齿状缺刻并盘旋到顶端。壳口近方形。厣角质，褐色，圆形，核位于一端。

生态习性： 栖息于潮下带及浅海10～162m泥沙中。

地理分布： 广东，海南岛；日本，爪哇岛，斯里兰卡。

参考文献： 王海艳等，2016；张玺和齐钟彦，1964。

图76 大轮螺 *Architectonica maxima* (R. A. Philippi, 1849)
A. 壳顶观；B. 壳口观；C. 腹面观

鹧鸪轮螺
Architectonica perdix (Hinds, 1844)

标本采集地： 广东徐闻、大亚湾。

形态特征： 贝壳低锥形。壳面微显膨胀。螺层约 8 层，壳顶低平，螺层宽度增加迅速。缝合线深，呈沟状。每一螺层中央呈黄灰色的平坦面，平坦面的上、下两边缘和体螺层的基部边缘都有发达的螺肋，螺肋上有褐色和黄白色相间的斑点。发达的螺肋在螺旋部呈串珠状。壳基部平，具放射状的沟纹，周缘有 1 条淡褐色斑点的螺肋。脐孔宽大而深，周缘有 2 条肋，内面的较粗，具齿状缺刻，外部的较细，具方格状雕刻。壳口斜，梯形。厣角质。

生态习性： 栖息于浅海泥沙质海底。

地理分布： 南海。

参考文献： 张玺和齐钟彦，1964；郑小东等，2013。

图 77　鹧鸪轮螺 *Architectonica perdix* (Hinds, 1844)
A. 壳顶观；B. 壳口观；C. 腹面观

头楯目 Cephalaspidea
长葡萄螺科 Haminoeidae Pilsbry, 1895
泥螺属 *Bullacta* Bergh, 1901

泥螺
Bullacta caurina (W. H. Benson, 1842)

同物异名：*Bulla sinensis* A. Adams, 1850；*Bullacta exarata* (R. A. Philippi, 1849)；*Bullaea caurina* W. H. Benson, 1842；*Bullaea exarata* R. A. Philippi, 1849；*Sinohaminea tsangkouensis* S. Tchang, 1933

标本采集地：广西北海、防城港。

形态特征：贝壳中小型，呈卵圆形，壳质薄而脆，半透明。螺旋部卷旋埋入体螺层内，在壳顶中央形成1个浅凹，体螺层膨胀。生长线明显，有时形成脊状纵褶襞与螺旋线交叉成布纹状。壳面白色或黄白色，具细密的格状纹。壳口宽广，上部窄，基部扩张，内面白色。外唇薄，上部圆，凸出壳顶部，底部圆形；内唇滑层狭而薄，轴唇有1个狭小的反褶缘。无螺塔和脐，无厣。

生态习性：栖息于中、低潮带泥沙或沙泥滩涂。

地理分布：中国南北沿海。

经济意义：我国主要的经济软体动物之一。

参考文献：王海艳等，2016；齐钟彦等，1983。

图78　泥螺 *Bullacta caurina* (W. H. Benson, 1842)
A. 背面观；B. 腹面观

三叉螺科 Cylichnidae H. Adams & A. Adams, 1854
盒螺属 *Cylichna* Lovén, 1846

圆筒盒螺
Cylichna biplicata (A. Adams in Sowerby, 1850)

同物异名：*Bulla biplicata* A. Adams, 1850；*Bulla strigella* A. Adams, 1850；*Cylichna arthuri* Dautzenberg, 1929；*Cylichna braunsi* Yokoyama, 1920；*Cylichna javanica* Schepman, 1913；*Cylichna koryusyoensis* Nomura, 1935；*Cylichna strigella* (A. Adams, 1850)；*Cylichna sundaica* Thiele, 1925；*Eocylichna braunsi* (Yokoyama, 1920)

标本采集地：广东大亚湾。

形态特征：贝壳中小型，呈长圆筒形，稍厚，相当坚固，螺旋部内卷入体螺层内。壳顶部稍狭，深开口，呈斜截断状，顶缘圆，凸起低而宽。体螺层膨胀，为贝壳之全长，上部稍狭，中部微凹，底部稍扩张。壳表被有黄褐色的壳皮，整个壳表面有波纹状的细密螺旋沟，近两端的螺旋沟深而宽。生长线明显，在两端呈格子状。壳表白色，有光泽。壳口狭长，全长开口，上部稍狭，弯曲深，底部稍扩张，内面白色。外唇薄，上部稍凸出壳顶，中部微凹，底部略呈截断状；内唇上部深凹，石灰质层厚而宽，轴唇基部有一反褶缘。脐呈窄缝状。

生态习性：栖息于低潮区至水深数十米的泥沙质浅海。

地理分布：南海，台湾岛；菲律宾，日本。

参考文献：杨文等，2017；齐钟彦等，1983。

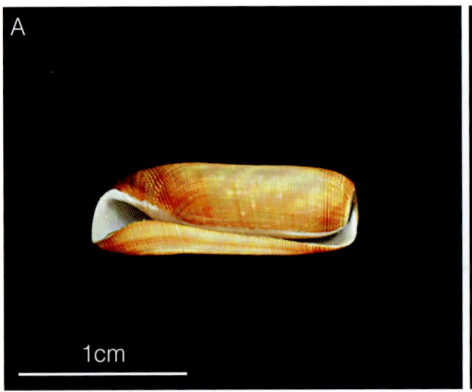

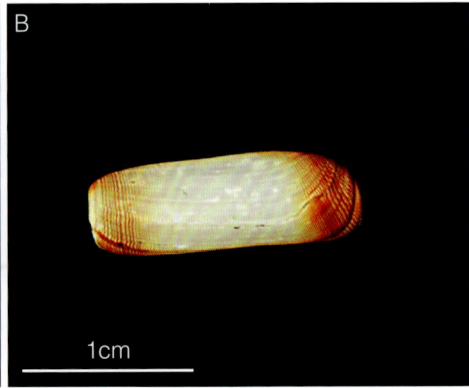

图79　圆筒盒螺 *Cylichna biplicata* (A. Adams in Sowerby, 1850)
A. 腹面观；B. 背面观

半囊螺属 *Semiretusa* Thiele, 1925

婆罗半囊螺
Semiretusa borneensis (A. Adams, 1850)

同物异名： *Bulla borncensis* A. Adams, 1850；*Retusa borneensis* (A. Adams, 1850)

标本采集地： 广西北海。

形态特征： 贝壳小型，呈圆柱形，壳质薄脆。螺层约4层，螺旋部稍微沉入壳顶部，仅露出次螺层或与体螺层水平，壳顶近截形，第一个螺层乳头状。体螺层膨胀，几乎为贝壳之全长。缝合线清楚，呈波浪状。壳表被有铁锈色壳皮，光滑，可透见青黑色的内脏块。生长线精细，明显。壳口狭长，呈半圆形，上部狭，底部扩张，内面白色。外唇薄，上部突起不超过壳顶部，中部稍弯曲，底部圆形；内唇石灰质层宽而薄。轴唇短而弯曲，底部有1个反褶缘覆盖脐区。

生态习性： 暖海产。栖息于潮间带泥质底。

地理分布： 浙江，广东深圳，香港，海南岛，西沙群岛；印度 - 太平洋。

参考文献： 杨文等，2017；齐钟彦等，1983。

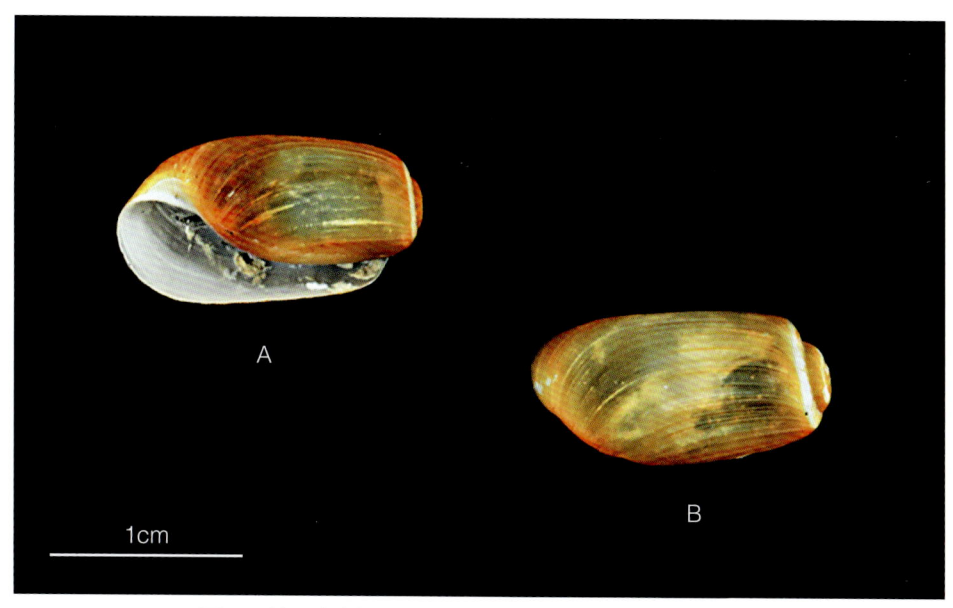

图80 婆罗半囊螺 *Semiretusa borneensis* (A. Adams, 1850)
A. 腹面观；B. 背面观

壳蛞蝓科 Philinidae Gray, 1850 (1815)
壳蛞蝓属 *Philine* Ascanius, 1772

东方壳蛞蝓
Philine orientalis A. Adams, 1855

同物异名： *Philine argentata* A. Gould, 1859；*Philine japonica* Lischke, 1872；*Philine striatella* Tapparone Canefri, 1874

标本采集地： 广东大亚湾。

形态特征： 贝壳小型，呈卵圆形，壳质薄脆。螺层2层，螺旋部卷旋入体螺层内，体螺层膨胀，略呈方形，为贝壳之全长。壳表面被有白色壳皮，半透明，并有念珠状的螺旋沟。生长线明显，中部向后弯曲。壳口广大，全长开口，上部稍狭，底部扩张，壳口内面白色，具有珍珠光泽，可透见壳表面的螺旋沟和生长线。外唇薄，上部圆，稍宽，稍凸出壳顶部；内唇石灰质层薄。

身体稍肥厚，灰白色至淡黄色。头楯略呈长方形。外套楯包被贝壳，后端中央有一缺刻，分为2个短小叶片，仅覆盖壳顶位置，不突出身体后方。

生态习性： 海产。栖息于潮间带直到水深100m的泥沙质底。

地理分布： 黄河口，山东青岛，长江口，南海；日本。

参考文献： 杨文等，2017；张素萍，2016。

图81　东方壳蛞蝓 *Philine orientalis* A. Adams, 1855
A. 背面观；B. 腹面观

海兔目 Aplysiida
海兔科 Aplysiidae Lamarck, 1809
海兔属 *Aplysia* Linnaeus, 1767

网纹海兔
Aplysia pulmonica Gould, 1852

同物异名： Tethys pulmonica (Gould, 1852); Tethys pulmonica var. tryoniana Pilsbry, 1895

标本采集地： 广东南澳。

形态特征： 体大型，长达150mm，柔软，收缩时呈长圆形。头部宽而低平。头触角大，末端外侧有裂沟。头颈部短而肥厚。嗅角小，呈柱状，末端有裂沟。侧足大而薄，前端分离，后端近尾部愈合，露出鳃腔底部。足宽，前端圆，中间宽，后端尖。外套包被贝壳，遮盖本鳃。外套孔小，呈乳头状，位于外套中部。外套水管短而狭。具有紫汁腺，鳃下腺有1个主开口和许多小开口。生殖孔在本鳃前方、外套的直下方。卵精沟明显。体表面灰绿色，背面和侧面布满黑色的网状纹，侧足内面和外套上面有黑白相间的杂斑。

生态习性： 栖息于潮间带岩石、海藻间。

地理分布： 浙江，福建，广东；太平洋区。

参考文献： 杨文等，2017；齐钟彦等，1986。

图 82 网纹海兔 *Aplysia pulmonica* Gould, 1852

裸鳃目 Nudibranchia

片鳃科 Arminidae Iredale & O'Donoghue, 1923 (1841)

片鳃属 *Armina* Rafinesque, 1814

乳突片鳃
Armina papillata Baba, 1933

标本采集地： 广东南澳。

形态特征： 体呈长舌形，长 10cm 以上。头幕大，半圆形，边缘完整，上面排列有 50～80 个淡白色的圆锥形突起，中央的较大形。嗅角小，上部具有 26～28 个纵褶叶，位于头幕的后中部彼此相靠近。外套宽，前端圆形，后端尖细。外套背面有粗细相间的淡白色的纵脊褶 70～80 条。前鳃片 50 叶以上，彼此紧贴，位于生殖孔的直前方。后鳃具 3～7 条纵脊褶，自生殖孔的后位开始。肾孔位于生殖孔和肛门之间。足宽，前侧呈小角状，边缘有黄色狭边。足腺呈长条形，约占足长的 1/3。体呈褐色。外套纵脊褶和头幕突起淡白色，足底黄白色。

生态习性： 暖海产。栖息于潮间带到潮下带水深 55m 的泥沙质底。

地理分布： 东海，广东硇洲岛、南澳，南海；日本。

参考文献： 杨文等，2017；齐钟彦等，1986。

图 83　乳突片鳃 *Armina papillata* Baba，1933
A. 顶面观；B. 腹面观

耳螺目 Ellobiida
耳螺科 Ellobiidae L. Pfeiffer, 1854 (1822)
眉螺属 Cassidula Férussac, 1821

绞孔眉螺
Cassidula plecotrematoides Möllendorff, 1885

标本采集地： 海南清澜港。

形态特征： 贝壳近长卵圆形。螺层约3层，缝合线明显。壳顶钝，螺旋部呈低圆锥形，体螺层上中部膨胀，逐渐向基部缩小。缝合线下方和体螺层有浅灰色色带，色带在体螺层有3～4条。壳面光滑，灰褐色。壳口耳状，外唇宽厚，紫红色，内缘上部有1缺刻，外加厚形成纵肋状；内唇滑层上部薄，下部厚并向外伸而遮盖脐部。轴唇前端有2枚肋状褶襞，其后有1突起。

生态习性： 栖息于有淡水注入的高潮区及红树林中。

地理分布： 广东，广西，海南岛。

参考文献： 张玺和齐钟彦，1964；王瑁等，2013。

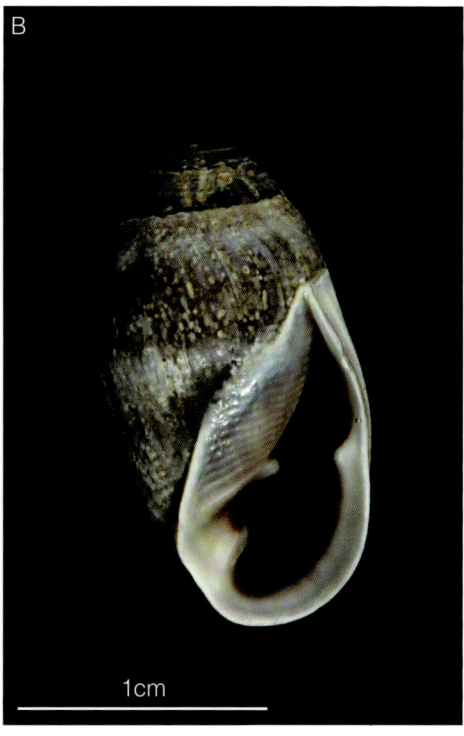

图84 绞孔眉螺 *Cassidula plecotrematoides* Möllendorff, 1885
A. 背面观；B. 腹面观

菊花螺目 Siphonariida
菊花螺科 Siphonariidae Gray, 1827
菊花螺属 Siphonaria G. B. Sowerby I, 1823

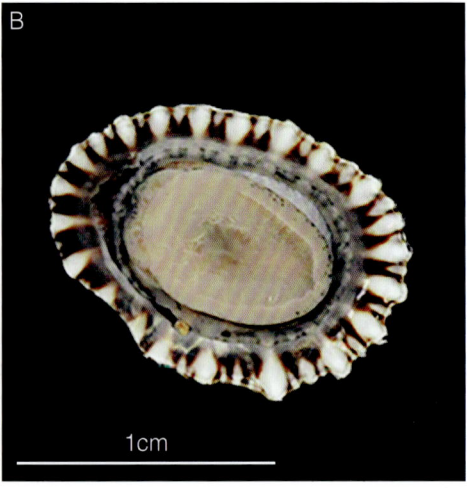

日本菊花螺
Siphonaria japonica (Donovan, 1824)

同物异名： Patella japonica Donovan, 1824; Siphonaria alterniplicata Grabau & S. G. King, 1928; Siphonaria cochleariformis Reeve, 1856; Siphonaria radians H. Adams & A. Adams, 1855

标本采集地： 广东徐闻。

形态特征： 贝壳呈笠状，贝壳的高度常有变化，壳质较薄，易破。贝壳低矮，壳顶位于近中央稍后，并向后部倾斜，有的个体壳顶偏左。壳面粗糙，有自壳顶向四周射出的较粗的放射肋，放射肋较隆起，有皱纹，两粗肋间具有细的间肋，周缘不齐。贝壳右侧有1条或者2条并列的放射肋，隆起较高。壳面呈褐色或灰白色。壳顶周多呈黑灰色，壳内具瓷质光泽，有与壳表面放射肋相应的放射沟，周缘淡褐色，肌痕黑褐色，右侧水管出入凹沟较发达。

生态习性： 栖息于潮间带高潮区的岩石上，营附着生活，潮水退后很少隐蔽。以肺呼吸，能长时间地暴露在空气中而不死亡。

地理分布： 中国海域；日本。

参考文献： 王海艳等，2016；张素萍，2016。

图85　日本菊花螺 *Siphonaria japonica* (Donovan, 1824)
A. 背面观；B. 腹面观

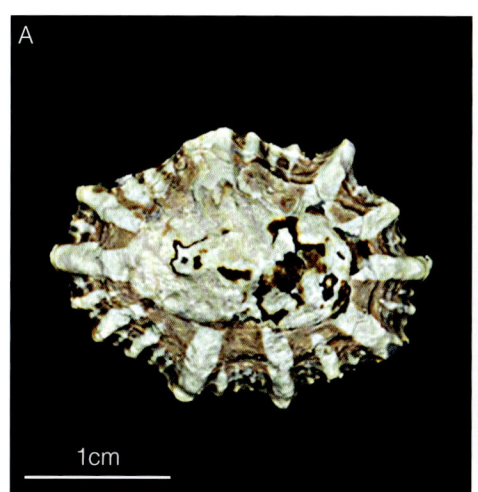

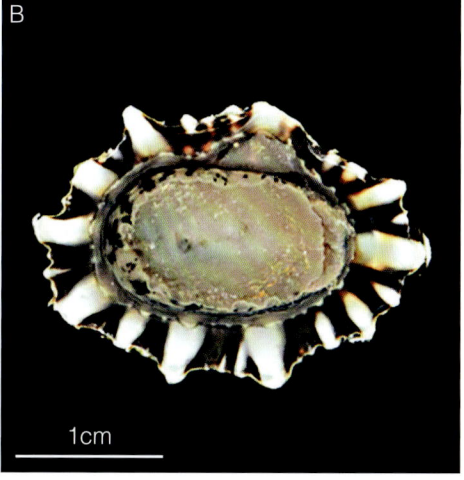

松菊花螺
Siphonaria laciniosa (Linnaeus, 1758)

同物异名： *Legosiphon optivus* Iredale, 1940；*Parellsiphon promptus* Iredale, 1940；*Parellsiphon zanda* Iredale, 1940；*Siphonaria densata* (Iredale, 1940)；*Siphonaria eumelas* (Iredale, 1940)；*Siphonaria optiva* (Iredale, 1940)；*Siphonaria promptus* (Iredale, 1940)；*Siphonaria stellata* Blainville, 1827；*Siphonaria zanda* (Iredale, 1940)

标本采集地： 广东徐闻。

形态特征： 贝壳低平，卵圆形，笠状，壳质厚。壳稍高，壳顶位于中央稍偏后方，常被腐蚀。壳表面具10条自壳顶向四周射出的放射肋，放射肋隆起，粗肋间尚有细肋，肋的末端超出贝壳的边缘，致使壳的周缘参差不齐。水管沟的肋不明显。壳面黑褐色，壳内面边缘白色，中央部呈黑褐色，有与壳表面放射肋相应的放射沟，沟内为淡褐色。壳口卵圆形。

生态习性： 栖息于高潮区的岩石上。

地理分布： 福建，广东，广西，海南；日本，新加坡。

参考文献： 李琪，2019。

图86　松菊花螺 *Siphonaria laciniosa* (Linnaeus, 1758)
A. 背面观；B. 腹面观

柄眼目 Systellommatophora
石磺科 Onchidiidae Rafinesque, 1815
石磺螺属 Onchidium Buchannan, 1800

瘤背石磺螺
Onchidium reevesii (Gray, 1850)

同物异名： Onchidella reevesii Gray, 1850；Paraoncidium reevesii (Gray, 1850)

标本采集地： 广西防城港，广东大亚湾。

形态特征： 动物裸体无贝壳，身体呈长椭圆形，大的个体可达 80mm 以上。外套膜微隆起，覆盖整个身体。背部灰黄色，被有许多突起及稀疏分布不均匀的背眼。背眼突起有 11～20 组，每组顶端具有 1～4 个眼点。肺腔退化，呼吸孔在身体后端外套膜的下面，背部后端生长着一些树枝状鳃。足部长大而肥厚，头部有触角 1 对，位于身体前端，呈棒状，背部中央有 1 能伸缩的背眼。雌雄同体。

生态习性： 栖息于潮间带高潮区岩石上。

地理分布： 东海，南海。

经济意义： 经济种，肉可供食用。

参考文献： 王瑁等，2013。

图 87　瘤背石磺螺 Onchidium reevesii (Gray, 1850)
A. 背面观；B. 腹面观

蚶目 Arcida
蚶科 Arcidae Lamarck, 1809
中蚶属 *Mesocibota* Iredale, 1939

双纹中蚶
Mesocibota bistrigata (Dunker, 1866)

同物异名： *Arca adamsiana* Dunker, 1866；*Arca bistrigata* Dunker, 1866；*Arca fischeri* E. Lamy, 1907；*Arca obtusa* var. *duplicostata* Grabau & S. G. King, 1928；*Barbatia* (*Barbatia*) *bistrigata* (Dunker, 1866)；*Barbatia adamsiana* (Dunker, 1866)；*Barbatia bistrigata* (Dunker, 1866)；*Barbatia paulucciana* Tapparone Canefri, 1877；*Hawaiarca miikensis* H. Noda, 1966；*Mesocibota luana* Iredale, 1939

标本采集地： 广西防城港。

形态特征： 壳顶突出而宽，中央微下陷；壳的后端斜截形，腹缘与背缘平行。壳表面放射肋27条左右，中、前部的肋上有纵浅沟；同心线同放射肋相交处形成结节。

生态习性： 栖息于潮间带到水下36m深处。

地理分布： 中国沿海；西太平洋广布。

经济意义： 肉可供食用。

参考文献： 徐凤山和张素萍，2008；杨文等，2017。

图 88　双纹中蚶 *Mesocibota bistrigata* (Dunker, 1866)
A. 左壳侧面观；B. 右壳侧面观；C. 顶面观；D. 右壳内面观；E. 左壳内面观

扭蚶属 *Trisidos* Röding, 1798

扭蚶
Trisidos tortuosa (Linnaeus, 1758)

同物异名： Arca tortuosa Linnaeus, 1758；*Parallelepipedum fauroti* Jousseaume, 1888；*Parallepipedum fauroti* Jousseaume, 1888；*Trisidos tortuosa addita* Iredale, 1939；*Trisidos tortuosa cingalena* Iredale, 1939；*Trisidos yongei* Iredale, 1939；*Trisidos yongei archeri* Iredale, 1939；*Trisidos yongei lamyi* Iredale, 1939；*Trisidos yongei reevei* Iredale, 1939

标本采集地： 海南三亚。

形态特征： 壳质坚厚，扭转成长平行六面体。两壳不等，左壳大，自壳顶向后腹缘的龙骨状突起呈尖角状，上有皱褶，壳的扭曲程度大；右壳的放射脊更尖锐。壳表黄白色，被有绒毛状棕色壳皮。壳的前端尖。右壳后背区肋间沟特宽，前部的肋细密。壳顶尖，铰合部单薄，铰合齿小，后端者略大。韧带面狭长而内陷。壳内面白色。前闭壳肌痕近圆形，后闭壳肌痕椭圆形。

生态习性： 栖息于潮下带浅水的砂质区。

地理分布： 福建，广东，海南岛；印度洋，泰国。

经济意义： 肉可供食用。

参考文献： 徐凤山和张素萍，2008；杨文等，2017；李琪，2019。

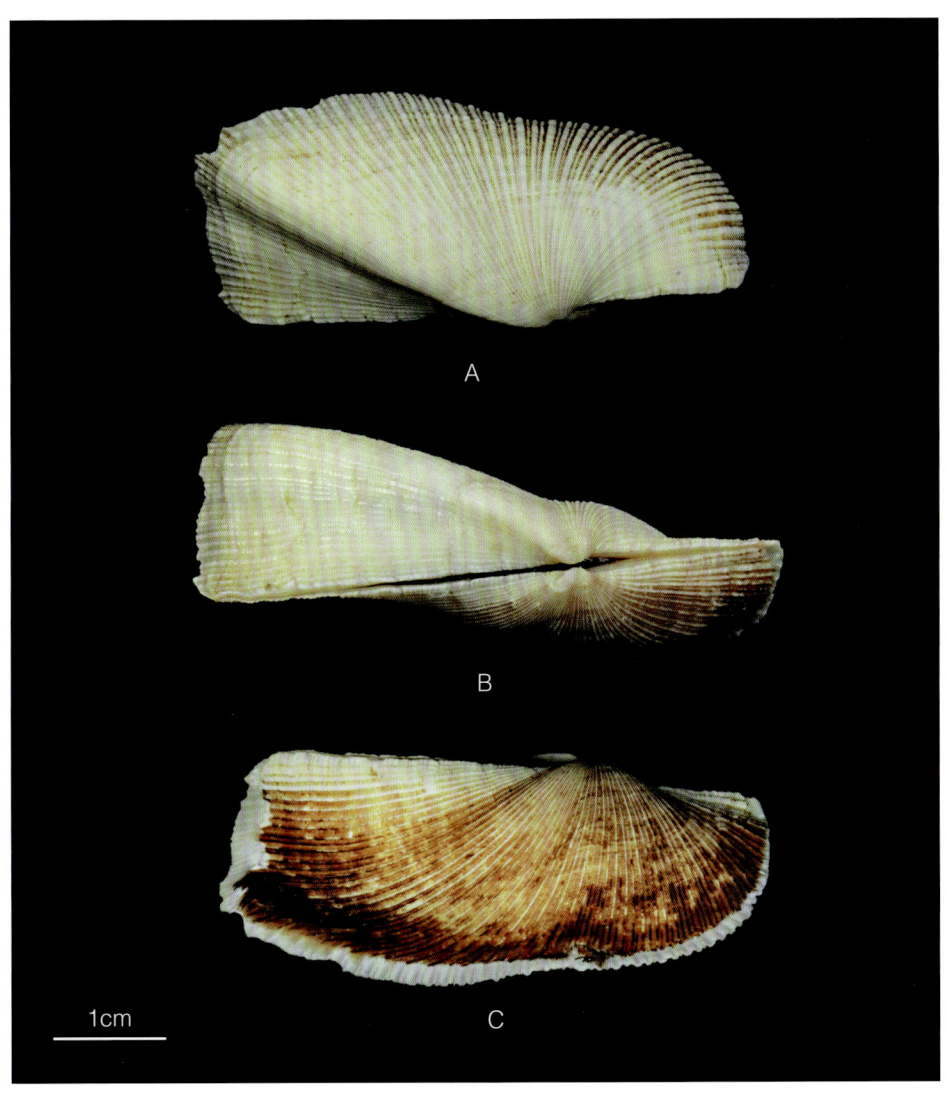

图 89　扭蚶 *Trisidos tortuosa* (Linnaeus, 1758)
A. 左壳侧面观；B. 顶面观；C. 右壳侧面观

粗饰蚶属 *Anadara* Gray, 1847

魁蚶
Anadara broughtonii (Schrenck, 1867)

同物异名：*Anadara inflata* (Reeve, 1844)；*Arca broughtonii* Schrenck, 1867；*Arca inflata* Reeve, 1844；*Arca reeveana* Nyst, 1848；*Arca tenuis* Tokunaga, 1906；*Scapharca broughtoni* (Schrenck, 1867)；*Scapharca broughtonii* (Schrenck, 1867)

标本采集地：广东大亚湾。

形态特征：壳型大，坚厚，较膨胀，左壳稍大于右壳；贝壳前端圆，后缘呈斜截形；壳表有放射肋42条左右，肋上无明显的结节，肋和肋间沟的宽度大致相等；表面有棕色壳皮，在边缘处更发达，呈黑棕色；壳内缘具强壮的齿状突起；铰合部直，两侧的齿较大，中央的齿细密。前、后闭壳肌痕近方形。

生态习性：栖息于水深11～52.5m的浅海软泥或泥沙底。

地理分布：渤海，黄海，东海，南海；俄-日-中海域。

经济意义：肉可供食用。

参考文献：徐凤山和张素萍，2008；杨文等，2017；李海燕等，2008。

图 90 魁蚶 *Anadara broughtonii* (Schrenck, 1867)
A. 左壳侧面观；B. 右壳侧面观；C. 顶面观；D. 右壳内面观；E. 左壳内面观

联粗饰蚶
Anadara consociata (E. A. Smith, 1885)

同物异名： *Arca consociata* E. A. Smith, 1885；*Mabellarca consociata* (E. A. Smith, 1885)

标本采集地： 广西北部湾。

形态特征： 壳呈卵圆形，两壳膨胀，壳顶突出，向内向前卷曲；放射肋约25条，肋上有结节，肋间沟有整齐排列的毛状物。壳内面淡黄色，有与壳表面放射肋与沟相对应的沟与肋。铰合齿大小较均匀，前、后端者并不特别大。铰合部直，有齿约50枚。前闭壳肌痕近菱形，后闭壳肌痕长方形。

生态习性： 栖息于潮下带至水深80m左右的泥沙底。

地理分布： 广东，广西，海南岛；澳大利亚。

经济意义： 肉可供食用。

参考文献： 徐凤山和张素萍，2008；杨文等，2017；李琪，2019。

图91 联粗饰蚶 *Anadara consociata* (E. A. Smith, 1885)
A. 右壳侧面观；B. 左壳侧面观；C. 顶面观；D. 右壳内面观；E. 左壳内面观

角粗饰蚶
Anadara cornea (Reeve, 1844)

同物异名： Arca cecillii R. A. Philippi, 1849； Arca cornea Reeve, 1844； Arca loricata Reeve, 1844； Cunearca cornea (Reeve, 1844)； Scapharca cornea (Reeve, 1844)

标本采集地： 海南三亚。

形态特征： 壳质坚厚，两壳不等且膨胀，前部短窄，后部宽；前端圆，后端呈斜截形。壳顶前倾，较突出，自壳顶向后腹缘有一不甚明显的钝脊。左壳大，放射肋上具有结节，右壳的放射肋较平，无明显的结节，放射肋27～31条，肋间沟窄于肋。铰合齿两端显著大于中央。闭壳肌痕明显。

生态习性： 栖息于浅水区。

地理分布： 台湾岛，广东，西沙群岛，海南岛；日本，东南亚，印度。

经济意义： 肉可供食用。

参考文献： 徐凤山和张素萍，2008；李琪，2019。

图 92 角粗饰蚶 *Anadara cornea* (Reeve, 1844)
A. 右壳侧面观；B. 左壳侧面观；C. 顶面观；D. 左壳内面观；E. 右壳内面观

锈粗饰蚶
Anadara ferruginea (Reeve, 1844)

同物异名： *Arca ferruginea* Reeve, 1844；*Mabellarca fortunata* Iredale, 1939；*Mabellarca fortunata pera* Iredale, 1939

标本采集地： 广西三娘湾。

形态特征： 贝壳中等大小，多呈圆扇形。壳顶尖小，位于背部中央，前端圆，后端略圆，非斜截形。壳面呈淡黄色或土黄色，有褐色云状斑，并有排列规则的圆形放射肋29条左右。右壳肋上有结节，肋宽等于肋间沟；左壳肋上无结节，肋间沟宽于肋。壳内呈白色，有与壳表面相应的放射肋。铰合部直。足丝孔明显，下缘有细栉齿数枚。韧带深褐色，三角形。闭壳肌痕明显，呈椭圆形。

生态习性： 暖水种，栖息于潮下带百米内的浅海；以足丝附着在岩石、碎石块等物体上。

地理分布： 东海，南海；日本，菲律宾，印度洋。

经济意义： 肉可供食用。

参考文献： 徐凤山和张素萍，2008；李琪，2019。

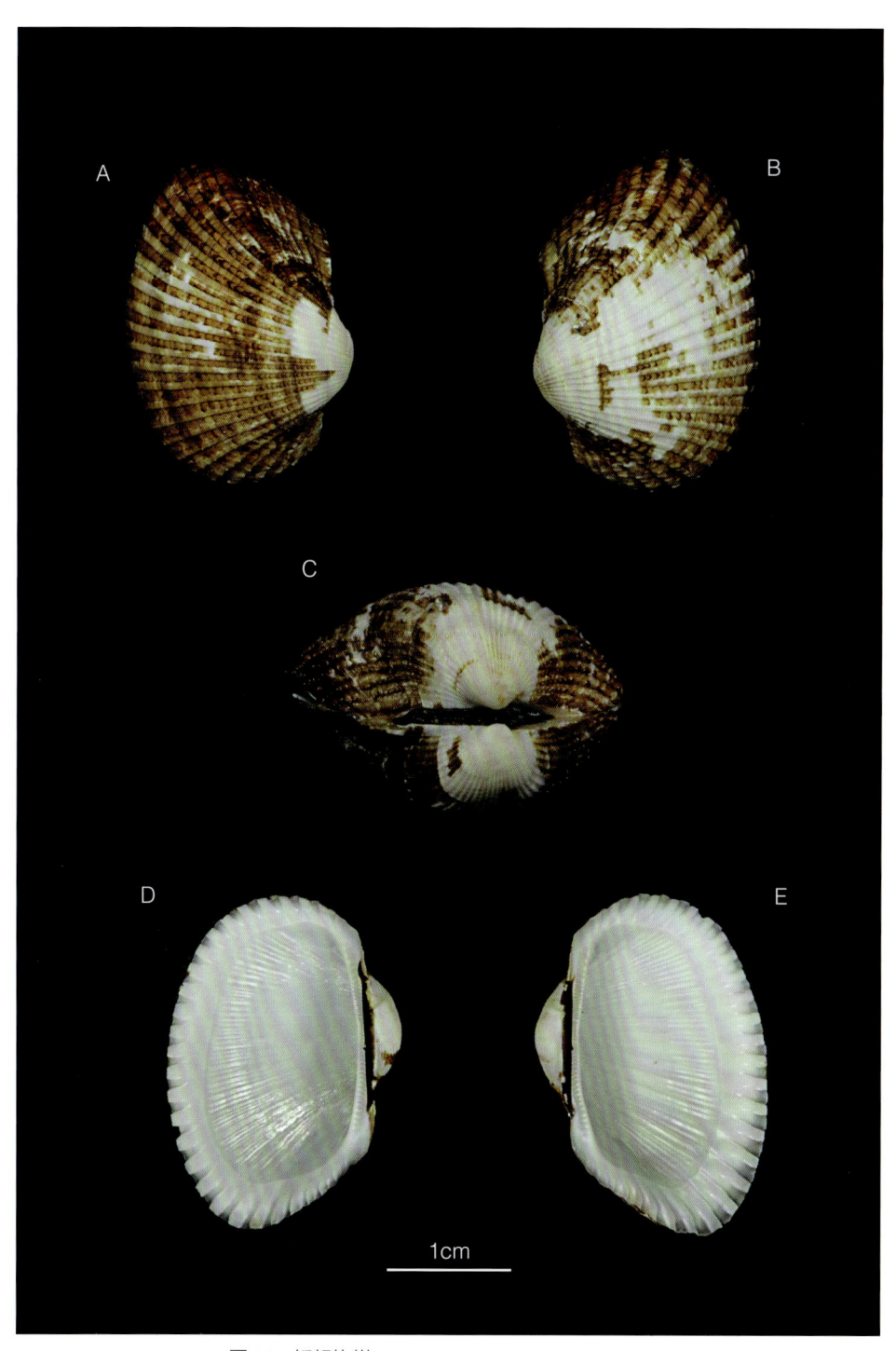

图 93 锈粗饰蚶 *Anadara ferruginea* (Reeve, 1844)
A. 左壳侧面观；B. 右壳侧面观；C. 顶面观；D. 左壳内面观；E. 右壳内面观

胀粗饰蚶
Anadara globosa (Reeve, 1844)

同物异名： *Anadara binakayanensis* Faustino, 1932；*Arca globosa* Reeve, 1844；*Scapharca globosa* Reeve, 1844；*Scapharca globosa ursus* Tanaka, 1959

标本采集地： 广东大亚湾。

形态特征： 壳近方形，两壳不等，右壳较小，壳质相对较薄，较膨胀；壳顶钝，位于中央之前；前端圆，后端斜截形。壳面白色，被有棕褐色片状壳皮；壳表面放射肋 34～35 条，肋间沟窄于肋，肋上无明显的结节，仅有细弱的同心纹。前闭壳肌痕略呈三角形，后闭壳肌痕近方形。

生态习性： 栖息于潮下带水深 20m 以内的浅水区。

地理分布： 南海。

经济意义： 肉可供食用。

参考文献： 徐凤山和张素萍，2008；李琪，2019。

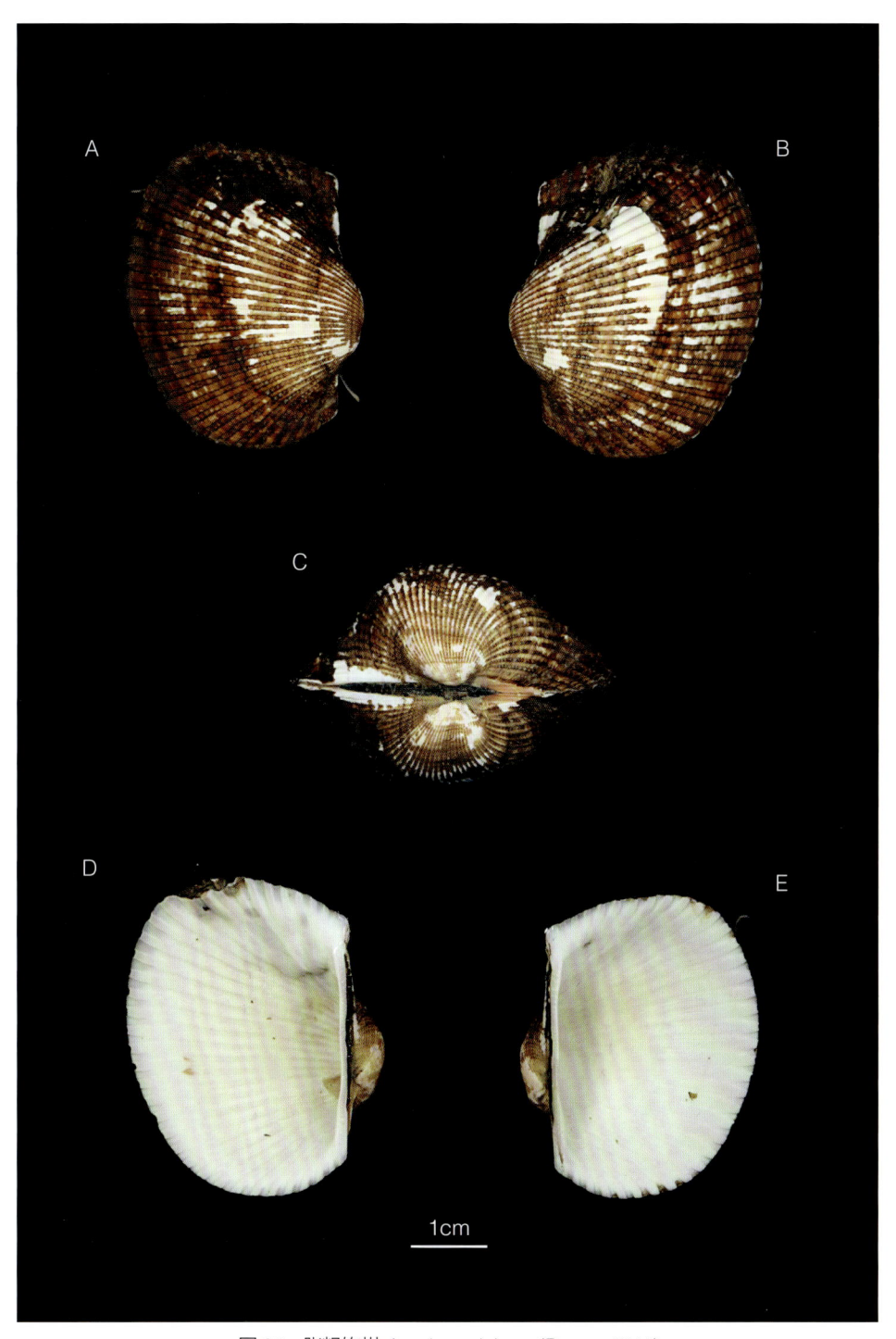

图 94　胀粗饰蚶 *Anadara globosa* (Reeve, 1844)
A. 右壳侧面观；B. 左壳侧面观；C. 顶面观；D. 左壳内面观；E. 右壳内面观

唇粗饰蚶
Anadara labiosa (G. B. Sowerby I, 1833)

同物异名： *Arca labiosa* G. B. Sowerby I, 1833

标本采集地： 海岛南。

形态特征： 壳形中等，略呈卵圆形，壳质较薄。两壳不等，左壳大于右壳。壳顶宽而低，位于背部中央之前。壳表面放射肋平，其断面为长方形，36～40条，肋间沟窄于肋。壳皮厚，淡褐色。前闭壳肌痕近三角形，后闭壳肌痕卵圆形。

生态习性： 栖息于潮下带浅水区。

地理分布： 福建，广东，海南岛；越南。

经济意义： 肉可供食用。

参考文献： 徐凤山和张素萍，2008。

粗饰蚶属分种检索表

1. 左壳稍大于右壳 2
- 两壳相等 3
2. 肋上有明显结节 .... 角粗饰蚶 *Anadara cornea*
- 肋上无明显结节 4
3. 壳表面放射肋约 29 条 .... 锈粗饰蚶 *Anadara ferruginea*
- 壳表面放射肋约 25 条 .... 联粗饰蚶 *Anadara consociata*
4. 壳表面放射肋 30～40 条 5
- 壳表面放射肋约 42 条 .... 魁蚶 *Anadara broughtonii*
5. 壳表面放射肋 34～35 条 .... 胀粗饰蚶 *Anadara globosa*
- 壳表面放射肋 36～40 条 .... 唇粗饰蚶 *Anadara labiosa*

图 95 唇粗饰蚶 *Anadara labiosa* (G. B. Sowerby I, 1833)
A. 右壳侧面观；B. 左壳侧面观；C. 顶面观；D. 右壳内面观；E. 左壳内面观

泥蚶属 *Tegillarca* Iredale, 1939

结蚶
Tegillarca nodifera (Martens, 1860)

同物异名： *Anadara* (*Tegillarca*) *nodifera* (E. von Martens, 1860)；*Anomalocardia paucigranosa* Dunker, 1866；*Arca nodifera* E. von Martens, 1860；*Arca oblonga* R. A. Philippi, 1849

标本采集地： 广西北部湾。

形态特征： 壳呈长圆形，膨胀，壳顶较低，韧带面梭状，较窄。壳表面被褐棕色壳皮。放射肋细窄且具细密的结节，一般在 20 条左右，肋间沟的宽度大于肋。壳内面灰白色，边缘有与壳面放射肋相应的肋沟。铰合部直，齿细密，约 50 枚。前闭壳肌痕小，近三角形；后闭壳肌痕大，略呈四方形。

生态习性： 栖息于潮间带至数米深的浅海软泥底。

地理分布： 东海，南海。

经济意义： 肉可供食用。

参考文献： 徐凤山和张素萍，2008；杨文等，2017；李琪，2019；张永普等，2012。

蚶科分属检索表

1.两壳扭转	扭蚶属 *Trisidos*
- 两壳平直不扭转	2
2.壳后端斜截形	中蚶属 *Mesocibota*
- 壳后端非斜截形	3
3.壳表面放射肋大于 25 条	粗饰蚶属 *Anadara*
- 壳表面放射肋少于 20 条	泥蚶属 *Tegillarca*

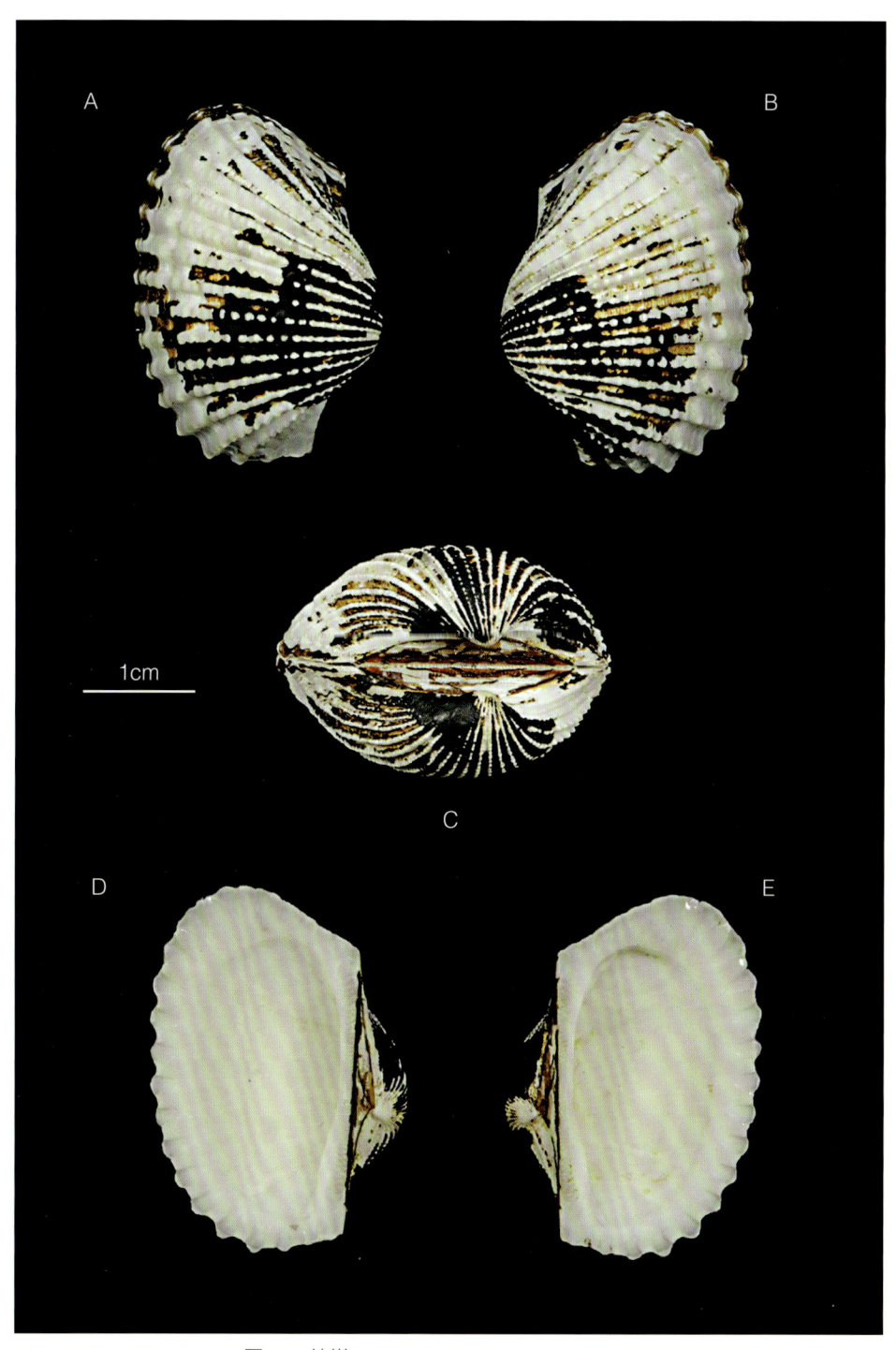

图 96　结蚶 *Tegillarca nodifera* (Martens, 1860)
A. 右壳侧面观；B. 左壳侧面观；C. 顶面观；D. 左壳内面观；E. 右壳内面观

贻贝目 Mytilida
贻贝科 Mytilidae Rafinesque, 1815
股贻贝属 *Perna* Philipsson, 1788

翡翠股贻贝
Perna viridis (Linnaeus, 1758)

同物异名： *Mytilus opalus* Lamarck, 1819；*Mytilus smaragdinus* Gmelin, 1791；*Mytilus viridis* Linnaeus, 1758

标本采集地： 广西防城港。

形态特征： 壳面光滑，通常为翠绿色或绿褐色，幼体色彩较鲜艳，生长纹细密；壳内面呈白瓷色，具珍珠光泽。外套痕明显，无前闭壳肌痕；左壳有2个铰合齿，右壳1个。足丝孔不明显，足丝发达，前足丝收缩肌痕位于壳前端背缘，后足丝收缩肌痕位于后端，与后闭壳肌痕相连，缩足肌痕与中足丝收缩肌痕联合成椭圆形，位于韧带下后方。

生态习性： 热带和亚热带种，附着在水流通畅的岩石上，从低潮线附近至水深20m左右均有栖息。

地理分布： 福建以南沿海；印度洋，东南亚。

经济意义： 肉可供食用。

参考文献： 徐凤山和张素萍，2008；杨文等，2017；李琪，2019；王祯瑞，1997。

图 97 翡翠股贻贝 *Perna viridis* (Linnaeus, 1758)
A. 右壳侧面观；B. 左壳侧面观；C. 顶面观；D. 左壳内面观；E. 右壳内面观

隔贻贝属 *Septifer* Récluz, 1848

隔贻贝
Septifer bilocularis (Linnaeus, 1758)

同物异名： Modiola subtriangularis W. H. Turton, 1932；Mytilus bilocularis Linnaeus, 1758；Mytilus nicobaricus Röding, 1798；Mytilus septulifer Menke, 1830；Tichogonia kraussii Küster, 1841；Tichogonia wiegmannii Küster, 1841

标本采集地： 广东大亚湾。

形态特征： 贝壳多呈长方形，前端尖细，后端宽大，壳质坚厚。壳顶位于最前端，弯向腹缘。壳表面有细的放射肋，壳后端常有稀疏的黄色壳毛；壳面呈蓝绿色，杂有红褐色或白色斑点；壳内面呈青蓝色，壳顶部下方有 1 个三角形的白色隔板。铰合部有 2～3 个粒状齿。韧带短，位于壳顶后背缘。后闭壳肌痕呈弯月形。足丝孔位于前腹缘。

生态习性： 栖息于潮间带至低潮线附近岩石或珊瑚礁等物体上。

地理分布： 广东澳头以南沿海；印度 - 西太平洋。

经济意义： 肉可供食用。

参考文献： 徐凤山和张素萍，2008；杨文等，2017；李海燕等，2008。

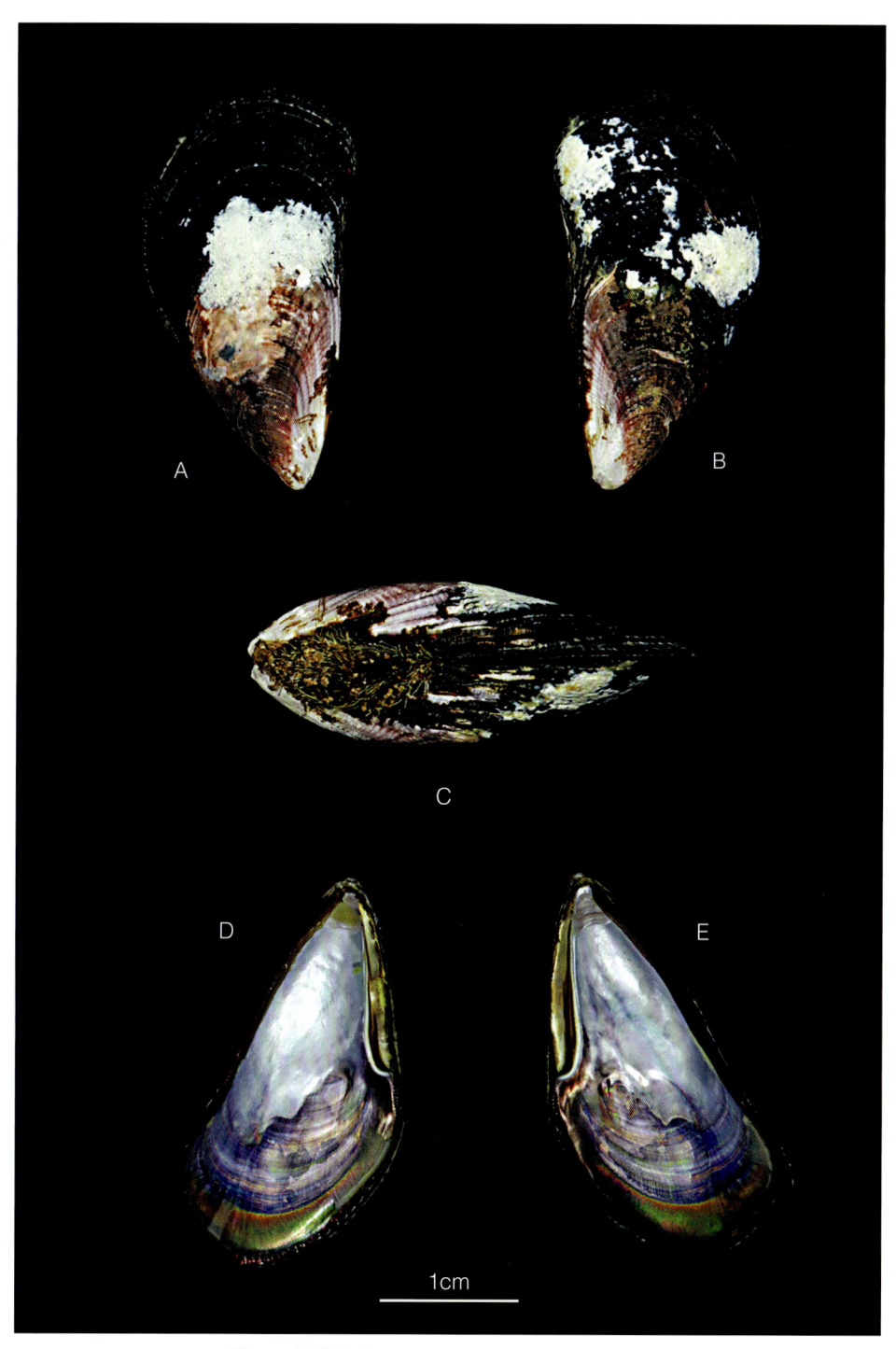

图 98　隔贻贝 *Septifer bilocularis* (Linnaeus, 1758)
A. 右壳侧面观；B. 左壳侧面观；C. 顶面观；D. 左壳内面观；E. 右壳内面观

短齿蛤属 *Brachidontes* Swainson, 1840

变化短齿蛤
Brachidontes variabilis (Krauss, 1848)

同物异名： *Brachidontes semistriatus* (Krauss, 1848)；*Brachyodontes variabilis* (Krauss, 1848)；*Mytilus variabilis* Krauss, 1848；*Mytilus variabilis* var. *semistriata* Krauss, 1848；*Perna variabilis* (Krauss, 1848)

标本采集地： 广西北部湾。

形态特征： 贝壳较小，呈斜三角形，壳质薄。两壳相等，壳两侧不等，壳前端部较细，或稍圆，后端宽圆。壳表面刻有不太规则的放射肋；壳面为紫褐色，生长纹细密；壳内面为浅灰蓝色，周缘具细缺刻。铰合部具 2～5 个粒状小齿。

生态习性： 栖息于潮间带中潮区，常附着于岩石、牡蛎壳或红树枝上。

地理分布： 厦门以南沿海；菲律宾。

经济意义： 肉可供食用。

参考文献： 徐凤山和张素萍，2008；王祯瑞，1997。

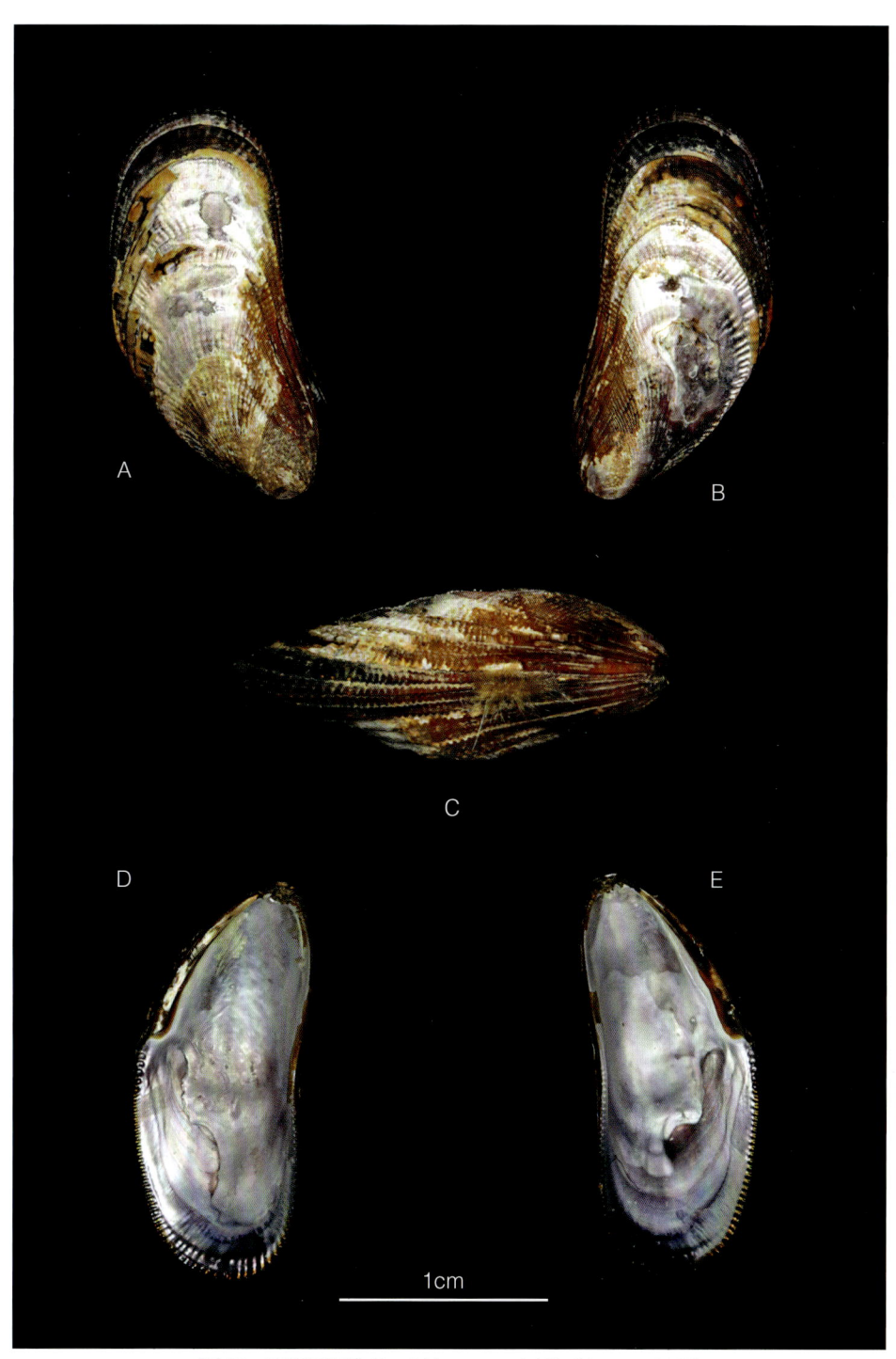

图99　变化短齿蛤 *Brachidontes variabilis* (Krauss, 1848)
A. 右壳侧面观；B. 左壳侧面观；C. 顶面观；D. 左壳内面观；E. 右壳内面观

弧蛤属 *Arcuatula* Jousseaume in Lamy, 1919

凸壳弧蛤
Arcuatula senhousia (Benson, 1842)

同物异名： *Brachidontes senhousia* (W. H. Benson, 1842)；*Modiola aquarius* Grabau & S. G. King, 1928；*Modiola bellardiana* Tapparone Canefri, 1874；*Modiola senhousia* W. H. Benson, 1842；*Musculista senhousia* (W. H. Benson, 1842)；*Musculus senhousia* (W. H. Benson, 1842)

标本采集地： 海南昌江。

形态特征： 壳小且薄，略呈卵三角形。壳顶凸圆，不位于前端。壳表面的前、后区具有放射纹，中区平滑；壳表面被黄褐色壳皮，从壳顶至后腹缘有 1 条隆起肋，有光泽，具有红褐色或褐色波状花纹；生长纹细弱；内面花纹与表面近同。铰合部窄，沿铰合部有 1 列锯齿状细小缺刻。闭壳肌痕略显，足丝细软，较发达。

生态习性： 用足丝附着在潮间带至水深 20m 的泥沙底，常成群栖息。

地理分布： 中国沿海；印度 - 西太平洋。

经济意义： 肉可供食用。

参考文献： 徐凤山和张素萍，2008；杨文等，2017。

贻贝科分属的检索表

1. 壳表面光滑，无细放射肋 .... 股贻贝属 *Perna*
- 壳表面具有细放射肋，壳表无栉状黄毛 2
2. 贝壳内面壳顶下方具有前闭壳肌附着的内隔板 .... 隔贻贝属 *Septifer*
- 贝壳内面壳顶下方无内隔板 3
3. 壳表面放射肋在腹侧为双分枝 .... 短齿蛤属 *Brachidontes*
- 壳表面从壳顶至后腹缘有 1 条隆起肋 .... 弧蛤属 *Arcuatula*

图 100　凸壳弧蛤 *Arcuatula senhousia* (Benson, 1842)
A. 左壳侧面观；B. 右壳侧面观；C. 顶面观；D. 左壳内面观；E. 右壳内面观

牡蛎目 Ostreida
牡蛎科 Ostreidae Rafinesque, 1815
巨牡蛎属 *Crassostrea* Sacco, 1897

近江巨牡蛎
Crassostrea ariakensis (Fujita, 1913)

标本采集地： 广东、广西、海南、西沙群岛和台湾。

形态特征： 贝壳大，呈圆形或卵圆形。外壳为黄褐色或灰色，边缘呈黄色或褐色。壳顶腔浅，韧带槽短。两壳不等，左壳较厚大，右壳上的同心生长纹明显。南方（如北海）群体闭壳肌痕呈紫色或褐色，北方（如潍坊）群体闭壳肌痕为白色。

生态习性： 有群居习性，生活于潮间带至浅海。

地理分布： 渤海，黄海，东海，南海；日本。

经济意义： 这种牡蛎个体大，肉量大，适宜在河口及其附近养殖。浙江、广东、福建、山东都有养殖。蚝豉和蚝油是我国传统的出口商品之一。

参考文献： 徐凤山和张素萍，2008；杨文等，2017；王海艳等，2007。

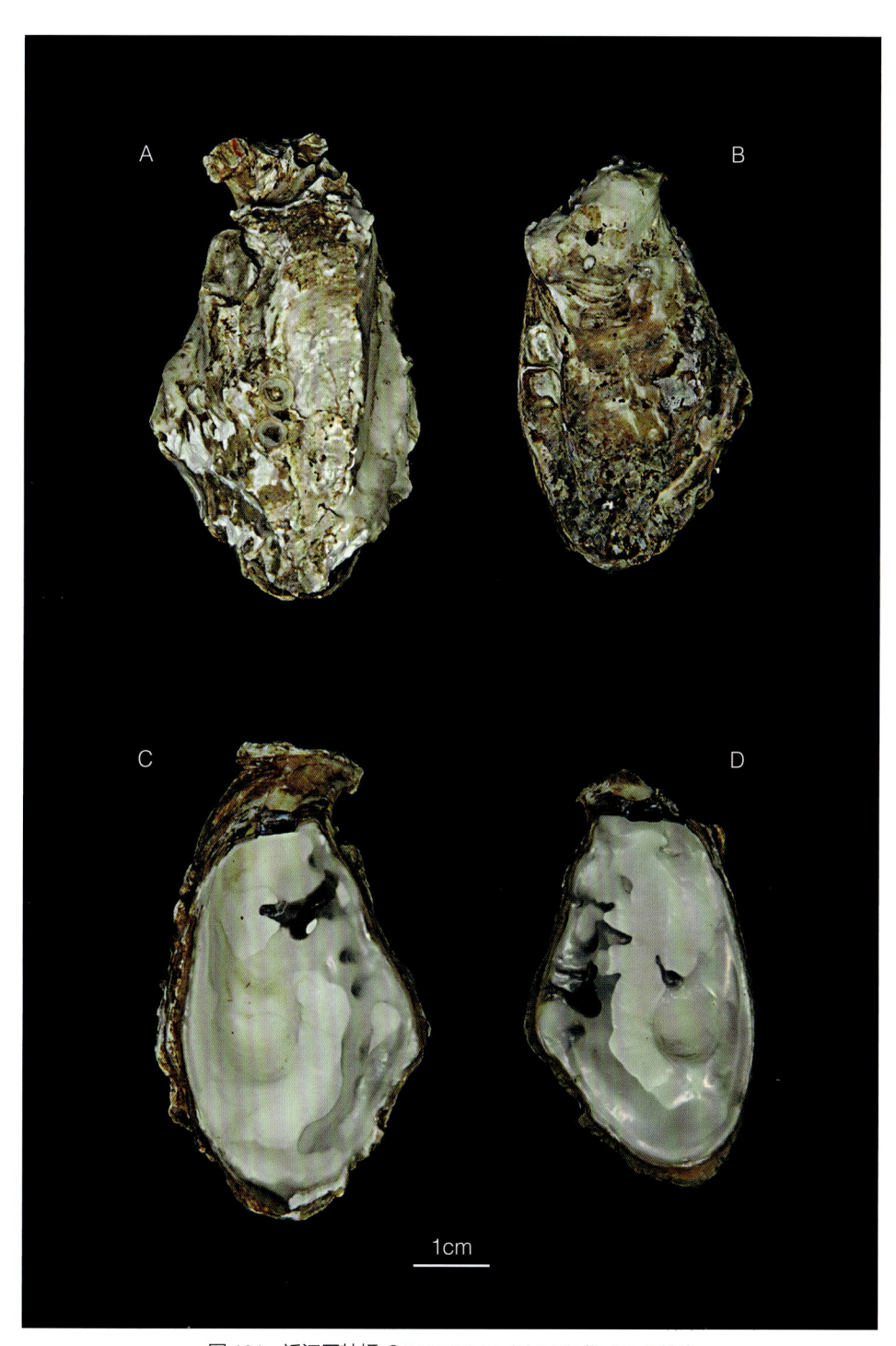

图 101　近江巨牡蛎 Crassostrea ariakensis (Fujita, 1913)
A. 左壳侧面观；B. 右壳侧面观；C. 左壳内面观；D. 右壳内面观

囊牡蛎属 *Saccostrea* Dollfus & Dautzenberg, 1920

僧帽牡蛎
Saccostrea cuccullata (Born, 1778)

同物异名： *Ostrea cuccullata* Born, 1778

标本采集地： 广东大亚湾。

形态特征： 壳质厚重，壳形细长。左壳稍大且凸，呈羊角状，附着面小，具粗壮的放射肋，韧带面特别长，壳顶腔较深；右壳极小，盖状。壳内周缘嵌合体遍及整个内缘，具粒状突起。后闭壳肌痕纵长，椭圆形，紫黑色。

生态习性： 以左壳固着生活在潮间带。

地理分布： 广东，广西，海南岛，香港；印度 - 西太平洋。

经济意义： 肉可供食用。

参考文献： 徐凤山和张素萍，2008；杨文等，2017；王瑁等，2013。

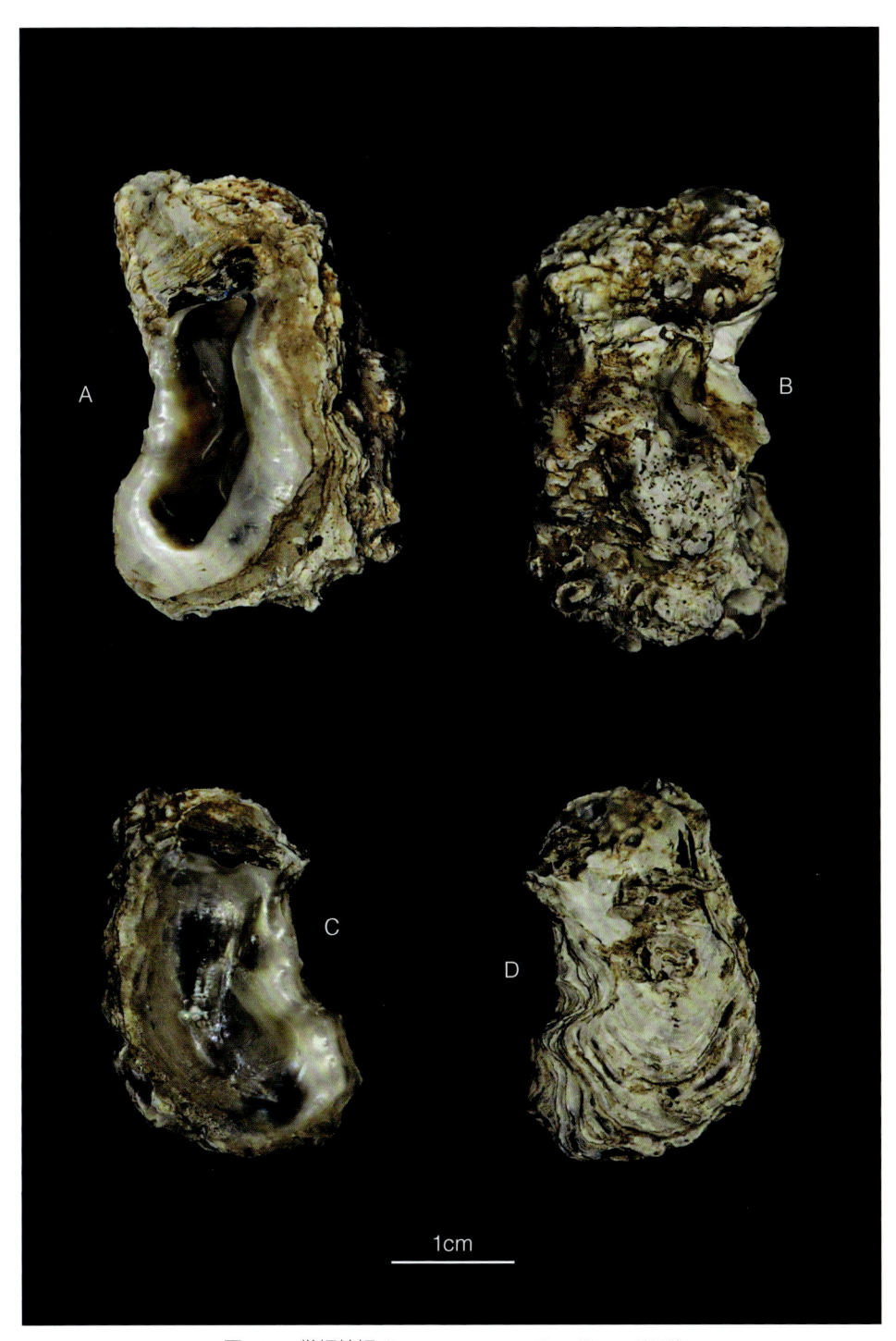

图 102　僧帽牡蛎 *Saccostrea cuccullata* (Born, 1778)
A. 左壳内面观；B. 左壳侧面观；C. 右壳内面观；D. 右壳侧面观

咬齿牡蛎
Saccostrea scyphophilla (Peron & Lesueur, 1807)

同物异名： *Ostrea scyphophilla* Péron & Lesueur, 1807

标本采集地： 广东大亚湾。

形态特征： 贝壳坚厚，呈紫色。左壳附着面大，壳顶后的贝壳几乎垂直翘起，其上并有放射肋；右壳平，放射肋较粗，肋间沟狭窄，鳞片紧贴壳面。壳顶腔较深，壳内缘的嵌合体几乎存在于整个内缘，嵌合体分布的较稀疏，呈点状突起和凹陷。

生态习性： 栖息于潮间带。

地理分布： 南海；日本，澳大利亚。

经济意义： 肉可供食用。

参考文献： 徐凤山和张素萍，2008。

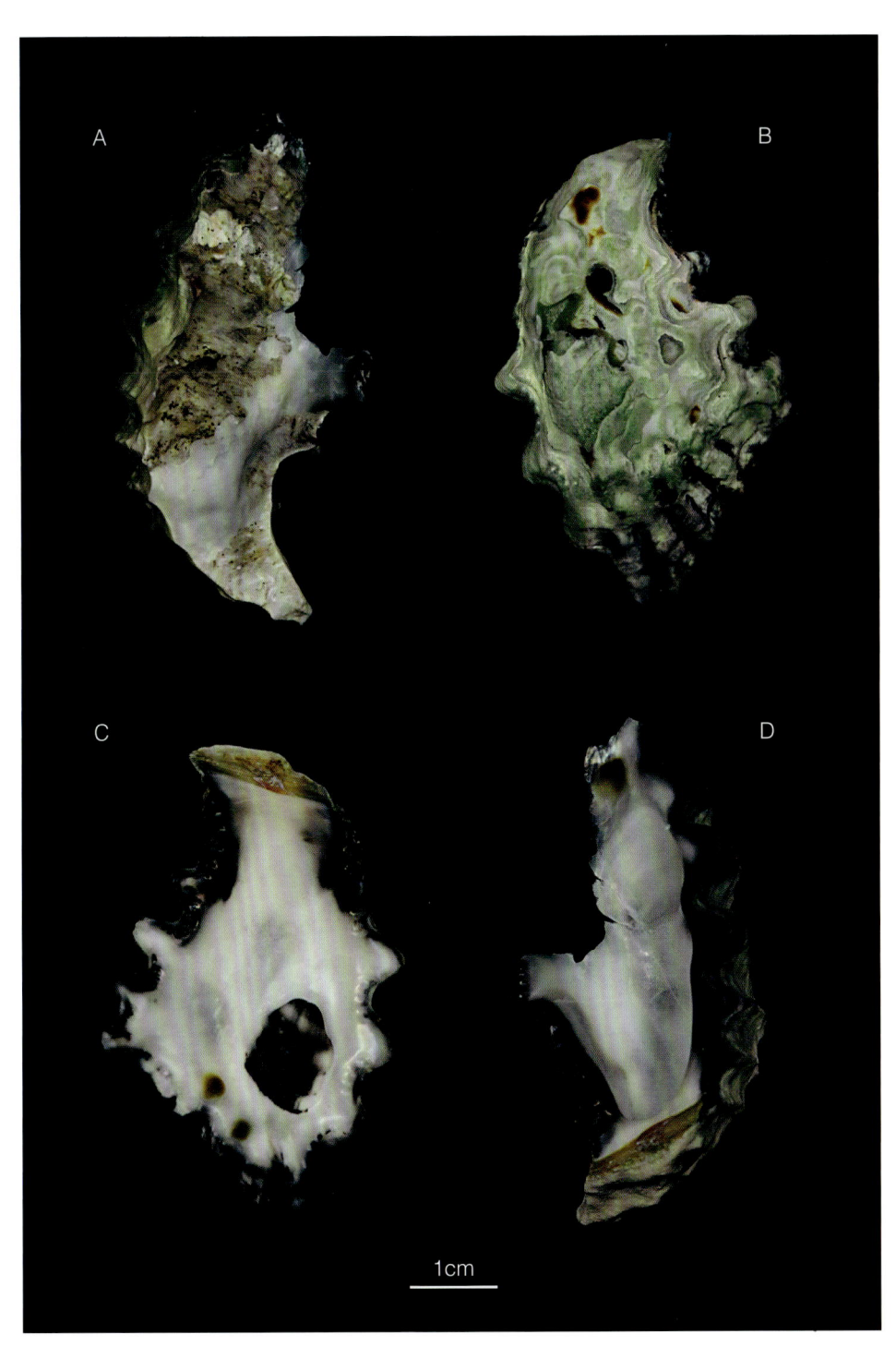

图 103 咬齿牡蛎 *Saccostrea scyphophilla* (Peron & Lesueur, 1807)
A. 左壳侧面观；B. 右壳侧面观；C. 右壳内面观；D. 左壳内面观

江珧科 Pinnidae Leach, 1819

江珧属 *Atrina* Gray, 1842

旗江珧
Atrina vexillum (Born, 1778)

同物异名： *Atrina (Atrina) vexillum* (Born, 1778); *Atrina gouldii banksiana* Iredale, 1939; *Pinna gubernaculum* Röding, 1798; *Pinna nigra* Dillwyn, 1817; *Pinna nigra* Chemnitz, 1785; *Pinna nigrina* Lamarck, 1819; *Pinna vexillum* Born, 1778

标本采集地： 广西涠洲岛。

形态特征： 壳大而厚重，呈三角形或扇形。壳顶尖，位于贝壳的最前端；壳前端尖细，后端极宽大。壳面多呈黑褐色或紫褐色，生长线细密；放射肋较细，其上具有稀疏小棘刺；内面呈暗褐色或黑色，平滑具珍珠光泽，有时还具有浅绿褐色或红褐色的花斑或色带。两闭壳肌痕不等，后闭壳肌痕大。

生态习性： 暖水种。栖息于潮下带至 50m 以内的浅海，以壳顶尖端插入泥沙中营半埋栖穴生活。

地理分布： 南海；新加坡，马来西亚。

经济意义： 肉可供食用。

参考文献： 徐凤山和张素萍，2008；杨文等，2017；李海燕等，2008。

图 104　旗江珧 *Atrina vexillum* (Born, 1778)
A. 左壳侧面观；B. 右壳侧面观

珠母贝科 Margaritidae Blainville, 1824

珠母贝属 *Pinctada* Röding, 1798

大珠母贝
Pinctada maxima (Jameson, 1901)

同物异名： *Pinctada anomioides* (Reeve, 1857)； *Pteria* (*Margaritifera*) *maxima* Jameson, 1901

标本采集地： 广东雷州半岛。

形态特征： 贝壳特大，呈圆方形。壳质重厚，左壳比右壳稍凸，背缘较直，腹缘圆。前耳小，后耳不明显。壳面呈黄褐色或青褐色，具有覆瓦状排列的鳞片；壳内面珍珠层极厚，美丽而富有光泽。铰合部无齿；韧带中间宽两端细，褐色。闭壳肌痕近椭圆形。

生态习性： 暖水种。常栖息于海流通畅的潮下带 5～100m 的砂或石砾质海底。

地理分布： 台湾岛，广东（雷州半岛），西沙群岛；西太平洋热带区。

经济意义： 有很高的经济价值。

参考文献： 徐凤山和张素萍，2008；王祯瑞，2002。

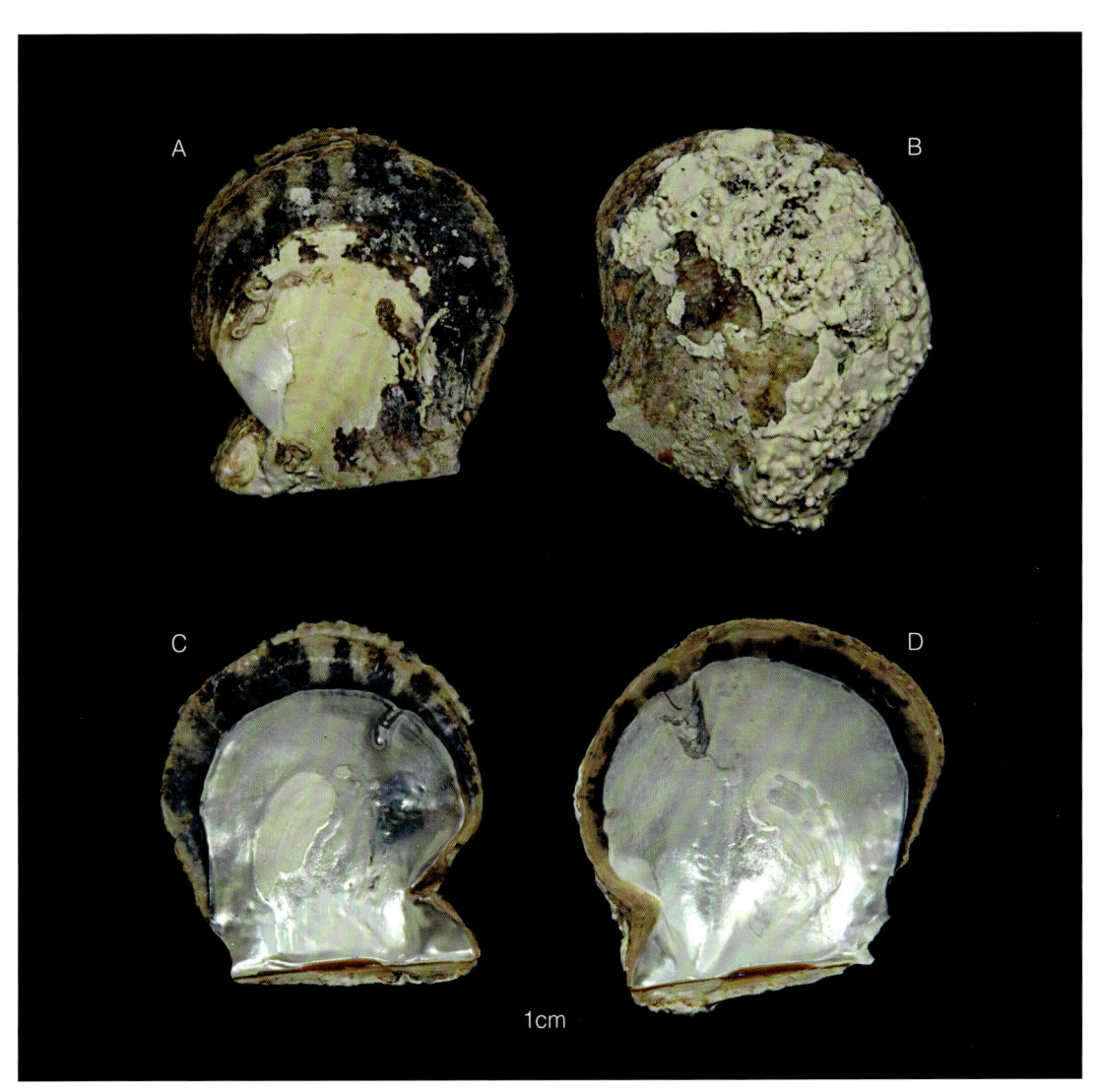

图 105　大珠母贝 Pinctada maxima (Jameson, 1901)
A. 左壳侧面观；B. 右壳侧面观；C. 左壳内面观；D. 右壳内面观

钳蛤科 Isognomonidae Woodring, 1925 (1828)

钳蛤属 *Isognomon* Lightfoot, 1786

方形钳蛤
Isognomon nucleus (Lamarck, 1819)

同物异名： *Perna nucleus* Lamarck, 1819； *Perna quadrangularis* Reeve, 1858

标本采集地： 海南昌江。

形态特征： 贝壳近四方形或卵圆形，壳顶在前方，突出成喙状。壳质厚。左壳稍凸，右壳平；背缘稍斜，前缘弯。壳面呈灰白色，略带浅紫色；壳后端生长鳞片明显；壳内面呈银白色，略呈浅紫色，周缘为黑紫色。铰合面较宽，韧带槽有 3～5 个；闭壳肌痕明显，近马蹄形。足丝孔明显。

生态习性： 暖水种。栖息于潮间带，以足丝附着在岩礁上。

地理分布： 台湾以南海域；日本，东南亚。

参考文献： 徐凤山和张素萍，2008；杨文等，2017。

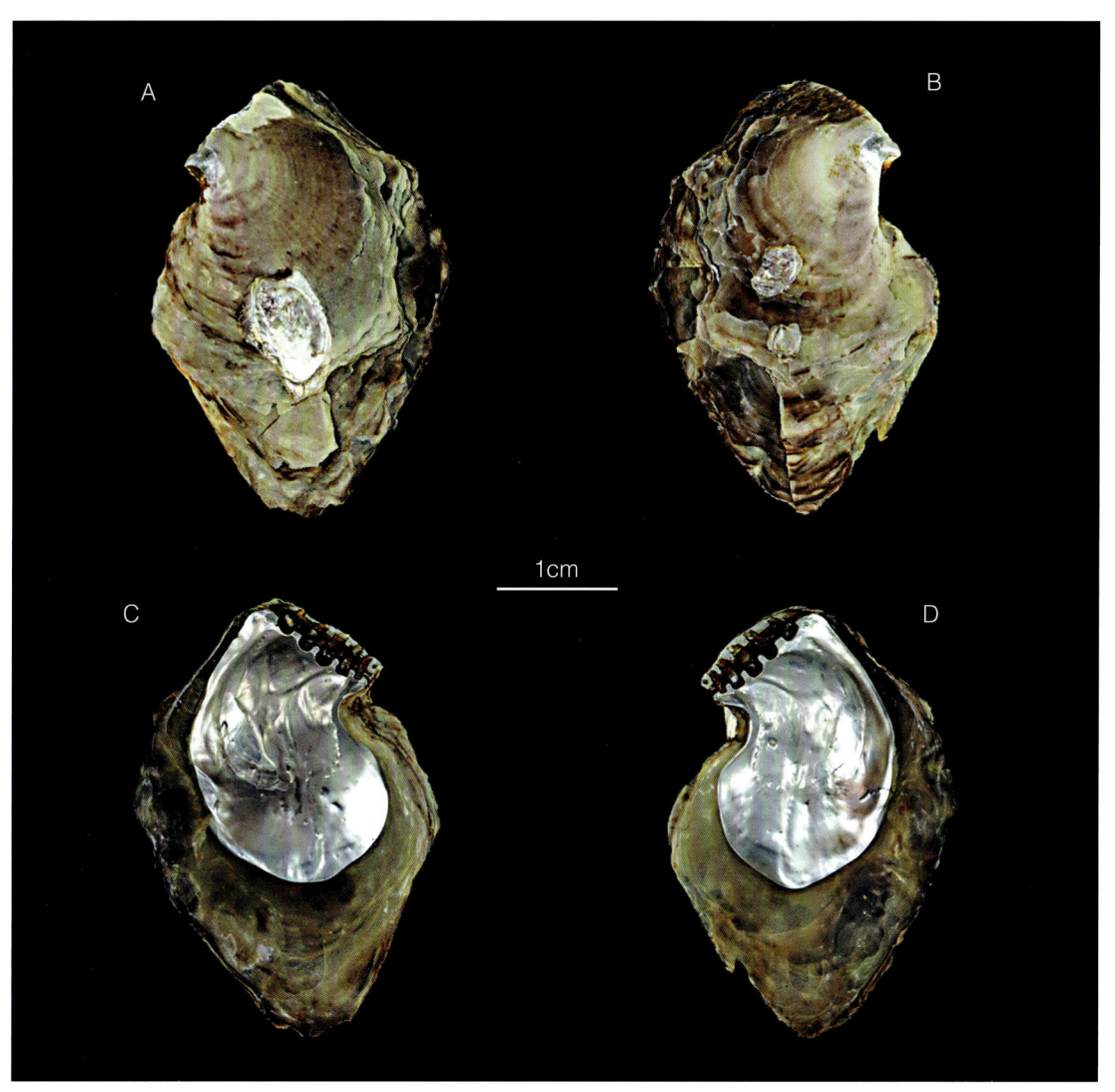

图 106 方形钳蛤 *Isognomon nucleus* (Lamarck, 1819)
A. 左壳侧面观；B. 右壳侧面观；C. 左壳内面观；D. 右壳内面观

扁平钳蛤
Isognomon ephippium (Linnaeus, 1758)

同物异名： *Ostrea ephippium* Linnaeus, 1758

标本采集地： 广东大亚湾。

形态特征： 壳较大，极扁平，呈不规则的圆形；背缘直；腹缘圆形。壳面为深蓝色或紫褐色，无放射线，具排列不规则的生长鳞片；壳内灰蓝褐色，具美丽的珍珠光泽。铰合面宽大；韧带槽平行排列，通常 5～21 个。闭壳肌痕多长椭圆形。

生态习性： 栖息于低潮线附近，营附着生活。

地理分布： 台湾岛，广东，海南岛；印度洋，东南亚，日本，澳大利亚，东太平洋。

参考文献： 徐凤山和张素萍，2008；杨文等，2017。

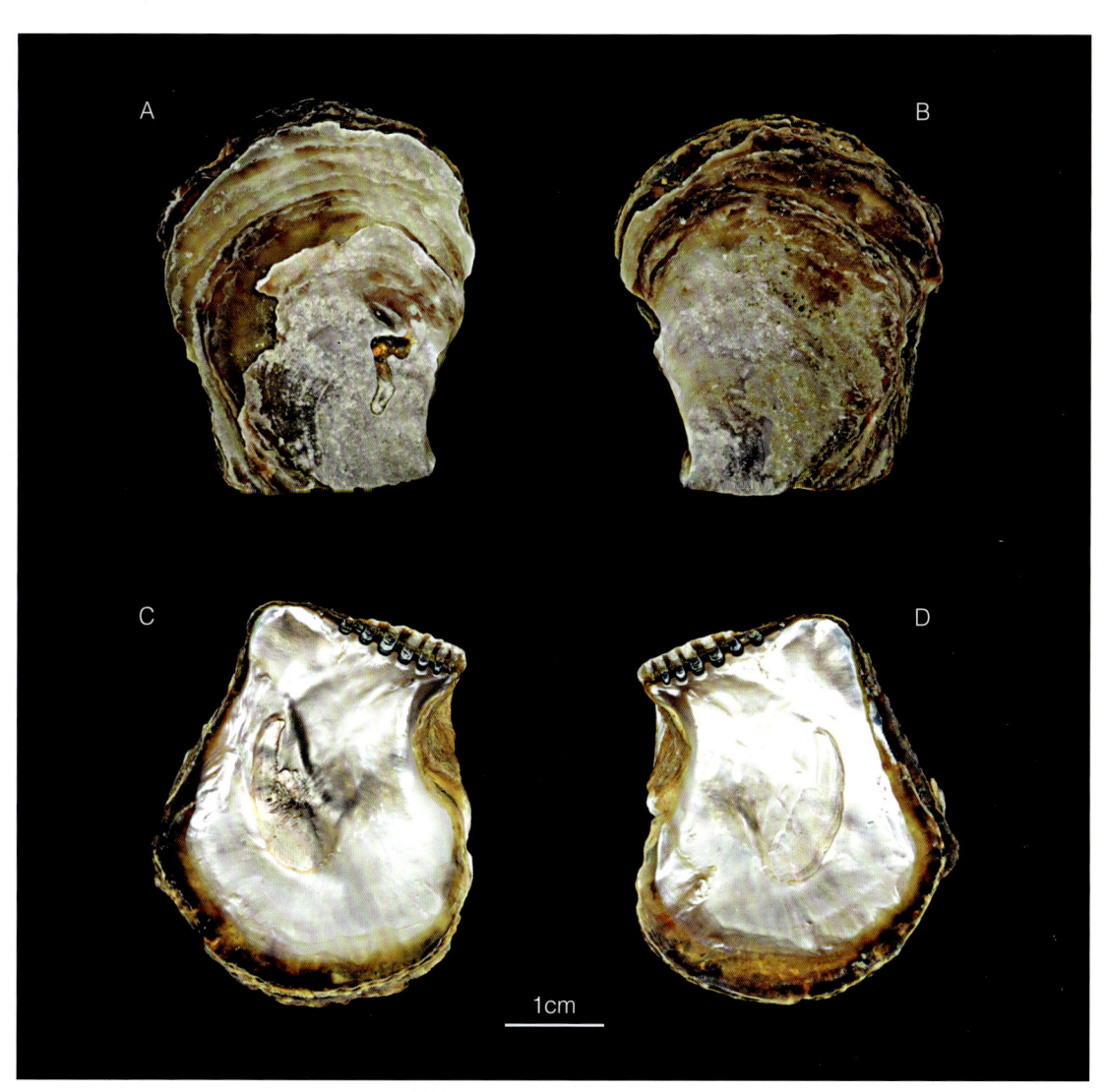

图 107　扁平钳蛤 *Isognomon ephippium* (Linnaeus, 1758)
A. 左壳侧面观；B. 右壳侧面观；C. 左壳内面观；D. 右壳内面观

扇贝目 Pectinida
扇贝科 Pectinidae Rafinesque, 1815
类栉孔扇贝属 *Mimachlamys* Iredale, 1929

华贵类栉孔扇贝
Mimachlamys crassicostata (G. B. Sowerby II, 1842)

同物异名： *Chlamys crassicostata* (G. B. Sowerby II, 1842)；*Pecten crassicostatus* G. B. Sowerby II, 1842

标本采集地： 广东大亚湾，海南新村。

形态特征： 贝壳大，壳长和壳高近等，呈圆扇形，左壳较右壳稍凸。壳面颜色多变，呈红、黄、橙和紫等多种颜色。壳表放射肋较粗，圆形，约23条，肋上有翘起的小鳞片，生长线细密，壳内多呈浅黄褐色。闭壳肌痕大，呈圆形。铰合部直且无齿。内韧带三角形。

生态习性： 多栖息于百米左右浅海有岩石、碎石及沙质海底，营附着生活。

地理分布： 台湾以南海域；日本。

经济意义： 肉可供食用。

参考文献： 徐凤山和张素萍，2008；杨文等，2017；李海燕等，2008。

图 108 华贵类栉孔扇贝 Mimachlamys crassicostata (G. B. Sowerby II, 1842)
A. 左壳侧面观；B. 右壳侧面观；C. 右壳内面观；D. 左壳内面观

海湾扇贝属 *Argopecten* Monterosato, 1889

海湾扇贝
Argopecten irradians (Lamarck, 1819)

同物异名： Argopecten irradians irradians (Lamarck, 1819)；Pecten irradians Lamarck, 1819

标本采集地： 广东大亚湾。

形态特征： 贝壳呈圆形，壳面较凸，壳色有变化，多呈紫褐色、灰褐色或红色，常有紫褐色云状斑。两壳大小不等，放射肋多而粗，同心生长鳞片明显。两壳有放射肋18条左右，肋上有生长小棘。壳内近白色，闭壳肌痕略显。铰合部细长。足丝孔较小。

生态习性： 栖息于浅海泥沙质海底。

地理分布： 渤海，黄海，东海，南海；大西洋沿岸。

经济意义： 肉可供食用。

参考文献： 徐凤山和张素萍，2008；李海燕等，2008。

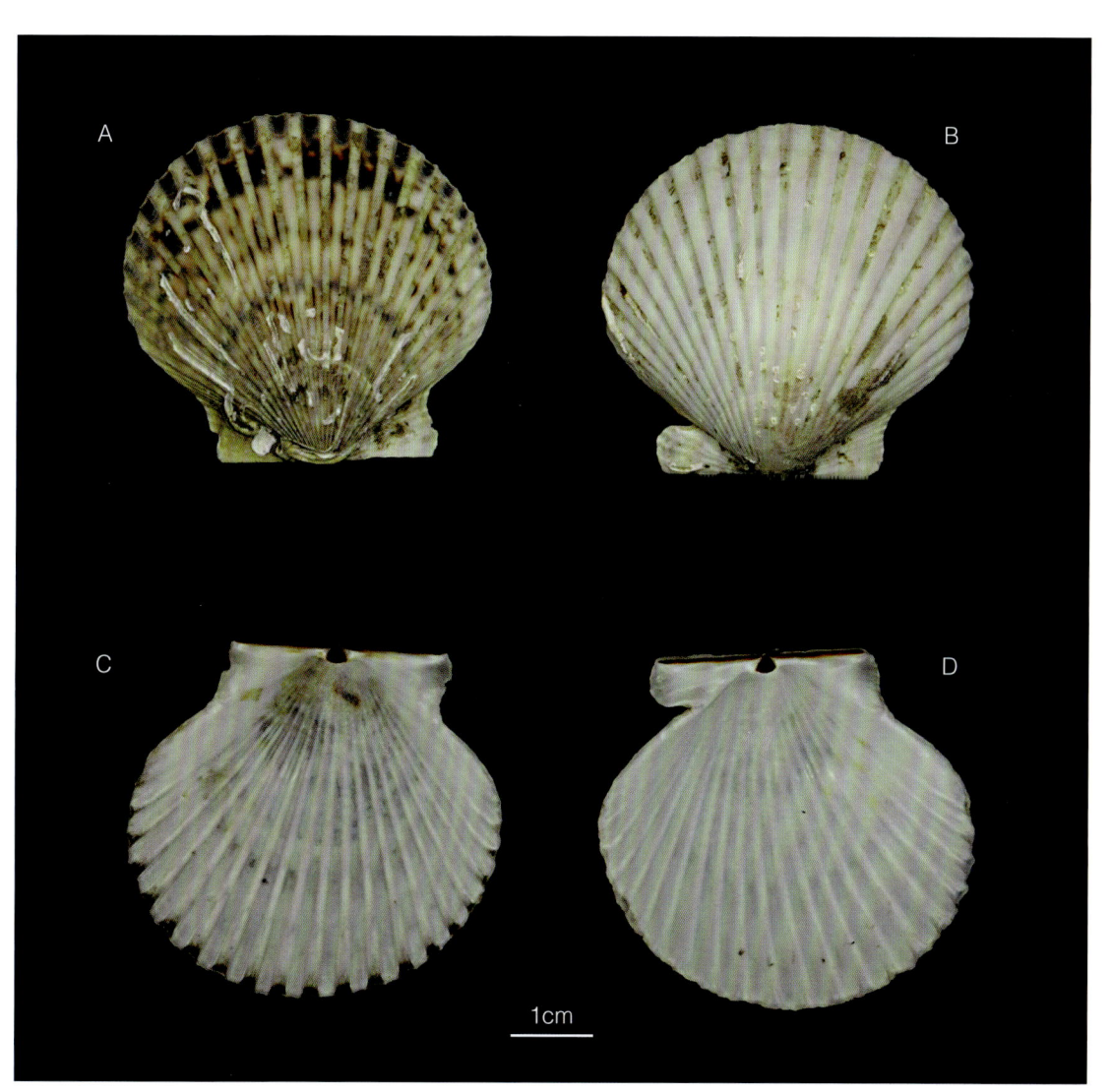

图 109　海湾扇贝 *Argopecten irradians* (Lamarck, 1819)
A. 左壳侧面观；B. 右壳侧面观；C. 左壳内面观；D. 右壳内面观

掌扇贝属 *Volachlamys* Iredale, 1939

新加坡掌扇贝
Volachlamys singaporina (Sowerby II, 1842)

同物异名： Pecten cumingi Reeve, 1853； Pecten pica Reeve, 1853； Pecten psarus Melvill, 1888； Pecten singaporinus G. B. Sowerby II, 1842

标本采集地： 广西北部湾。

形态特征： 贝壳稍小，多呈圆扇形，壳顶尖小，位于背缘近中部，前耳稍大，后耳较小，均呈三角形。壳面呈淡黄色或土黄色，有褐色云状斑，并有排列规则的圆形放射肋，壳内面呈白色，有与壳表相应的放射肋约22条。铰合部直，两侧具齿状突起。韧带深褐色，三角形。闭壳肌痕略显，呈椭圆形。

生态习性： 暖水种，栖息于潮下带百米内的浅海，以足丝附着在岩石、碎石块等物体上。

地理分布： 东海，南海。

经济意义： 肉可供食用。

参考文献： 徐凤山和张素萍，2008；杨文等，2017；张永普等，2012。

扇贝科分属检索表

1. 壳凸	海湾扇贝属 *Argopecten*
- 壳不凸	2
2. 壳耳大，较扁平	掌扇贝属 *Volachlamys*
- 壳耳稍小	类栉孔扇贝属 *Mimachlamys*

图 110　新加坡掌扇贝 *Volachlamys singaporina* (Sowerby II, 1842)
A. 左壳侧面观；B. 右壳侧面观；C. 右壳内面观；D. 左壳内面观

海菊蛤科 Spondylidae Gray, 1826
海菊蛤属 *Spondylus* Linnaeus, 1758

血色海菊蛤
Spondylus squamosus Schreibers, 1793

同物异名： Spondylus barbatus Reeve, 1856；Spondylus cruentus Lischke, 1868；Spondylus japonicus Kuroda, 1932；Spondylus mus Reeve, 1856；Spondylus sinensis G. B. Sowerby II, 1847；Spondylus spathuliferus Lamarck, 1819

标本采集地： 广西防城港。

形态特征： 贝壳近卵圆形。左壳小，稍平，表面刻有细密的放射肋，肋上生有小短棘；右壳较大而膨圆，以顶部固着。壳表面多呈紫褐色或紫红色，壳内面为白色，沿壳缘有紫红色的环带。闭壳肌痕略显。铰合部各有主齿2枚，大而稍弯。

生态习性： 热带种，栖息于潮间带至浅海20m左右的岩礁海底，以右壳固着生活。

地理分布： 福建，台湾岛，广东沿海；日本。

参考文献： 徐凤山和张素萍，2008。

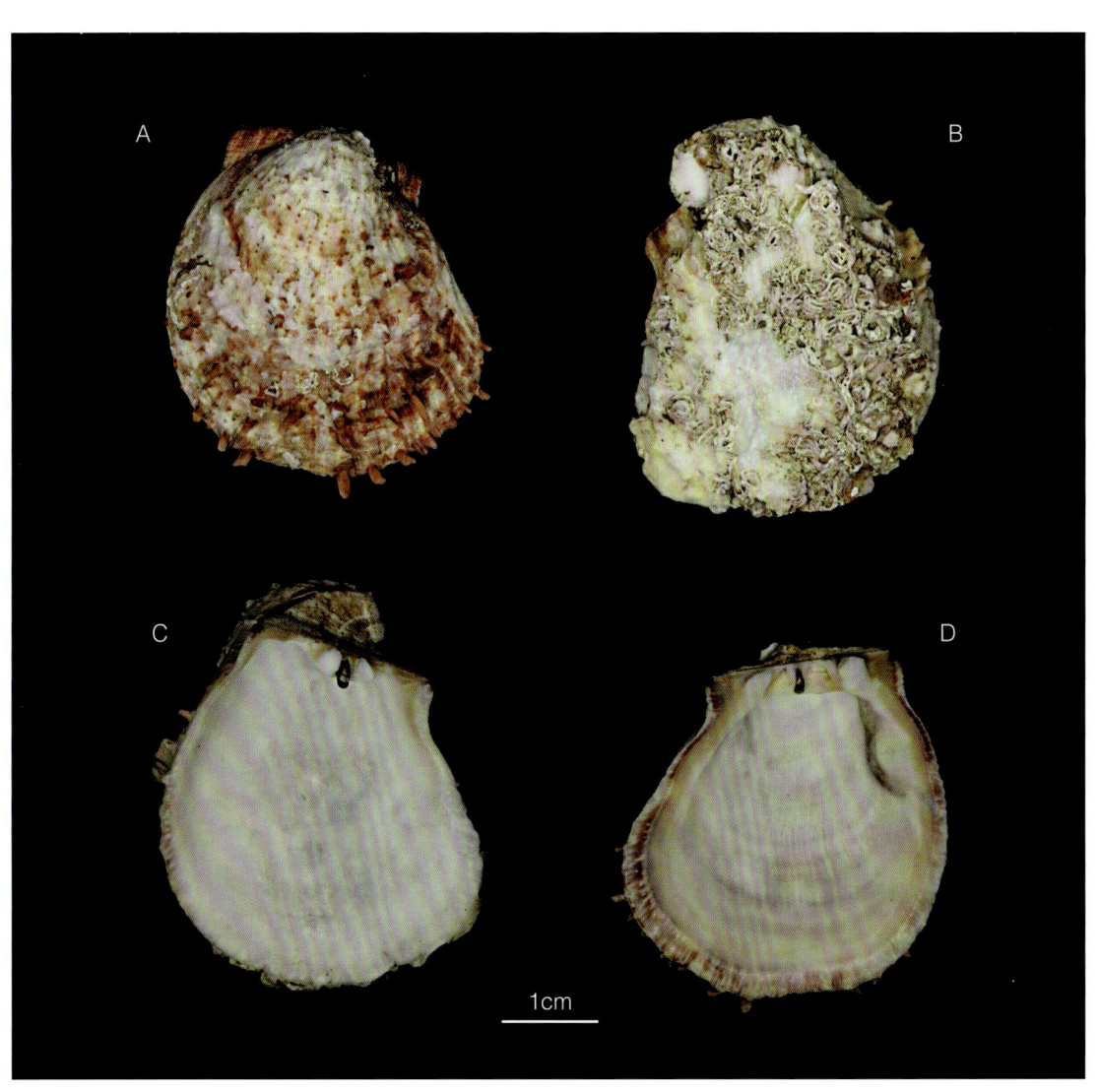

图 111 血色海菊蛤 *Spondylus squamosus* Schreibers, 1793
A. 左壳侧面观；B. 右壳侧面观；C. 右壳内面观；D. 左壳内面观

海月蛤科 Placunidae Rafinesque, 1815
海月蛤属 *Placuna* Lightfoot, 1786

海月
Placuna placenta (Linnaeus, 1758)

同物异名： Anomia placenta Linnaeus, 1758；*Ephippium transparens* Röding, 1798；*Placenta auriculata* Mörch, 1853；*Placenta communis* Megerle von Mühlfeld, 1811；*Placenta orbicularis* Philipsson, 1788；*Placuna orbicularis* (Philipsson, 1788)

标本采集地： 广东流沙湾。

形态特征： 贝壳较大，近圆形，薄而透明，极扁平。壳面呈银白色或乳白色，平滑有光泽，具有极细密的放射肋和生长线，近腹缘生长线呈鳞片状；壳内面白色，具云母光泽。铰合部大。韧带紫黑色，位于齿片和凹沟上。闭壳肌痕较小，呈圆形，位于壳中央。

生态习性： 栖息于潮间带至浅海沙或泥沙质海底。

地理分布： 台湾以南沿海；印度 - 西太平洋。

参考文献： 徐凤山和张素萍，2008；杨文等，2017；张永普等，2012。

图 112 海月 *Placuna placenta* (Linnaeus, 1758)
A. 左壳侧面观；B. 右壳侧面观

帘蛤目 Venerida

棱蛤科 Trapezidae Lamy, 1920 (1895)

新棱蛤属 *Neotrapezium* Habe, 1951

纹斑新棱蛤
Neotrapezium liratum (Reeve, 1843)

同物异名： *Cypricardia lirata* Reeve, 1843；*Trapezium japonicum* Pilsbry, 1905；*Trapezium japonicum delicatum* Pilsbry, 1905；*Trapezium liratum* (Reeve, 1843)；*Trapezium nipponicum* Yokoyama, 1922；*Trapezium ventricosum* Yokoyama, 1922

标本采集地： 广西防城港。

形态特征： 壳近长方形，壳质较厚，两壳相等。壳顶低平，位置近前端。壳表面同心刻纹粗糙，幼小个体有很细弱的放射线；壳灰白色，常有淡紫褐色条纹；壳内面白色，后部多为紫褐色。外套窦浅。

生态习性： 栖息于潮间带，附着于岩石缝中。

地理分布： 浙江以北沿海，台湾岛；印度 - 西太平洋。

经济意义： 肉可供食用。

参考文献： 徐凤山和张素萍，2008。

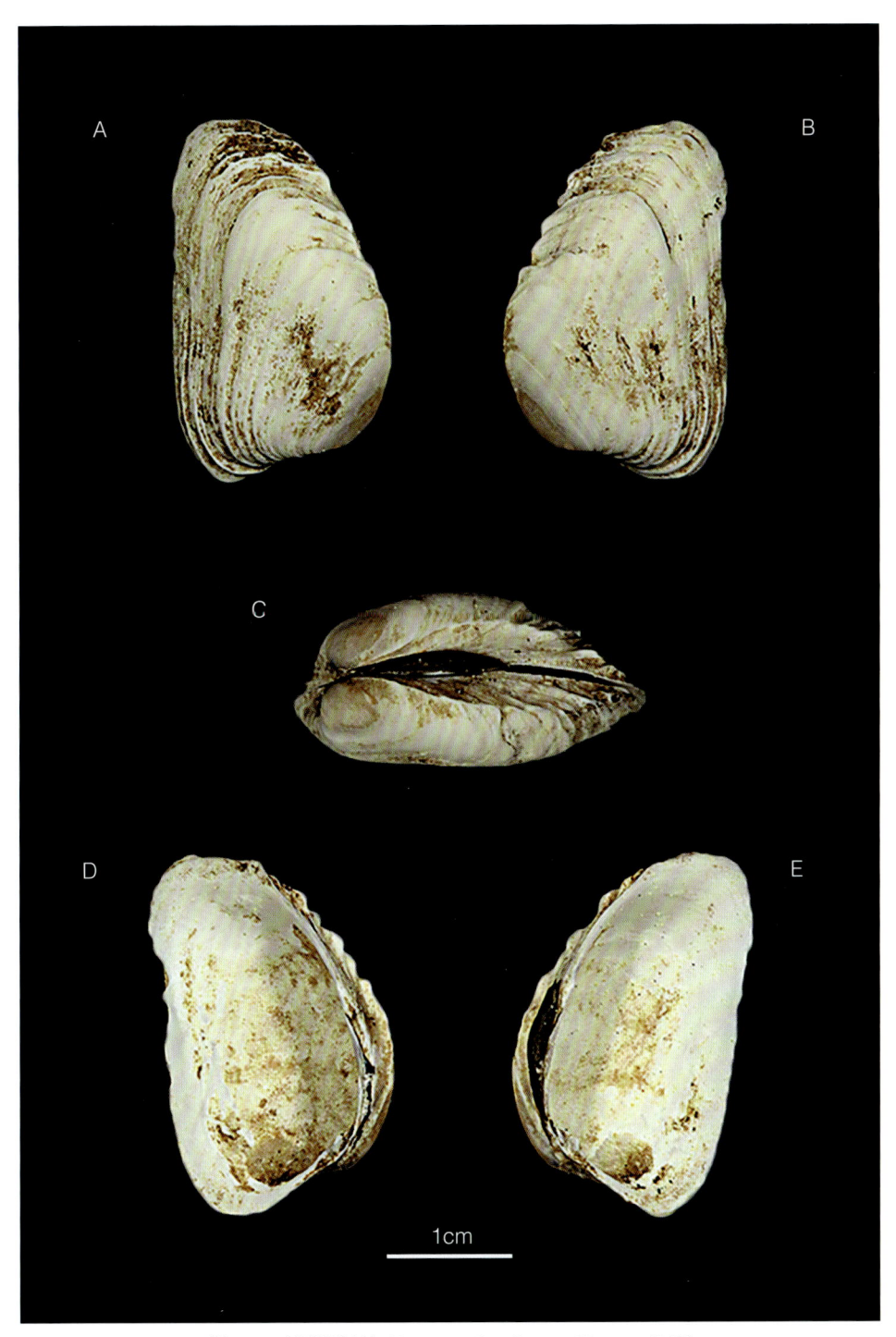

图 113 纹斑新棱蛤 *Neotrapezium liratum* (Reeve, 1843)
A. 左壳侧面观；B. 右壳侧面观；C. 顶面观；D. 右壳内面观；E. 左壳内面观

181

次光滑新棱蛤
Neotrapezium sublaevigatum (Lamarck, 1819)

同物异名： *Trapezium sublaevigatum* (Lamarck, 1819)

标本采集地： 广东大亚湾。

形态特征： 壳近长方形，壳质较厚，两壳相等，前后不等。前部细，后部宽。壳顶低平，位置近前端。有些个体壳表面的后背区有放射刻纹；壳的腹缘内陷，形成浅窦。外套窦极浅。

生态习性： 栖息于潮间带岩礁间。

地理分布： 福建以南沿海，台湾岛；印度-西太平洋。

经济意义： 肉可供食用。

参考文献： 徐凤山和张素萍，2008。

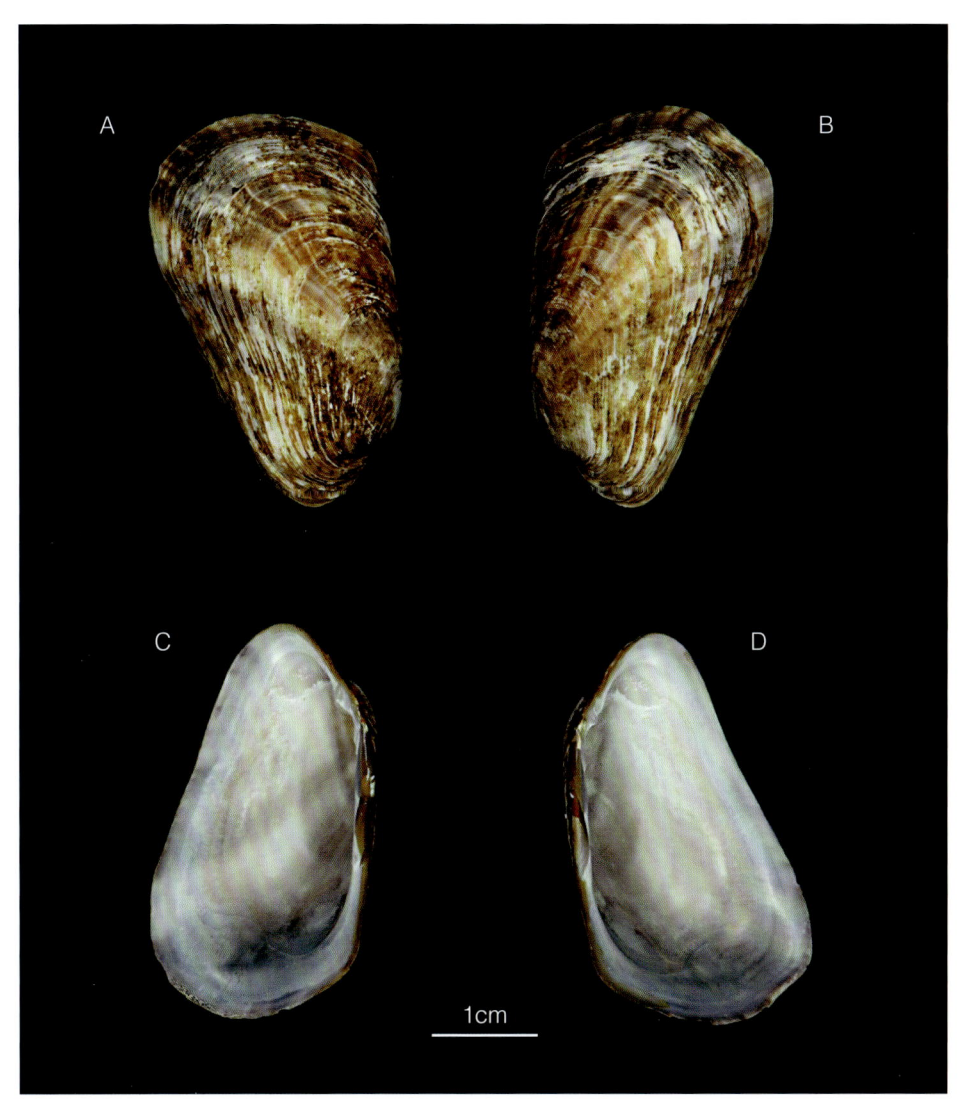

图 114 次光滑新棱蛤 *Neotrapezium sublaevigatum* (Lamarck, 1819)
A. 右壳侧面观；B. 左壳侧面观；C. 右壳内面观；D. 左壳内面观

蚬科 Cyrenidae Gray, 1840

硬壳蚬属 *Geloina* Gray, 1842

红树蚬
Geloina coaxans (Gmelin, 1791)

同物异名：*Cyclas zeylanica* Lamarck, 1806；*Cyrena buschii* R. A. Philippi, 1849；*Cyrena ceylonica* Mousson, 1849；*Cyrena fissidens* Pilsbry, 1894；*Cyrena impressa* Deshayes, 1855；*Cyrena proxima* Prime, 1864；*Cyrena sinuosa* Deshayes, 1855；*Cyrena suborbicularis* R. A. Philippi, 1848；*Cyrena tennentii* Hanley, 1858；*Polymesoda coaxans* (Gmelin, 1791)；*Polymesoda proxima* (Prime, 1864)；*Venus coaxans* Gmelin, 1791

标本采集地：广西防城港。

形态特征：壳呈三角卵圆形，壳质厚重，较膨胀。壳顶突出，前倾，位于近中央。壳黄灰色，被有黑褐色壳皮，顶部常磨损，表面具有同心刻纹；自壳顶到后腹缘有一浅的缢沟。韧带较长，黑褐色。铰合部具主齿3枚。

生态习性：栖息于半咸水中。

地理分布：台湾岛，海南岛；孟加拉国，菲律宾，澳大利亚。

经济意义：肉可供食用。

参考文献：徐凤山和张素萍，2008；王瑁等，2013。

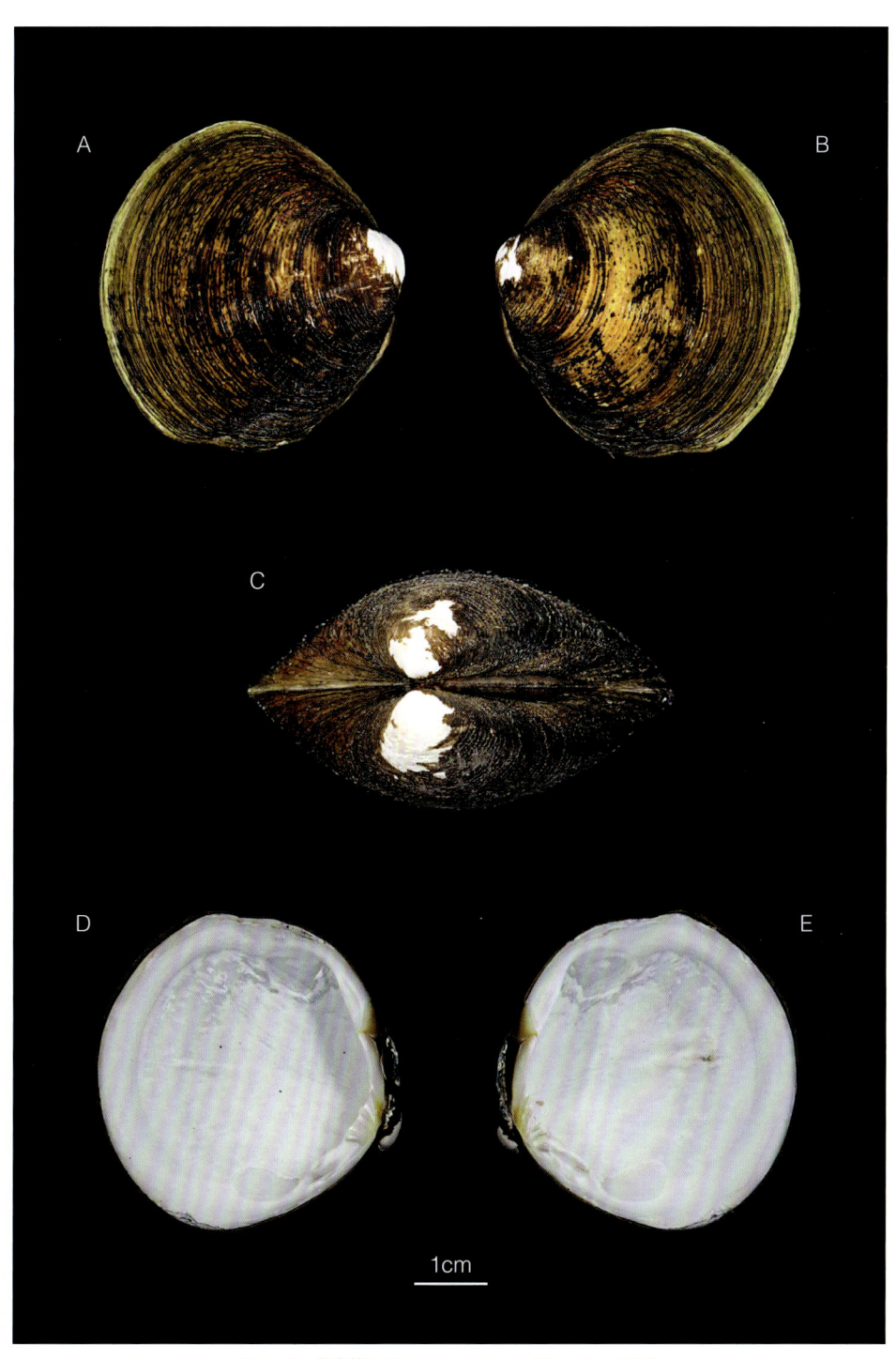

图 115　红树蚬 *Geloina coaxans* (Gmelin, 1791)
A. 左壳侧面观；B. 右壳侧面观；C. 顶面观；D. 左壳内面观；E. 右壳内面观

绿螂科 Glauconomidae Gray, 1853

绿螂属 *Glauconome* Gray, 1828

中国绿螂
Glauconome chinensis Gray, 1828

标本采集地： 广西防城港。

形态特征： 壳形小而细长，呈长卵圆形，壳顶位于背部中央之前；前端圆，后部细，末端尖。壳表面具有黄绿色壳皮，壳顶部常脱落而呈白色，壳皮在前后部常常会形成皱纹；壳表有较粗的同心纹。外套窦深，顶端圆，呈指状。右壳后主齿大而分叉，形成 2 个大的齿尖，左壳中主齿分叉。

生态习性： 栖息于潮间带上区的泥沙中。

地理分布： 福建，台湾岛，广东；日本，东南亚，孟加拉湾。

经济意义： 肉可供食用。

参考文献： 徐凤山和张素萍，2008；李琪，2019。

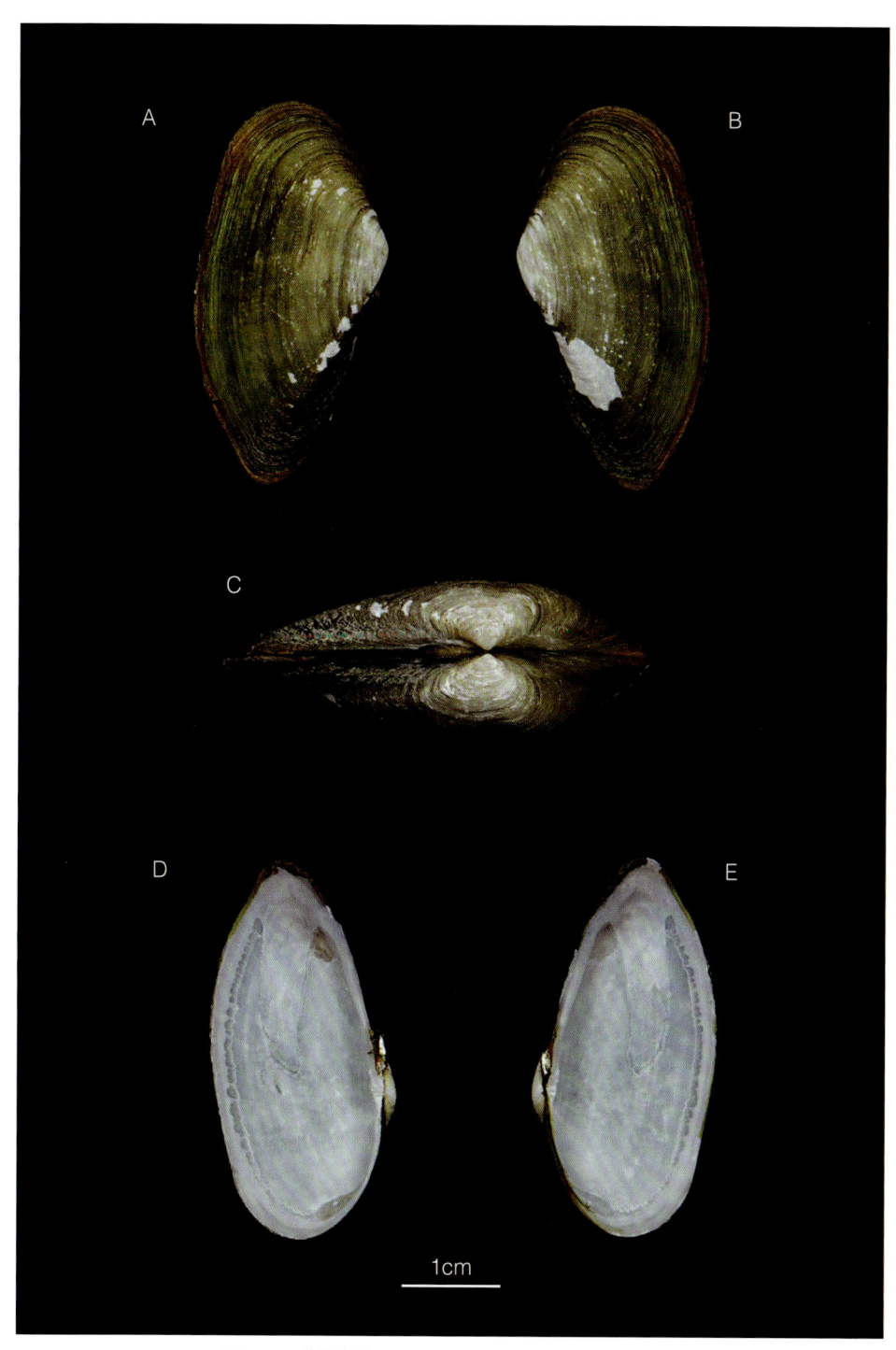

图 116　中国绿螂 *Glauconome chinensis* Gray, 1828
A. 左壳侧面观；B. 右壳侧面观；C. 顶面观；D. 左壳内面观；E. 右壳内面观

蛤蜊科 Mactridae Lamarck, 1809

蛤蜊属 *Mactra* Linnaeus, 1767

华丽蛤蜊
Mactra achatina Holten, 1802

同物异名： *Mactra adspersa* Dunker, 1849； *Mactra maculosa* Lamarck, 1818； *Mactra ornata* Gray, 1837

标本采集地： 福建，广东，海南，南沙群岛。

形态特征： 贝壳略呈长卵圆形，壳质较薄脆；壳顶紫色，位于背部中央之前；壳的前端略尖，前背缘微凸；后背缘较凸，后端尖。壳表面多紫色放射色带，并具细的同心纹。外套窦浅。

生态习性： 栖息于水深 60m 以内的砂质区。

地理分布： 台湾岛；日本。

经济意义： 肉可供食用。

参考文献： 徐凤山和张素萍，2008。

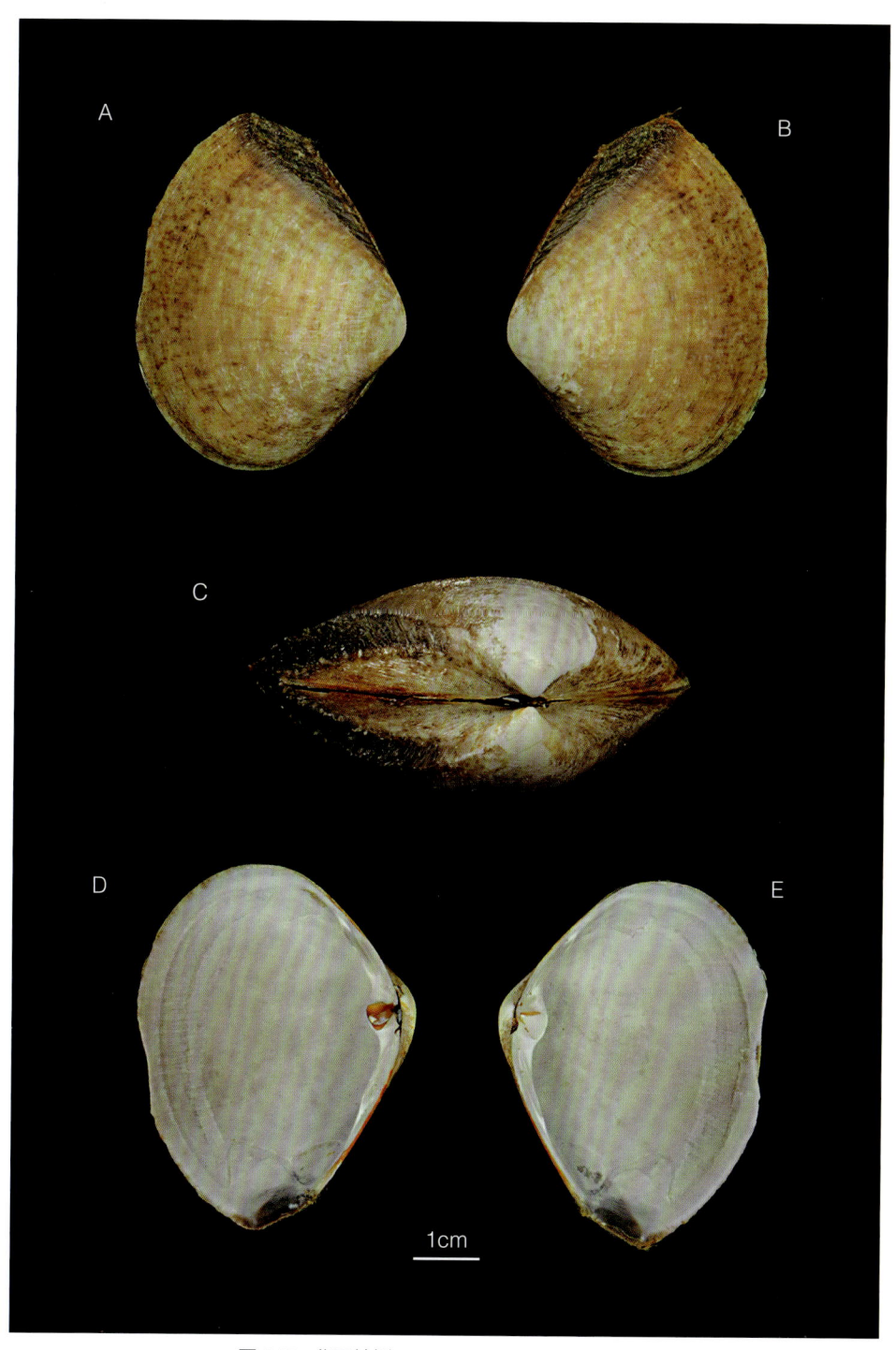

图 117　华丽蛤蜊 *Mactra achatina* Holten, 1802
A. 左壳侧面观；B. 右壳侧面观；C. 顶面观；D. 左壳内面观；E. 右壳内面观

高蛤蜊
Mactra alta Deshayes, 1855

标本采集地： 广东惠州大亚湾。

形态特征： 贝壳小型，多呈紫色，壳质坚硬，呈三角形；两壳较膨胀。壳表有光泽，多紫色同心生长纹。壳的前、后端尖。外套窦短而细。闭壳肌痕较大。

生态习性： 栖息于潮间带砂质区。

地理分布： 南海；澳大利亚。

经济意义： 肉可供食用。

参考文献： 徐凤山和张素萍，2008。

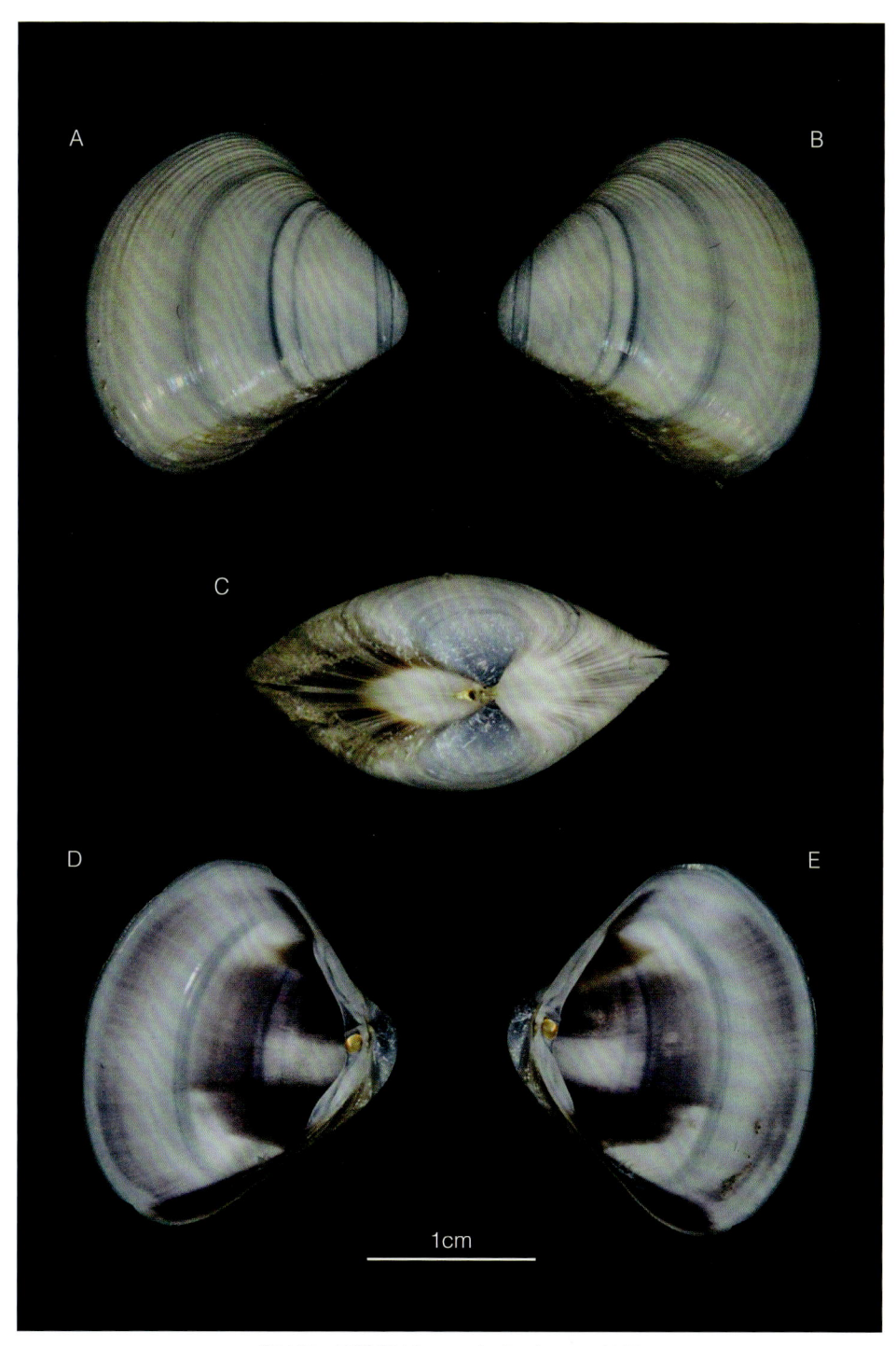

图 118　高蛤蜊 *Mactra alta* Deshayes, 1855
A. 左壳侧面观；B. 右壳侧面观；C. 顶面观；D. 左壳内面观；E. 右壳内面观

扁蛤蜊
Mactra antecedems Iredale, 1930

标本采集地： 福建，广东，海南，南沙群岛。

形态特征： 贝壳长卵圆形，壳质薄脆，侧扁；壳顶尖而低，位于背部中央之前；壳的前端圆，后部略尖；前背缘微下陷；后背缘微凸。壳皮土黄色，很薄；生长线较粗糙，壳顶到后端有一放射脊。外套窦较深，末端圆，不与外套线愈合。左壳前侧齿有2个峰，右壳前、后侧齿为双齿型，其侧齿齿片低而很短。

生态习性： 栖息于水深 12～51m。

地理分布： 南海；澳大利亚。

经济意义： 肉可供食用。

参考文献： 徐凤山和张素萍，2008。

图 119　扁蛤蜊 *Mactra antecedems* Iredale, 1930
A. 左壳侧面观；B. 右壳侧面观；C. 顶面观；D. 左壳内面观；E. 右壳内面观

西施舌
Mactra antiquata Spengler, 1802

同物异名： *Coelomactra antiquata* (Spengler, 1802)；*Mactra chemnitzii* Gray, 1837；*Mactra cornea* Reeve, 1854；*Mactra spectabilis* Lischke, 1871

标本采集地： 广东徐闻。

形态特征： 壳大型，呈三角形，壳表被以薄的黄色壳皮，壳质薄，较膨胀。壳顶突出，紫色，前倾，位于背部中央之前。小月面略凹，呈长心脏形，边缘不甚明显。楯面披针状。壳面具细的同心生长线。铰合部的内韧带槽大，倒"V"形主齿小。外套窦浅，末端圆。

生态习性： 栖息于沿海 10m 左右的浅水沙中。

地理分布： 黄海，东海，南海；西太平洋。

经济意义： 肉可供食用。

参考文献： 徐凤山和张素萍，2008；杨文等，2017；张永普等，2012。

图 120　西施舌 *Mactra antiquata* Spengler, 1802
A. 左壳侧面观；B. 右壳侧面观；C. 顶面观；D. 左壳内面观；E. 右壳内面观

四角蛤蜊
Mactra quadrangularis Reeve, 1854

同物异名： *Mactra bonneauii* Bernardi, 1858；*Mactra gibbosula* Reeve, 1854；*Mactra veneriformis* Reeve, 1854；*Mactra zonata* Lischke, 1871；*Trigonella quadrangularis* (Reeve, 1854)

标本采集地： 广东省湛江市徐闻县新寮镇。

形态特征： 壳质坚厚，略呈四角形。两壳极膨胀，贝壳宽度几乎与高度相等，壳顶突出，位于背缘中央略靠前方，尖端向前弯。贝壳具壳皮，顶部白色，幼小个体呈淡紫色，近腹缘为黄褐色，腹面边缘常有1条很浅的边缘。壳表面中部膨胀，生长线明显粗大，形成凹凸不平的同心环纹。贝壳内面白色，铰合部宽大，左壳具1个分叉的主齿，两壳前后侧齿发达，均呈片状，左壳单片，右壳双片。外韧带小，淡黄色，内韧带大，黄褐色。闭壳肌痕明显，前闭壳肌痕稍小，呈卵圆形，后闭壳肌痕稍大，近圆形。外套痕清楚，接近腹缘，外套窦不深，末端钝圆。足部发达，侧扁呈斧状，足孔大，外套膜具2层边缘，两水管愈合，淡黄色，末端具触手。

生态习性： 生活于河口潮间带中、下区及浅海泥砂质海域，栖息深度5～10cm。

地理分布： 台湾岛以及连云港以北沿海；俄罗斯，日本。

经济意义： 肉可供食用。

参考文献： 徐凤山和张素萍，2008；张素萍等，2016；李海燕等，2008。

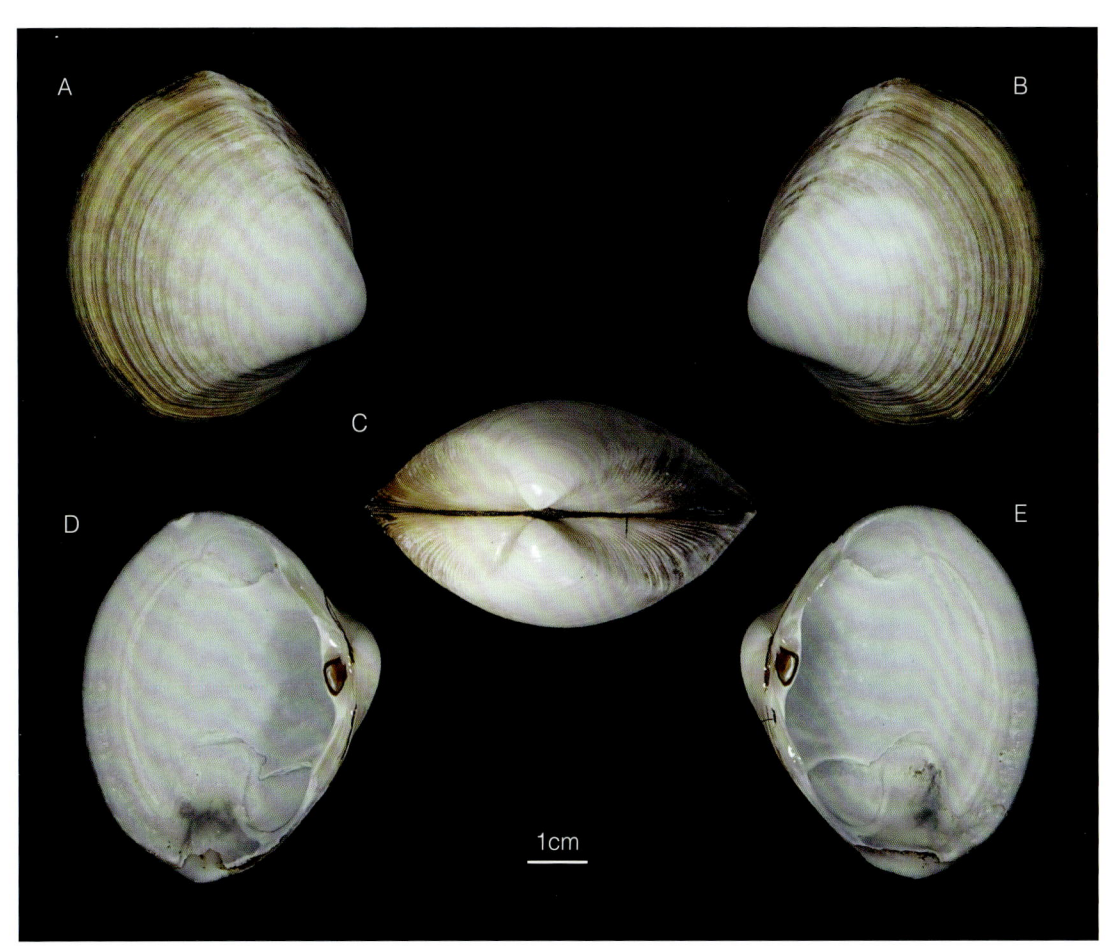

图 121　四角蛤蜊 *Mactra quadrangularis* Reeve, 1854
A. 左壳侧面观；B. 右壳侧面观；C. 顶面观；D. 左壳内面观；E. 右壳内面观

蛤蜊属分种检索表

1. 贝壳略呈长卵圆形 2
 - 贝壳略呈多角形 3
2. 壳的前端略尖，前背缘微凸；后背缘较凸，后端尖 .... 华丽蛤蜊 *Mactra achatina*
 - 壳的前端圆，前背缘微下陷；后部略尖，后背缘微凸 .... 扁蛤蜊 *Mactra antecedems*
3. 贝壳呈三角形 4
 - 贝壳略呈四角形 .... 四角蛤蜊 *Mactra quadrangularis*
4. 贝壳小型，壳质坚硬，壳表有光泽，多紫色同心生长纹 .... 高蛤蜊 *Mactra alta*
 - 贝壳大型，壳质薄脆，壳表被以薄的黄色壳皮 .... 西施舌 *Mactra antiquata*

帘蛤科 Veneridae Rafinesque, 1815

皱纹蛤属 *Periglypta* Jukes-Browne, 1914

布目皱纹蛤
Periglypta exclathrata (Sacco, 1900)

同物异名： *Antigona albocancellata* M. Huber, 2010；*Antigona clathrata* (Deshayes, 1854)；*Periglypta albocancellata* (M. Huber, 2010)；*Periglypta clathrata* (Deshayes, 1854)；*Venus clathrata* Deshayes, 1854

标本采集地： 海南三亚。

形态特征： 贝壳大型，壳质厚重，两壳膨胀，呈横卵圆形；壳前端圆，背后缘略向后倾斜，后缘略呈截状。壳面浅褐色，有不甚明显的放射状色带，放射肋与同心纹交织形成细密方格状；壳内面白色。小月面呈心脏形，界线十分明显。楯面窄、长披针形。外韧带棕黑色，下沉。铰合部大。外套痕明显，外套窦呈舌状。

生态习性： 栖息于潮间带及浅海珊瑚礁间杂泥沙的海底。

地理分布： 海南岛；印度 - 西太平洋。

经济意义： 肉可供食用。

参考文献： 庄启谦，1997；李琪，2019。

图 122　布目皱纹蛤 *Periglypta exclathrata* (Sacco, 1900)
A. 左壳侧面观；B. 右壳侧面观；C. 顶面观；D. 左壳内面观；E. 右壳内面观

雪蛤属 *Placamen* Iredale, 1925

头巾雪蛤
Placamen foliaceum (Philippi, 1846)

同物异名： *Anaitis foliacea* (R. A. Philippi, 1846)；*Bassina foliacea* (R. A. Philippi, 1846)；*Chione foliacea* (R. A. Philippi, 1846)；*Clausinella foliacea* (R. A. Philippi, 1846)；*Venus foliacea* R. A. Philippi, 1846

标本采集地： 广东雷州半岛。

形态特征： 壳型中等大小，呈三角卵圆形，壳质厚重。壳顶位于前方约壳长的 1/4 处。小月面凹，心脏形。楯面长，中凹。韧带黄褐色。壳面白色，有瓷质感，有放射状红褐色色带 3 条。同心生长肋很宽、平厚，有时具瓷质光泽，肋片向壳顶方向卷曲，约 13 条。壳内面白色，内缘具小齿。铰合部有主齿 3 枚。前闭壳肌痕呈卵圆形；后闭壳肌痕近圆形。外套窦较深，舌状。

生态习性： 栖息于潮间带到水下 80m 的泥质砂。

地理分布： 南海；印度 - 西太平洋。

经济意义： 肉可供食用。

参考文献： 徐凤山和张素萍，2008；杨文等，2017；李琪，2019。

图 123 头巾雪蛤 *Placamen foliaceum* (Philippi, 1846)
A. 左壳侧面观；B. 右壳侧面观；C. 顶面观；D. 左壳内面观；E. 右壳内面观

伊萨伯雪蛤
Placamen isabellina (Philippi, 1849)

同物异名： *Venus isabellina* R. A. Philippi, 1849

标本采集地： 广西防城港，海南岛。

形态特征： 壳形和壳面刻纹均与美叶雪蛤相似，但本种同心生长肋更密、数量更多，但比较低矮。壳呈三角卵圆形。壳长与壳高近相等，质厚而扁平，前端微显屈曲。小月面小，呈心脏形。楯面梭状，光滑，向内凹陷。韧带弱，栗色。壳表面和内面均白色，内缘具小齿。铰合部向前倾斜，有主齿3枚。前闭壳肌痕狭长，呈瓜子形；后闭壳肌痕近卵圆形。外套窦短，舌状。

生态习性： 栖息于潮间带，常出现在大叶草丛中，在浅海区 80m 深处也有分布。

地理分布： 福建以南；西太平洋。

经济意义： 肉可供食用。

参考文献： 徐凤山和张素萍，2008；杨文等，2017；李琪，2019。

图 124　伊萨伯雪蛤 Placamen isabellina (Philippi, 1849)
A. 左壳侧面观；B. 右壳侧面观；C. 顶面观；D. 左壳内面观；E. 右壳内面观

美叶雪蛤
Placamen lamellatum (Röding, 1798)

同物异名： *Chione calophylla* (R. A. Philippi, 1836); *Clausinella calophylla* (R. A. Philippi, 1836); *Placamen calophyllum* (R. A. Philippi, 1836); *Venus calophylla* R. A. Philippi, 1836; *Venus lamellata* Röding, 1798; *Venus thiara* Dillwyn, 1817; Sensu G. B. Sowerby I, 1834; *Venus tiara* Dillwyn, 1817

标本采集地： 广西北部湾。

形态特征： 贝壳中等大，白色，呈三角形。壳顶突出，前倾，位于背部前端约1/3处，壳高略小于壳长。小月面极显著，呈心脏形，周围下陷。楯面披针状，略下陷，表面光滑。同心生长肋突出壳面很高、叶片状，肋间距宽；壳内面白色，具光泽。铰合部呈弓形，主齿3枚，两壳中主齿都很发达，无前侧齿。前闭壳肌痕呈瓜子形；后闭壳肌痕呈马蹄形。外套窦小，短三角形。

生态习性： 栖息于潮间带下区及30m以内的浅海。

地理分布： 东海，南海；印度 - 西太平洋。

经济意义： 肉可供食用。

参考文献： 徐凤山和张素萍，2008；杨文等，2017；李海燕等，2008；李琪，2019。

雪蛤属分种检索表

1. 同心生长肋很宽、平厚，有时具瓷质光泽 .... 头巾雪蛤 *Placamen foliaceum*
 - 同心生长肋薄、锐利 2
2. 同心生长肋突出壳面很高、叶片状，肋间距宽 .... 美叶雪蛤 *Placamen lamellatum*
 - 同心生长肋略突出壳面，肋间距稍窄 .... 伊萨伯雪蛤 *Placamen isabellina*

图 125 美叶雪蛤 *Placamen lamellatum* (Röding, 1798)
A. 左壳侧面观；B. 右壳侧面观；C. 顶面观；D. 左壳内面观；E. 右壳内面观

美女蛤属 *Circe* Brandt, 1835

面具美女蛤
Circe scripta (Linnaeus, 1758)

同物异名： *Circe albida* Deshayes, 1853；*Circe fulgurata* Reeve, 1863；*Circe oblonga* Deshayes, 1853；*Circe personata* Deshayes, 1854；*Circe sugillata* Reeve, 1863；*Circe violacea* Schumacher, 1817；*Cytherea scripta* Lamarck, 1818；*Venus (Cytherea) robillardi* Römer, 1869；*Venus scripta* Linnaeus, 1758；*Venus stutzeri* Donovan, 1824

标本采集地： 广东雷州半岛。

形态特征： 壳呈三角卵圆形。两壳侧扁。壳顶位于背缘中央。小月面呈长梭形，棕褐色。壳表面多为奶黄色，有不规则的棕色花纹和斑点，生长线细密，突出壳面；壳内面白色，但后闭壳肌痕附近为棕色，是一大特点。前、后闭壳肌痕均呈长卵圆形。外套窦极浅。

生态习性： 栖息于浅海沙质底。

地理分布： 浙江南麂列岛以南沿海；印度 - 西太平洋，澳大利亚。

经济意义： 肉可供食用。

参考文献： 徐凤山和张素萍，2008；杨文等，2017。

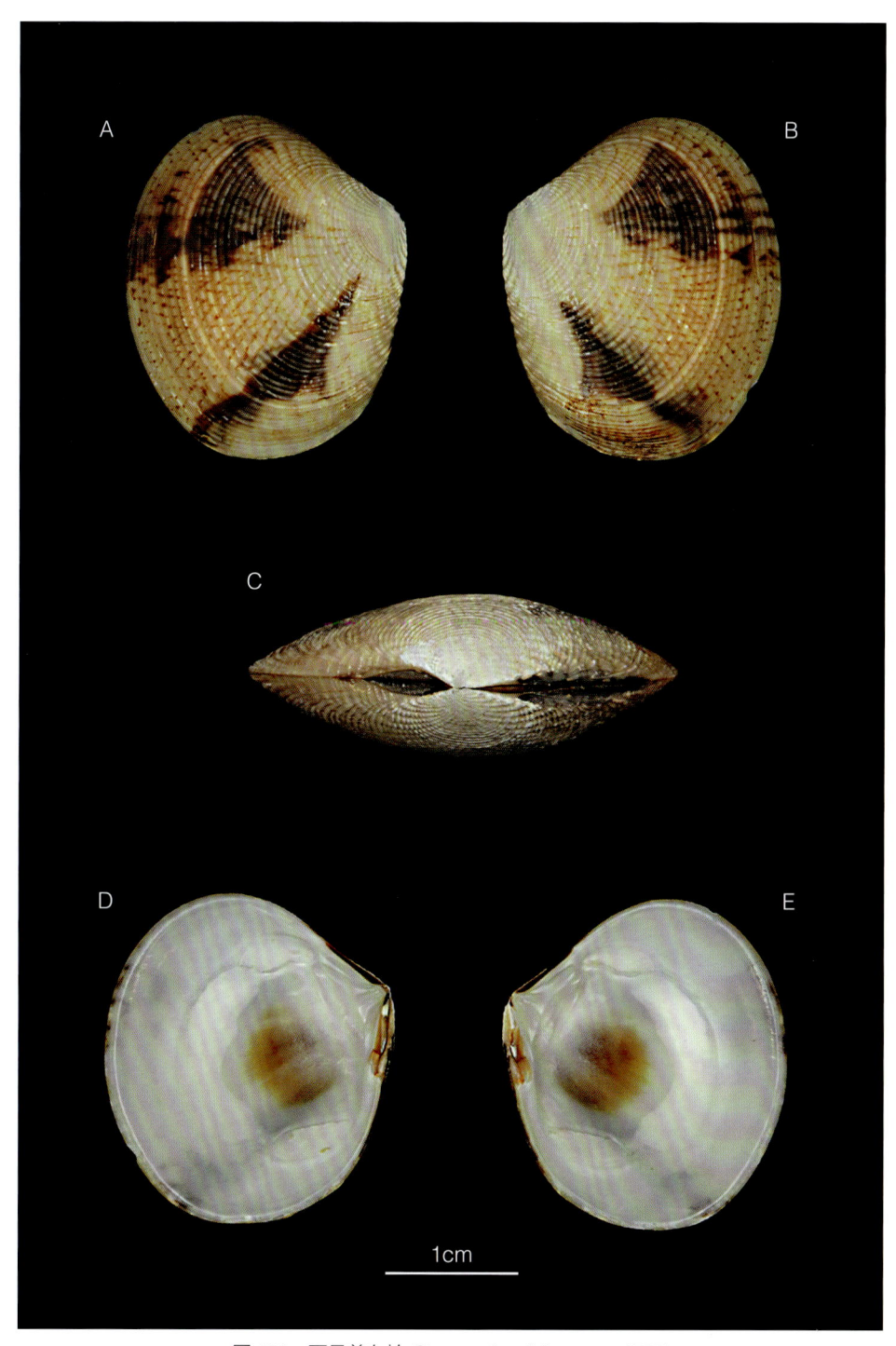

图 126　面具美女蛤 *Circe scripta* (Linnaeus, 1758)
A. 左壳侧面观；B. 右壳侧面观；C. 顶面观；D. 左壳内面观；E. 右壳内面观

华丽美女蛤
Circe tumefacta G. B. Sowerby II, 1851

标本采集地： 广东流沙湾。

形态特征： 壳卵圆形，两壳稍侧扁，与面具美女蛤较为相似。壳表面散布着棕色锯齿状花纹，但多变化无常；壳内面白色。

生态习性： 栖息于浅海沙质底。

地理分布： 南海；澳大利亚。

经济意义： 肉可供食用。

参考文献： 徐凤山和张素萍，2008。

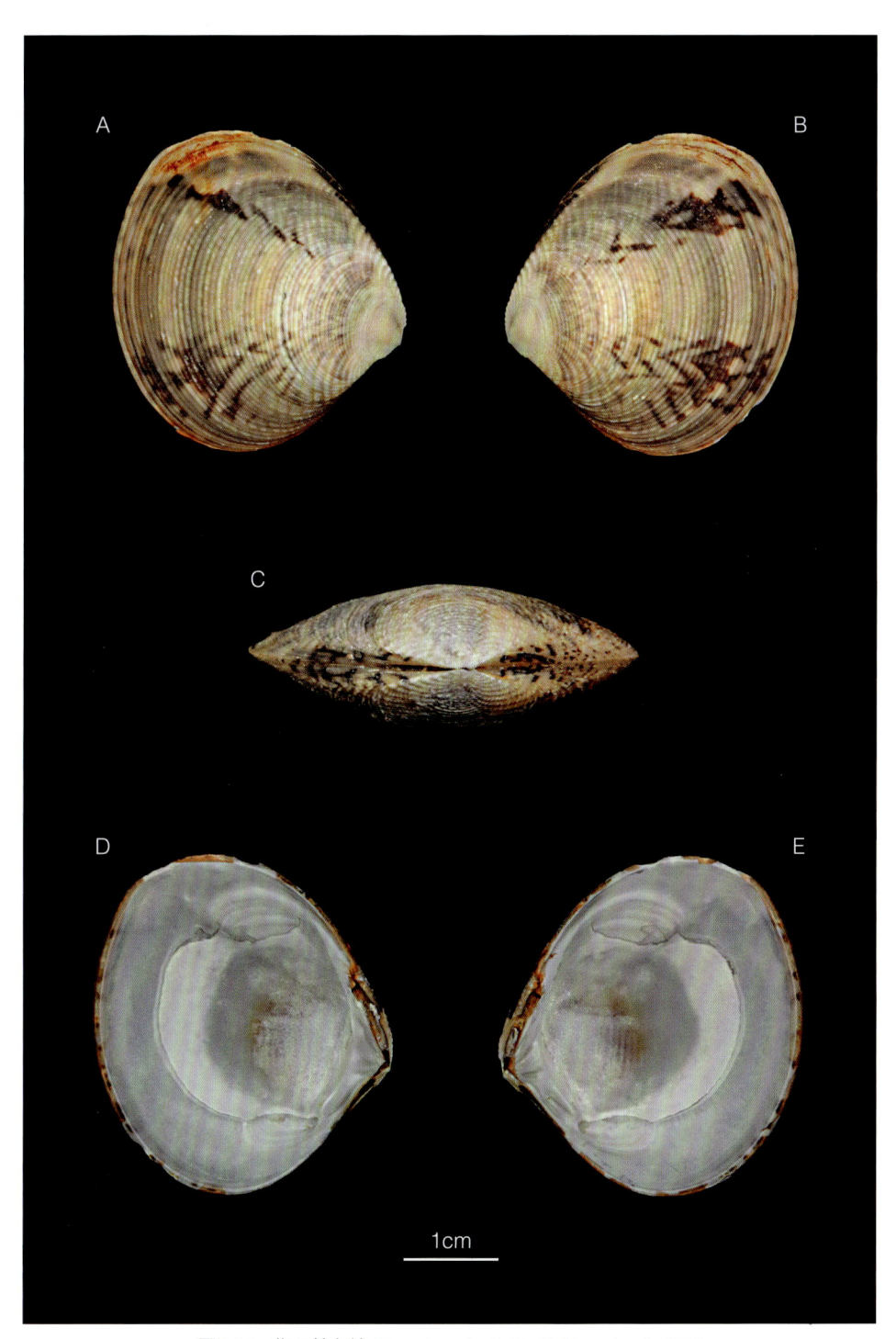

图 127　华丽美女蛤 *Circe tumefacta* G. B. Sowerby II, 1851
A. 左壳侧面观；B. 右壳侧面观；C. 顶面观；D. 左壳内面观；E. 右壳内面观

加夫蛤属 *Gafrarium* Röding, 1798

凸加夫蛤
Gafrarium pectinatum (Linnaeus, 1758)

同物异名：*Circe pectinata* (Linnaeus, 1758)；*Circe pythinoides* Tenison Woods, 1878；*Crista pectinata* (Linnaeus, 1758)；*Cytherea pectinata* Lamarck, 1818；*Cytherea pectinata* var. *immaculata* G. B. Sowerby I, 1835；*Gafrarium cardiodeum* Röding, 1798；*Gafrarium costatum* Röding, 1798；*Gafrarium depressum* Röding, 1798；*Venus pectinata* Linnaeus, 1758；*Gafrarium pectinatum* (Linnaeus, 1758)

标本采集地：海南岛。

形态特征：贝壳呈长卵圆形，两壳较膨胀，壳质坚厚。两壳大小相等，两侧不等。壳顶低，前倾，位于前端 1/3 处。小月面长卵圆形，紫褐色。楯面狭长，中凹。外韧带下沉。壳表面黄褐色或黄白色，同心生长纹细密；放射肋与生长纹交织形成念珠状放射结节，但壳后部结节不明显；壳内面白色，内缘具小齿。铰合部两壳各有 3 枚主齿。前闭壳肌痕呈长卵圆形，后闭壳肌痕近马蹄状。

生态习性：栖息于潮间带至浅海 20m 沙质海底、埋栖很浅。

地理分布：台湾岛，海南岛；印度 - 西太平洋。

经济意义：肉可供食用。

参考文献：庄启谦，1997；徐凤山和张素萍，2008；李海燕等，2008。

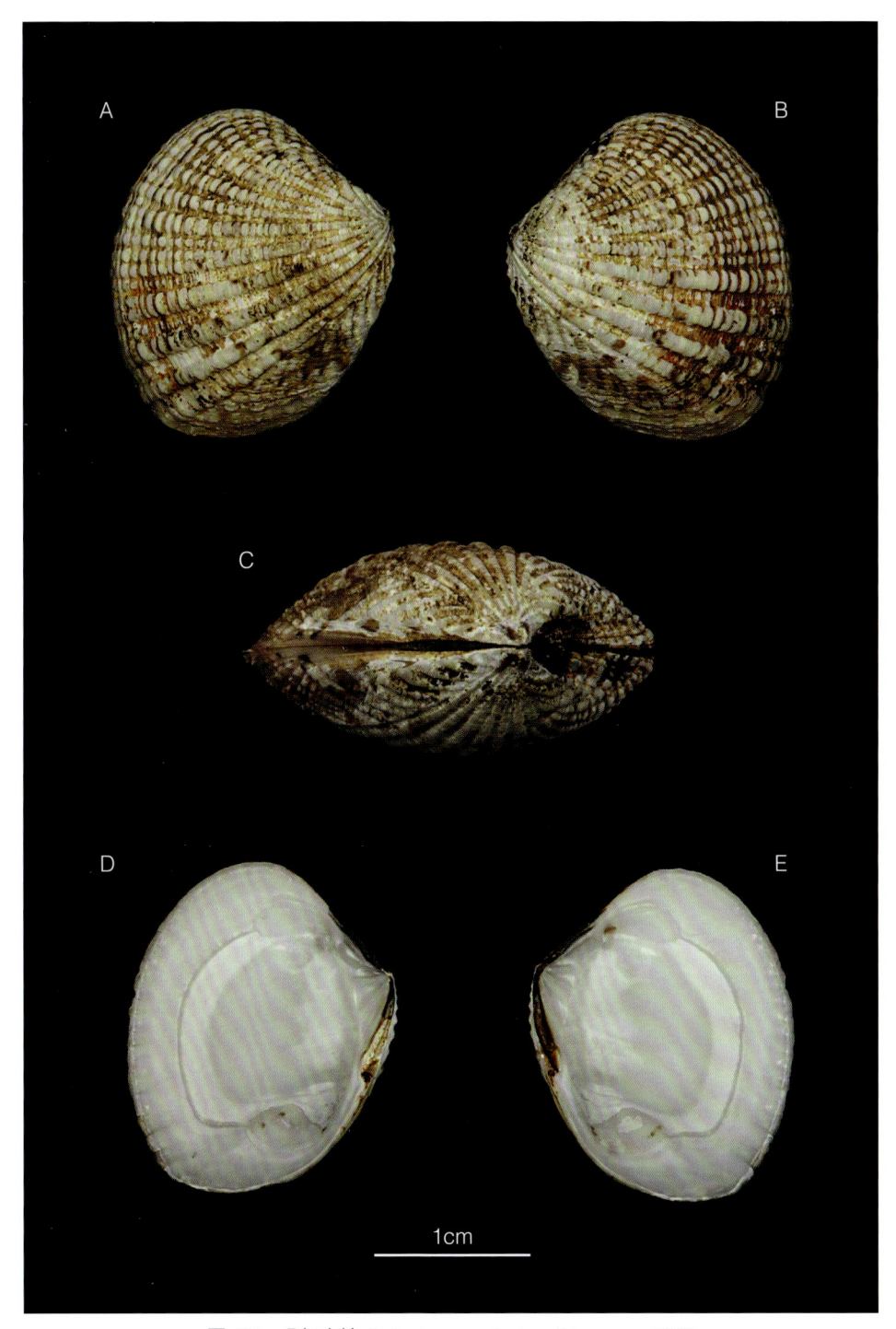

图 128　凸加夫蛤 *Gafrarium pectinatum* (Linnaeus, 1758)
A. 左壳侧面观；B. 右壳侧面观；C. 顶面观；D. 左壳内面观；E. 右壳内面观

歧脊加夫蛤
Gafrarium divaricatum (Gmelin, 1791)

同物异名： *Circe divaricata* (Gmelin, 1791)； *Circe marmorata* Reeve, 1863； *Circe transversaria* Deshayes, 1854； *Cytherea testudinalis* Lamarck, 1818； *Venus divaricata* Gmelin, 1791

标本采集地： 海南三亚鹿回头。

形态特征： 壳呈三角卵圆形，两壳侧扁。壳顶扁平而尖，两壳顶非常接近。小月面长，呈长椭圆形，近黑色。楯面狭窄，韧带棕褐色。贝壳颜色多变化。生长线细且显著，排列密集，仅在壳后部有细的斜行放射刻纹。壳内面白色，内缘具细齿。铰合部有主齿3枚，前侧齿1～2枚。前后闭壳肌痕清楚，前闭壳肌痕长卵圆形，后闭壳肌痕近梨形。外套窦极浅。

生态习性： 栖息于潮间带石砾中。

地理分布： 浙江南麂岛以南沿海；印度 - 西太平洋。

经济意义： 肉可供食用。

参考文献： 徐凤山和张素萍，2008；杨文等，2017；李海燕等，2008；张永普等，2012。

图 129 歧脊加夫蛤 *Gafrarium divaricatum* (Gmelin, 1791)
A. 左壳侧面观；B. 右壳侧面观；C. 顶面观；D. 左壳内面观；E. 右壳内面观

卵蛤属 *Pitar* Römer, 1857

细纹卵蛤
Pitar striatus (Gray, 1838)

标本采集地： 广东流沙湾。

形态特征： 壳呈长椭圆形，壳质较厚，壳顶位于背缘中部偏前。小月面略下沉，呈长心状。楯面长披针状。韧带黄棕色。壳面紫黄色或橙黄色，生长线细密不规则。壳内面白色。铰合部窄长，有主齿3枚，前侧齿1～2枚。前闭壳肌痕呈长梨形；后闭壳肌痕马蹄状。外套窦较深，前端尖；外套痕不甚明显。

生态习性： 栖息于潮间带和潮下带浅水区、泥沙底。

地理分布： 台湾岛，广东；日本。

经济意义： 肉可供食用。

参考文献： 徐凤山和张素萍，2008；杨文等，2017；李琪，2019。

图 130　细纹卵蛤 *Pitar striatus* (Gray, 1838)
A. 左壳侧面观；B. 右壳侧面观；C. 顶面观；D. 左壳内面观；E. 右壳内面观

镜蛤属 *Dosinia* Scopoli, 1777

日本镜蛤
Dosinia japonica (Reeve, 1850)

同物异名： Artemis japonica Reeve, 1850

标本采集地： 广西麻蓝岛。

形态特征： 壳质坚厚，呈近圆形，较扁平，长度略大于高度。小月面呈心脏形，其周围形成很深的凹沟；楯面狭长，呈披针状。壳背缘前端凹入，后面略呈截状，腹缘圆。韧带棕黄色，陷入两壳之间。壳表面略突起，无放射肋，同心生长轮脉极明显，轮脉间形成浅的沟纹。壳内面白色或淡黄色，具光泽。铰合部宽，右壳有主齿3个，前端2个较小，呈"八"字形排列，左壳主齿3个：前主齿薄，中主齿粗，后主齿长。前闭壳肌痕较狭长，呈半圆状，后闭壳肌痕较大，呈卵圆状。外套痕明显，外套窦深，尖端约伸展到壳中部，呈锥状。

生态习性： 栖息于潮间带中潮区浅海泥沙滩中，水深10cm。

地理分布： 中国近海；俄-日-中海域。

经济意义： 肉可供食用。

参考文献： 徐凤山和张素萍，2008；杨文等，2017；王瑁等，2013。

图 131　日本镜蛤 *Dosinia japonica* (Reeve, 1850)
A. 左壳侧面观；B. 右壳侧面观；C. 顶面观；D. 左壳内面观；E. 右壳内面观

缀锦蛤属 *Tapes* Megerle von Mühlfeld, 1811

短圆缀锦蛤
Tapes sulcarius (Lamarck, 1818)

同物异名： *Paphia sulcaria* (Lamarck, 1818)；*Venus deshayesiana* Bianconi, 1856；*Venus sulcarius* Lamarck, 1818；*Venus variopicta* Bianconi, 1856

标本采集地： 福建，广东，海南，南沙群岛。

形态特征： 壳中、小型，壳质厚重，两壳膨胀。壳顶突出。小月面呈心脏形，微下陷，色泽深。楯面界线不清。壳表面有棕褐色花纹，常伴有较深颜色的色带；壳面同心生长肋密，排列有接合；壳内面浅红色。外套窦细而短，呈舌状，指向前端。

生态习性： 栖息于泥沙滩。

地理分布： 东海，南海。

经济意义： 肉可供食用。

参考文献： 徐凤山和张素萍，2008；王瑁等，2013。

图 132　短圆缀锦蛤 *Tapes sulcarius* (Lamarck, 1818)
A. 左壳侧面观；B. 右壳侧面观；C. 顶面观；D. 右壳内面观；E. 左壳内面观

钝缀锦蛤
Tapes conspersus (Gmelin, 1791)

同物异名： *Paphia guttulata* Röding, 1798； *Tapes adspersa* Römer, 1870； *Tapes dorsatus* (Lamarck, 1818)； *Tapes turgidula* Deshayes, 1853； *Tapes watlingi* Iredale, 1958； *Venus dorsata* Lamarck, 1818； *Venus litterata* var. *conspersa* Gmelin, 1791； *Venus ovulaea* Lamarck, 1818； *Venus turgida* Lamarck, 1818

标本采集地： 海南三亚。

形态特征： 贝壳大型，略呈四方形，壳质较脆；壳顶位于中央之前，不突出。小月面长矛状，略凹。楯面狭长，呈披针形，凹陷，生长线在其周缘突起。壳面同心纹呈肋状，突出壳面高，肋间沟深；壳后部钝，隆起，后端截状，腹缘钝，壳表面有不明显的斑点和花纹。外套窦短，呈舌状，指向壳顶区。前后闭壳肌痕发达，后闭壳肌痕近圆形。铰合部小，左右壳具主齿3枚，无侧齿。

生态习性： 栖息于潮间带下部和浅海的泥沙质海底，营埋栖生活。

地理分布： 广东，香港，海南岛；日本，菲律宾，印度，澳大利亚，新西兰等地。

经济意义： 肉可供食用。

参考文献： 庄启谦，1997；徐凤山和张素萍，2008；李琪，2019。

图 133　钝缀锦蛤 *Tapes conspersus* (Gmelin, 1791)
A. 左壳侧面观；B. 右壳侧面观；C. 顶面观；D. 左壳内面观；E. 右壳内面观

四射缀锦蛤
Tapes belcheri Sowerby, 1852

同物异名： *Tapes grata* Deshayes, 1854；*Tapes obscurata* Deshayes, 1854；*Tapes phenax* Pilsbry, 1901；*Tapes quadriradiata* Deshayes, 1854

标本采集地： 广西廉州湾。

形态特征： 贝壳中等大小，长卵圆形，背部和中央部略膨胀。壳顶不突出，前端略短，尖瘦，后端钝圆。小月面棕褐色，呈长披针形，并有深褐色条纹。楯面长，界线不明显。壳表面有 4 条深褐色的放射色带；壳面同心生长肋密，排列不接合；肋间沟很浅，生长肋在近壳顶部细密，往腹缘逐渐加粗。铰合部较短。前闭壳肌痕三角卵圆形。外套窦痕较浅，外套窦宽而短，顶端圆，指向前端。

生态习性： 栖息于泥沙滩中。

地理分布： 海南岛；日本，菲律宾，新加坡，泰国湾，缅甸，斯里兰卡，也门，毛里求斯等地。

经济意义： 肉可供食用。

参考文献： 庄启谦，1997；徐凤山和张素萍，2008；李琪，2019。

缀锦蛤属分种检索表

1. 贝壳大型；壳面同心纹呈肋状，突出壳面高，肋间沟深；壳后部钝，隆起，后端截状，腹缘钝 ....钝缀锦蛤 *Tapes conspersus*
 - 贝壳大或中等大小；壳面同心生长纹平，宽，微突出壳面，肋间沟较浅 2
2. 体稍长，同心生长肋密，排列不接合..四射缀锦蛤 *Tapes belcheri*
 - 体短，同心生长肋密，排列有接合 ....短圆缀锦蛤 *Tapes sulcarius*

图 134　四射缀锦蛤 *Tapes belcheri* Sowerby, 1852
A. 左壳侧面观；B. 右壳侧面观；C. 顶面观；D. 左壳内面观；E. 右壳内面观

蛤仔属 *Ruditapes* Chiamenti, 1900

菲律宾蛤仔
Ruditapes philippinarum (Adams & Reeve, 1850)

标本采集地： 广西防城港。

形态特征： 壳卵圆形，壳质坚厚，膨胀。壳顶稍凸出，先端尖，稍向前方弯曲，位于背缘的靠前方，由壳顶至贝壳前端的距离约等于壳全长的 1/3。小月面宽，椭圆形或略呈梭形，楯面呈梭形，韧带长，突出。壳前端边缘椭圆，后端边缘略呈截状。壳表面灰黄色或灰白色，有的具有带状花纹或褐色斑点。壳面有细密的放射肋，此肋与自壳顶同心排列的生长轮脉交错形成布纹状，顶端放射肋极细弱，至腹面逐渐加粗。壳内面淡灰色或肉红色。铰合部每壳各具主齿 3 个，左壳中央主齿与右壳前主齿分叉。前闭壳肌痕半圆形，后闭壳肌痕圆形。外套痕明显，外套窦深，前端圆形。

生态习性： 栖息于潮间带到水下 20m 深处。

地理分布： 中国沿海；印度 - 西太平洋。

经济意义： 肉可供食用。

参考文献： 徐凤山和张素萍，2008；杨文等，2017；李琪，2019。

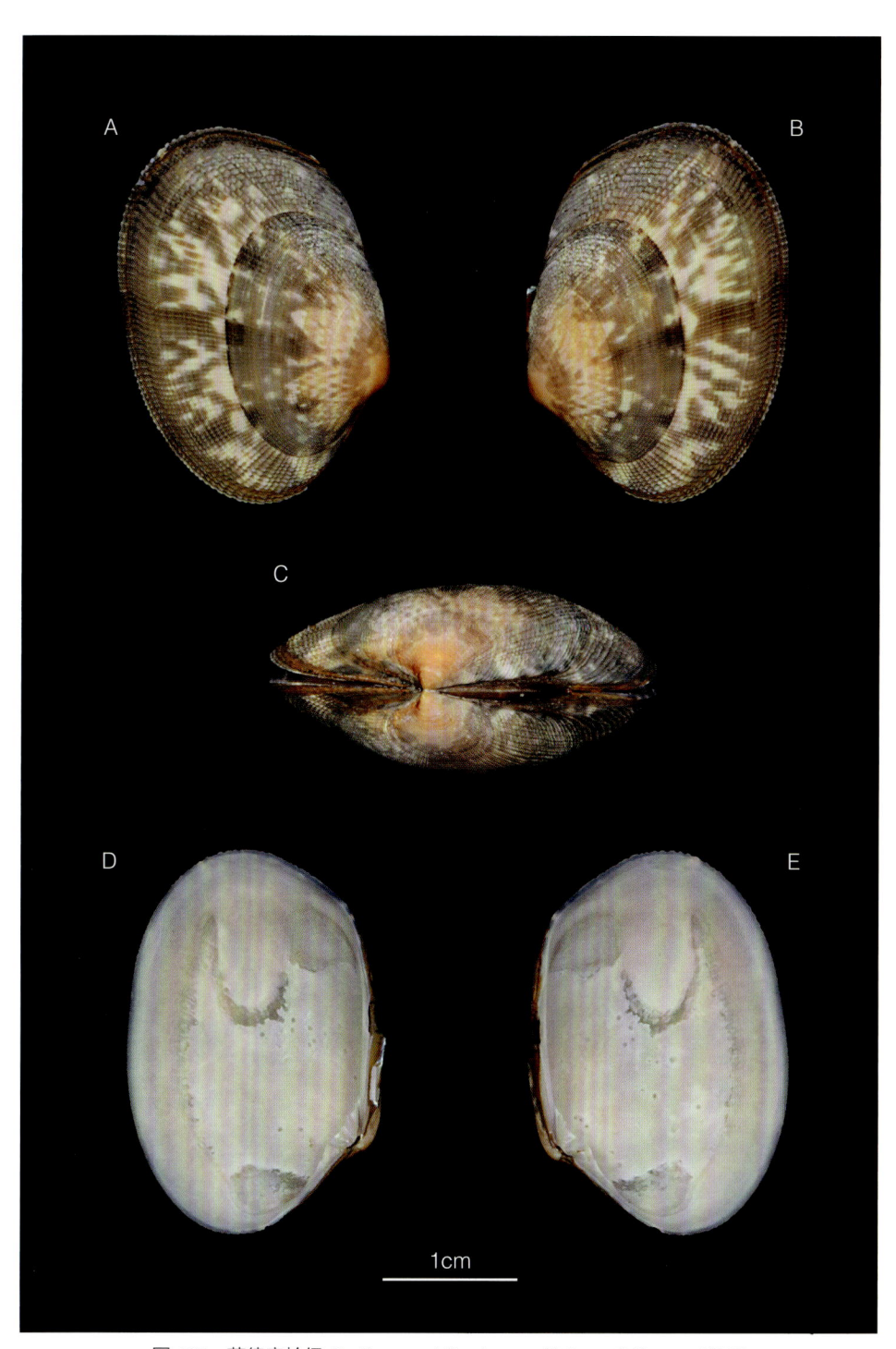

图 135 菲律宾蛤仔 *Ruditapes philippinarum* (Adams & Reeve, 1850)
A. 左壳侧面观;B. 右壳侧面观;C. 顶面观;D. 左壳内面观;E. 右壳内面观

格特蛤属 *Marcia* H. Adams & A. Adams, 1857

裂纹格特蛤
Marcia hiantina (Lamarck, 1818)

同物异名： Venus rimularis Lamarck, 1818

标本采集地： 广西北海。

形态特征： 壳形多变化，中小型，壳长与壳高近相等，两壳膨胀。壳顶突出，前倾。壳表面有较粗的同心肋，以及断续的放射色带。小月面呈宽叶形，界线较明显；壳内面白色。铰合部3枚主齿分散排列，齿间的距离几乎相等；左壳前主齿尖而高，齿缘具沟，中央主齿大、两分叉；右壳前主齿较小。前闭壳肌痕较小，呈半月形；后闭壳肌痕大，呈圆形。外套窦弯入深，呈指状。

生态习性： 栖息于潮间带中潮区和低潮区的泥沙滩中。

地理分布： 福建，广东，广西，海南岛；印度-西太平洋。

经济意义： 肉可供食用。

参考文献： 庄启谦，1997；徐凤山和张素萍，2008；李琪，2019。

图 136 裂纹格特蛤 *Marcia hiantina* (Lamarck, 1818)
A. 左壳侧面观；B. 右壳侧面观；C. 顶面观；D. 左壳内面观；E. 右壳内面观

薄盘蛤属 *Macridiscus* Dall, 1902

等边薄盘蛤
Macridiscus aequilatera (G. B. Sowerby I, 1825)

同物异名： *Donax aequilatera* G. B. Sowerby I, 1825；*Gomphina melanaegis* (Römer, 1860)；*Gomphina aequilatera* (G. B. Sowerby I, 1825)；*Macridiscus melanaegis* (Römer, 1860)；*Venus* (*Gomphina*) *melanaegis* Römer, 1860

标本采集地： 广东。

形态特征： 壳质坚厚，背侧呈等边三角形，腹侧凸出，呈圆形。壳高约为壳宽的2倍。壳顶尖，稍凸出，位于贝壳背缘的中央，顶角约为120°，由壳顶向前、后的边缘直。小月面狭长，呈披针状，楯面不显著。韧带短而粗，黄褐色，凸出壳表面。贝壳表面不甚膨胀，无放射肋，同心生长纹明显，有时呈现沟纹。壳表面为灰白色或灰黄色，具锯齿或斑点状的褐色斑纹，通常具有放射状色带3～4条，变化很大。壳内面白色或浅肉色，具珍珠光泽。铰合部狭，三角形。左右两壳各具主齿3个，前端2个大，后端1个与韧带平行，不甚明显。前闭壳肌痕小，呈卵圆形，后闭壳肌痕稍大，近于圆形。

生态习性： 中国沿海广为分布的暖水种。北起辽宁、南至海南，为习见种。栖息于潮间带中、下区至浅海的泥沙特别是沙质海底，营埋栖生活。

地理分布： 渤海，黄海，东海，南海；印度 - 西太平洋。

经济意义： 肉可供食用。

参考文献： 王祯瑞，1997。

图 137　等边薄盘蛤 *Macridiscus aequilatera* (G. B. Sowerby I, 1825)
A. 左壳侧面观；B. 右壳侧面观；C. 顶面观；D. 左壳内面观；E. 右壳内面观

仙女蛤属 *Callista* Poli, 1791

中国仙女蛤
Callista chinensis (Holten, 1802)

同物异名： *Chione roscida* A. Gould, 1861； *Venus chinensis* Holten, 1802； *Venus pacifica* Dillwyn, 1817

标本采集地： 福建。

形态特征： 贝壳中等大小，斜卵圆形，壳质坚厚。壳顶位于背缘前方；贝壳前端钝圆，后端瘦弱、略尖。壳表面淡紫色，具有浅黄色的漆状壳皮；同心生长纹细密，壳面隐约可见2～4条宽而不连续的呈放射状的紫色色带；壳内面白色。小月面卵圆形。楯面狭长。左壳有1枚大的前侧齿，右壳有2枚前侧齿。前闭壳肌痕马蹄形，后闭壳肌痕梨形。

生态习性： 栖息于潮间带下部至水深20m的砂质海底。

地理分布： 东海，南海。

经济意义： 肉可供食用。

参考文献： 庄启谦，1997；徐凤山和张素萍，2008；李海燕等，2008。

图 138　中国仙女蛤 *Callista chinensis* (Holten, 1802)
A. 左壳侧面观；B. 右壳侧面观；C. 顶面观；D. 右壳内面观；E. 左壳内面观

文蛤属 *Morotrix* Lamarck, 1799

文蛤
Meretrix meretrix (Linnaeus, 1758)

同物异名： *Cytherea castanea* Lamarck, 1818； *Meretrix labiosa* Lamarck, 1801； *Venus meretrix* Linnaeus, 1758

标本采集地： 海南三亚。

形态特征： 壳背缘略呈三角形，腹缘呈卵圆形，两壳相等，壳长略大于壳高，壳质坚厚。壳顶突出，位于背面稍靠前方，两壳壳顶紧接，并微向腹面弯曲。小月面狭长，呈矛头状；楯面宽大，呈卵圆形。韧带黑褐色，粗短，突出表面。壳表面膨胀，光滑，被有一层黄褐色似漆的壳皮。同心生长轮脉清晰，由壳顶开始常有环形的褐色带。壳面花纹随个体差异变化甚大，小型个体花纹丰富，变化多端；大型个体则较为恒定，通常在壳近背缘部分有锯齿或波纹状的褐色花纹。壳皮在壳中部及边缘部分常磨损脱落，使壳面呈白色。壳内面白色，前、后壳缘有时略呈紫色。铰合部宽，右壳具3个主齿及1个前侧齿，2个前主齿略呈三角形。前闭壳肌痕小，略呈半圆形，后闭壳肌痕大，呈卵圆形。外套痕明显，外套窦短，呈半圆形。

生态习性： 生活在潮间带以及浅海区的细沙表层。温暖时伸缩其足部做活泼运动，寒冷时则隐入沙中。文蛤因水温改变而有移动的习性，通常分泌胶质带或囊状物使身体悬浮于水中，借潮流之力迁移。

地理分布： 渤海，黄海，东海，南海；日本，朝鲜。

经济意义： 文蛤为蛤中上品，肉美。中药称文蛤壳，可清热利湿、化痰软坚，肉有润五脏、止烦温、开脾胃、软坚散肿等功效。

参考文献： 张素萍等，2012。

图 139 文蛤 *Meretrix meretrix* (Linnaeus, 1758)
A. 左壳侧面观；B. 右壳侧面观；C. 顶面观；D. 左壳内面观；E. 右壳内面观

丽文蛤
Meretrix lusoria (Röding, 1798)

同物异名： *Venus lusoria* Röding, 1798

标本采集地： 广东湛江经济技术开发区东简街道。

形态特征： 壳呈三角卵圆形，前、腹缘圆。壳顶位于背缘中央偏前。贝壳长度明显大于高度，壳后缘大于前缘，后侧缘末端尖，小月面长楔状。楯面宽大，韧带粗短、棕褐色。壳表面光滑，颜色浅，乳黄色，近顶部有棕色或紫色色带，或整个壳面布满棕色的点线花纹；生长线细弱；壳内面白色，后部紫褐色。铰合部有主齿3枚，前侧齿1～2枚。前闭壳肌痕长卵圆形；后闭壳肌痕卵圆形。外套窦浅，呈弧形。

生态习性： 栖息于河口附近的砂质区。

地理分布： 江苏以南沿海；日本，朝鲜。

经济意义： 肉可供食用。

参考文献： 徐凤山和张素萍，2008；杨文等，2017。

图 140　丽文蛤 *Meretrix lusoria* (Röding, 1798)
A. 左壳侧面观；B. 右壳侧面观；C. 顶面观；D. 左壳内面观；E. 右壳内面观

小文蛤
Meretrix planisulcata (G. B. Sowerby II, 1854)

标本采集地： 广东。

形态特征： 壳表面颜色多变，同心肋宽，肋间沟浅；壳内面颜色也有变化，多呈白色或紫色，有的还具有与壳表面放射色带相对应的紫色放射带。左壳后主齿长。外套窦浅。

生态习性： 栖息于潮间带至潮下带泥沙滩。

地理分布： 广东；泰国湾。

经济意义： 肉可供食用。

参考文献： 徐凤山和张素萍，2008。

文蛤属分种检索表

1. 壳表面具有较宽的同心肋，肋间沟浅 ··· 小文蛤 *Meretrix planisulcata*
   - 壳表面光滑，无同心肋 ··· 2
2. 贝壳长与高略相近，前后缘等长，后侧缘末端圆 ······································· 文蛤 *Meretrix meretrix*
   - 贝壳长度明显大于高度，壳后缘大于前缘，后侧缘末端尖 ························· 丽文蛤 *Meretrix lusoria*

图 141　小文蛤 *Meretrix planisulcata* (G. B. Sowerby II, 1854)
A. 左壳侧面观；B. 右壳侧面观；C. 顶面观；D. 左壳内面观；E. 右壳内面观

青蛤属 *Cyclina* Deshayes, 1850

青蛤
Cyclina sinensis (Gmelin, 1791)

同物异名： *Callista sinensis* (Gmelin, 1791)；*Cyclina bombycina* Römer, 1860；*Cyclina intumescens* Römer, 1860；*Cyclina pectunculus* Römer, 1860；*Cyprina tenuistria* Lamarck, 1818；*Cytheraea sinensis* (Chemnitz, 1782)；*Venus chinensis* Dillwyn, 1817；*Venus sinensis* Gmelin, 1791

标本采集地： 广西防城港。

形态特征： 贝壳圆形，壳质坚厚且膨胀，壳高大于壳长。壳顶尖，前倾，位于背部中央。壳表面平滑，生长线细密，并具有纤细的放射刻纹，两者交叉。小月面和楯面界线均不明显。壳内面为白色。铰合部大，具主齿3枚，右壳后主齿两分叉。前闭壳肌痕半月形；后闭壳肌痕椭圆形。外套窦深，呈三角状。

生态习性： 栖息于潮间带，以中、下区数量较多，是经济种，已进行人工试养，是很有养殖前途的贝类。

地理分布： 中国近海；西太平洋。

经济意义： 肉可供食用。

参考文献： 徐凤山和张素萍，2008；杨文等，2017；张永普等，2012；李海燕等，2008。

图 142 青蛤 *Cyclina sinensis* (Gmelin, 1791)
A. 左壳侧面观；B. 右壳侧面观；C. 顶面观；D. 左壳内面观；E. 右壳内面观

类缀锦蛤属 *Paratapes* Stoliczka, 1870

波纹类缀锦蛤
Paratapes undulatus (Born, 1778)

同物异名： *Paphia undulata* (Born, 1778); *Paratapes scordalus* Iredale, 1936; *Venus rimosa* R. A. Philippi, 1847; *Venus undulata* Born, 1778

标本采集地： 福建，广东，海南，南沙群岛。

形态特征： 壳呈长卵圆形，较扁。壳顶位于背缘中央偏前，两壳顶尖相靠很近。壳面光滑，具光泽，整个壳面布满紫色波纹，生长纹很密，并有与其相交的斜行纹。小月面和楯面均呈白色，面上有紫色条纹。韧带长，黄棕色；无放射肋。壳内面白色或略呈紫色。铰合部有主齿3枚。前、后闭壳肌痕呈梨形。外套窦弯入浅。

生态习性： 栖息于潮下带水深44m以内的浅水区的泥沙底质中。

地理分布： 浙江南麂岛以南沿海；墨吉群岛，菲律宾，日本，澳大利亚。

经济意义： 肉可供食用。

参考文献： 徐凤山和张素萍，2008；杨文等，2017。

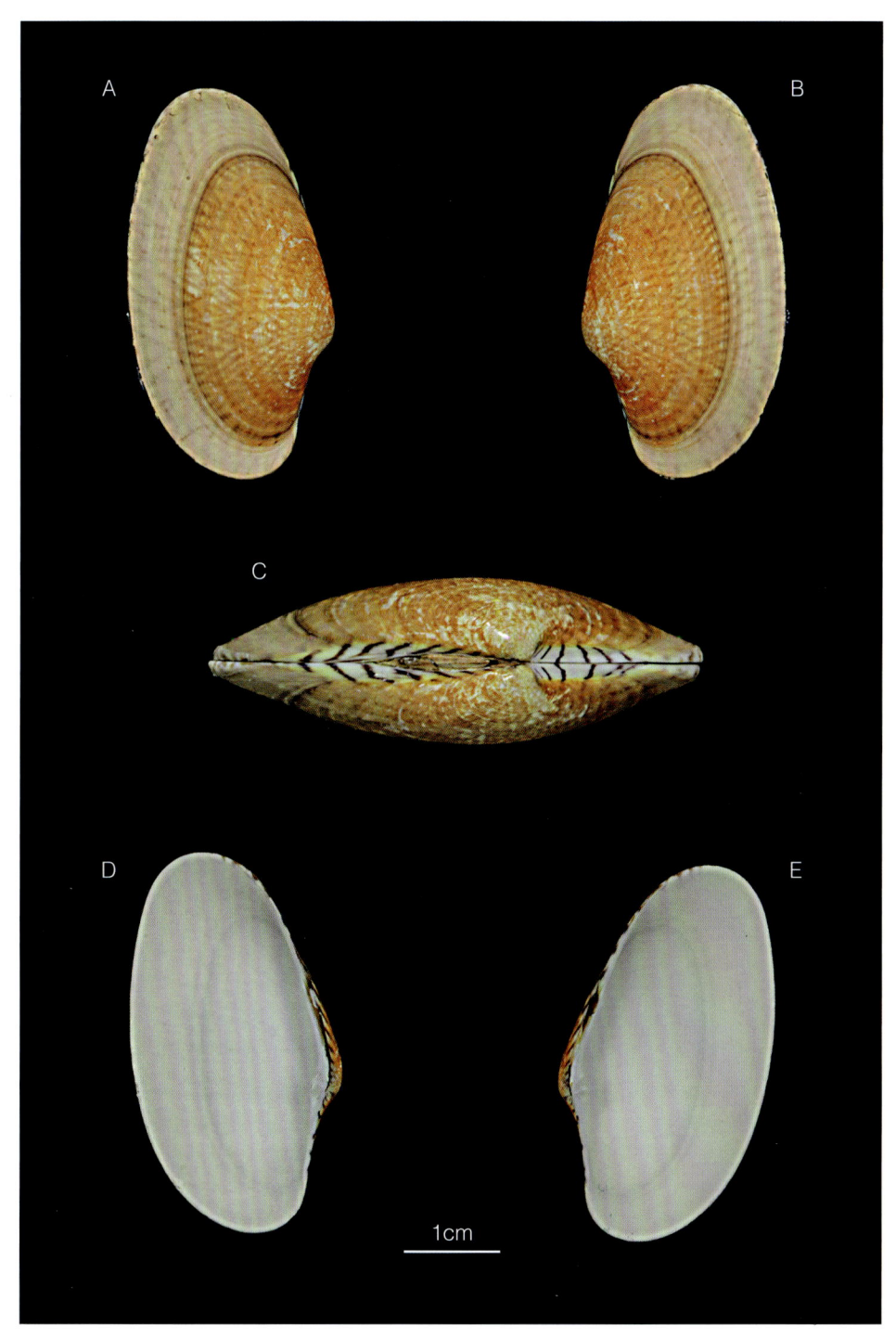

图 143　波纹类缀锦蛤 *Paratapes undulatus* (Born, 1778)
A. 左壳侧面观；B. 右壳侧面观；C. 顶面观；D. 左壳内面观；E. 右壳内面观

织锦类缀锦蛤
Paratapes textilis (Gmelin, 1791)

同物异名： Paphia textile (Gmelin, 1791)；Paphia textrix (Deshayes, 1853)；Tapes sumatranus Jaeckel & Thiele, 1931；Tapes textrix Deshayes, 1853；Venus reticulina Bory de Saint-Vincent, 1827；Venus textile Gmelin, 1791；Venus textilis Gmelin, 1791；Venus textrix Chemnitz, 1784

标本采集地： 福建，广东，海南，南沙群岛。

形态特征： 壳形横长，壳质较厚重。壳顶不突出，位于背缘中央偏前，前背缘微凹，后背缘凸。壳表面光滑，表面生长线很细，网状浅褐色花纹遍布壳的表面；本种生长纹很密，但本种表面的中前部无斜行同心线。小月面和楯面均呈白色，面上有紫色条纹；外韧带黄棕色。壳内面白色或略带紫色。铰合部有主齿3枚，左壳无前侧齿。前、后闭壳肌痕呈梨形。外套窦弯入浅，先端钝。

生态习性： 栖息于潮间带至浅海泥沙底。

地理分布： 广东（遂溪），海南岛（三亚）；菲律宾，印度尼西亚，印度洋。

经济意义： 肉可供食用。

参考文献： 徐凤山和张素萍，2008；杨文等，2017；李琪，2019。

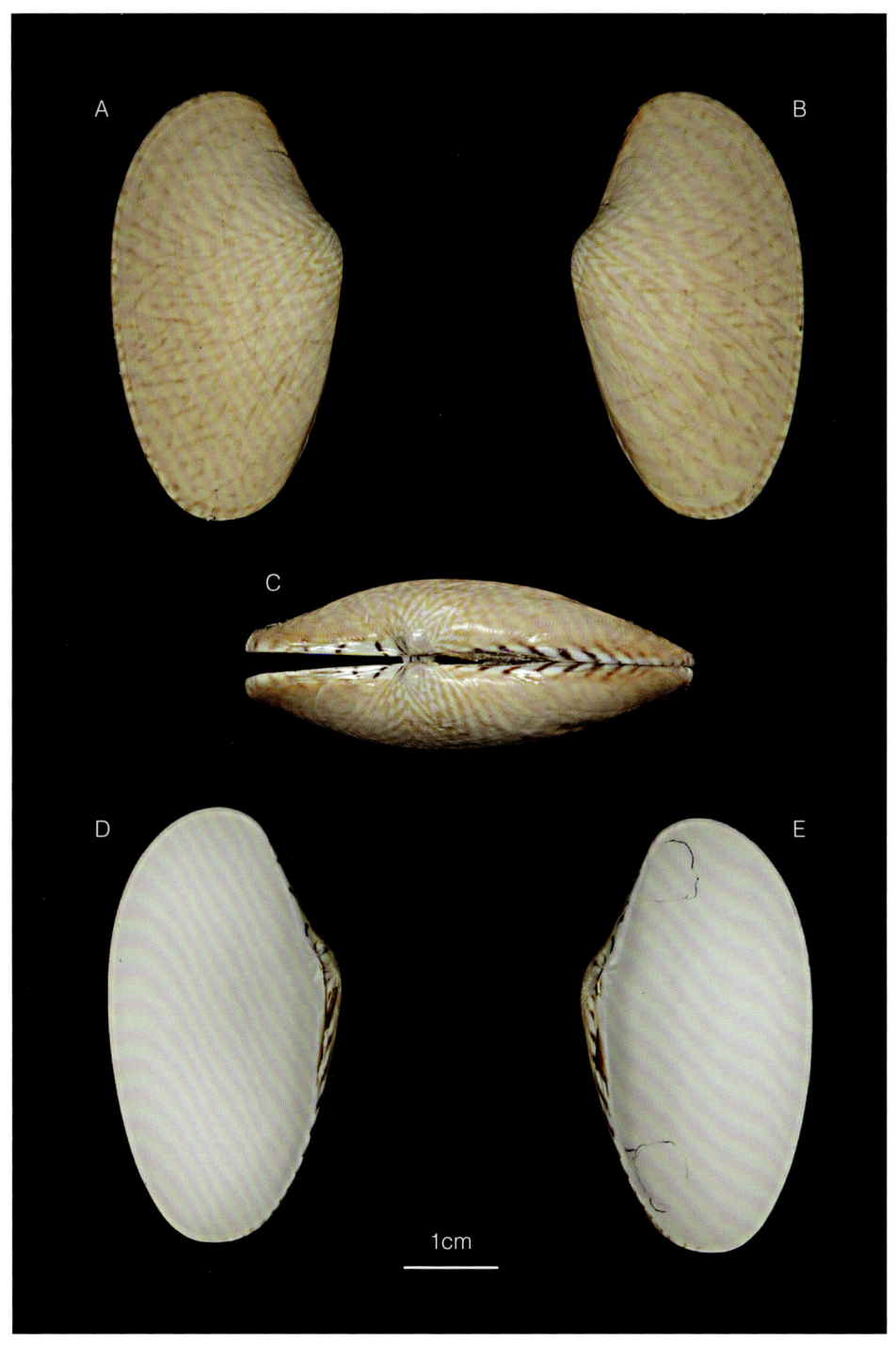

图 144 织锦类缀锦蛤 *Paratapes textilis* (Gmelin, 1791)
A. 左壳侧面观；B. 右壳侧面观；C. 顶面观；D. 左壳内面观；E. 右壳内面观

原缀锦蛤属 *Protapes* Dall, 1902

锯齿原缀锦蛤
Protapes gallus (Gmelin, 1791)

同物异名： Paphia (*Protapes*) *gallus* (Gmelin, 1791); *Paphia malabarica* (Dillwyn, 1817); *Tapes lentiginosa* Reeve, 1864; *Tapes malabarica* (Dillwyn, 1817); *Venus gallus* Gmelin, 1791; *Venus malabarica* Dillwyn, 1817; *Venus rhombifera* Bory de Saint-Vincent, 1827

标本采集地： 福建，广东，海南，南沙群岛。

形态特征： 壳型中等大小，呈近三角形。壳顶突出，位于背缘中央偏前。贝壳前端尖圆，后缘略钝，腹缘后部有屈曲。小月面大，长卵圆形。楯面长，韧带黄棕色。壳表面黄棕色，具棕色放射状色带，生长线呈肋状，整齐；壳内面周缘白色。铰合部有主齿3枚。前、后闭壳肌痕明显。外套窦深，先端钝。

生态习性： 栖息于潮间带到潮下带浅水区的泥沙底。

地理分布： 福建，台湾岛，广东，海南岛；印度 - 西太平洋。

经济意义： 肉可供食用。

参考文献： 徐凤山和张素萍，2008；杨文等，2017；李琪，2019。

图 145　锯齿原缀锦蛤 *Protapes gallus* (Gmelin, 1791)
A. 左壳侧面观；B. 右壳侧面观；C. 顶面观；D. 左壳内面观；E. 右壳内面观

帘蛤科分属检索表

1. 贝壳中小型 .... 卵蛤属 *Pitar*
 - 贝壳中大型 2
2. 贝壳表面光滑 3
 - 贝壳表面粗糙 4
3. 小月面和楯面明显 5
 - 小月面和楯面不明显 6
4. 壳长约为壳高的 1.5 倍 .... 薄盘蛤属 *Macridiscus*
 - 壳近圆形或长圆形 11
5. 具有与生长轮脉走向相反的细斜条纹 .... 类缀锦蛤属 *Paratapes*
 - 没有与生长轮脉走向相反的细斜条纹 7
6. 壳表面有不连续的放射色带 .... 仙女蛤属 *Callista*
 - 壳表面无不连续的放射色带 10
7. 壳面同心生长纹和放射肋交叉成布目状 .... 蛤仔属 *Ruditapes*
 - 壳面同心生长纹不与放射肋交叉 8
8. 铰合部主齿较长 9
 - 铰合部主齿不明显 .... 格特蛤属 *Marcia*
9. 壳面同心生长纹突出，外套窦钝，弯入深 .... 缀锦蛤属 *Tapes*
 - 小月面大、近心脏形，楯面平坦明显 .... 原缀锦蛤属 *Protapes*
10. 铰合部的三枚主齿和前侧齿发达 .... 文蛤属 *Meretrix*
 - 铰合部的三枚主齿小，无侧齿 .... 青蛤属 *Cyclina*
11. 后主齿有裂缝 .... 镜蛤属 *Dosinia*
 - 后主齿无裂缝 12
12. 壳内缘无齿状突起 13
 - 壳内缘有齿状突起 14
13. 壳表面具有高于壳面的板状同心肋 .... 雪蛤属 *Placamen*
 - 壳表面无高于壳面的板状同心肋 .... 美女蛤属 *Circe*
14. 肋上具结节 .... 加夫蛤属 *Gafrarium*
 - 同心肋与放射肋相交形成布目状刻纹 .... 皱纹蛤属 *Periglypta*

满月蛤目 Lucinida
满月蛤科 Lucinidae J. Fleming, 1828
无齿蛤属 *Anodontia* Link, 1807

无齿蛤
Anodontia edentula (Linnaeus, 1758)

同物异名： *Anodontia* (*Anodontia*) *edentula* (Linnaeus, 1758)；*Lucina edentula* (Linnaeus, 1758)；*Venus edentula* Linnaeus, 1758

标本采集地： 福建，广东，海南，南沙群岛。

形态特征： 壳质较薄，两壳膨胀，壳近圆球形。壳顶小，位于背部中央偏前。壳表面白色，生长线细密，放射肋极微细。小月面不明显，呈心脏形；外韧带黄褐色，呈三角形。壳内面白色。铰合部无齿。前闭壳肌痕长方形，后闭壳肌痕卵圆形。外套痕清楚，无外套窦。

生态习性： 栖息于潮间带和浅海泥沙底。

地理分布： 台湾岛，海南岛，西沙群岛；印度 - 西太平洋。

经济意义： 肉可供食用。

参考文献： 徐凤山，2012；杨文等，2017。

图 146　无齿蛤 *Anodontia edentula* (Linnaeus, 1758)
A. 左壳侧面观；B. 右壳侧面观；C. 顶面观；D. 左壳内面观；E. 右壳内面观

247

心蛤目 Carditida

心蛤科 Carditidae Férussac, 1822

心蛤属 *Cardita* Bruguière, 1792

斜纹心蛤
Cardita leana Dunker, 1860

同物异名： *Cardita cumingiana* Dunker, 1860

标本采集地： 福建，广东，海南，南沙群岛。

形态特征： 壳质厚，呈长方形。壳顶突出，前倾，位于近前端；腹缘凹陷，并开口，用于通过足丝。壳表面白色，布有不规则的褐色色斑，前部放射肋 10 条，其上具结节，后部有 7 条，肋上具鳞片；肋间沟狭窄，沟内具同心线。

生态习性： 栖息于潮间带，附着在岩石上。

地理分布： 浙江以南沿海；日本。

经济意义： 肉可供食用。

参考文献： 徐凤山和张素萍，2008；李海燕等，2008。

图 147　斜纹心蛤 *Cardita leana* Dunker, 1860
A. 左壳侧面观；B. 右壳侧面观；C. 顶面观；D. 左壳内面观；E. 右壳内面观

鸟蛤目 Cardiida
鸟蛤科 Cardiidae Lamarck, 1809
弯鸟蛤属 Acrosterigma Dall, 1900

粗糙弯鸟蛤
Acrosterigma impolitum (G. B. Sowerby II, 1834)

同物异名： *Acrosterigma dampierense* B. R. Wilson & Stevenson, 1977；*Acrosterigma rosemariensis* B. R. Wilson & Stevenson, 1977；*Acrosterigma vlamingi* B. R. Wilson & Stevenson, 1977；*Cardium* (*Trachycardium*) *beauforti* Prashad, 1932

标本采集地： 南海。

形态特征： 壳型中等大小，壳质坚硬，前后稍不等。壳顶尖。壳表面放射肋约有36条，肋上有鳞片状突起，愈近边缘处愈明显；后部的16条肋较扁平；肋间沟狭窄。前闭壳肌痕近圆形，后闭壳肌痕长圆形。铰合部短。

生态习性： 栖息于砂质区。

地理分布： 福建，台湾岛，广东，海南岛；印度洋，东南亚，澳大利亚。

经济意义： 肉可供食用。

参考文献： 徐凤山和张素萍，2008；徐凤山，2012。

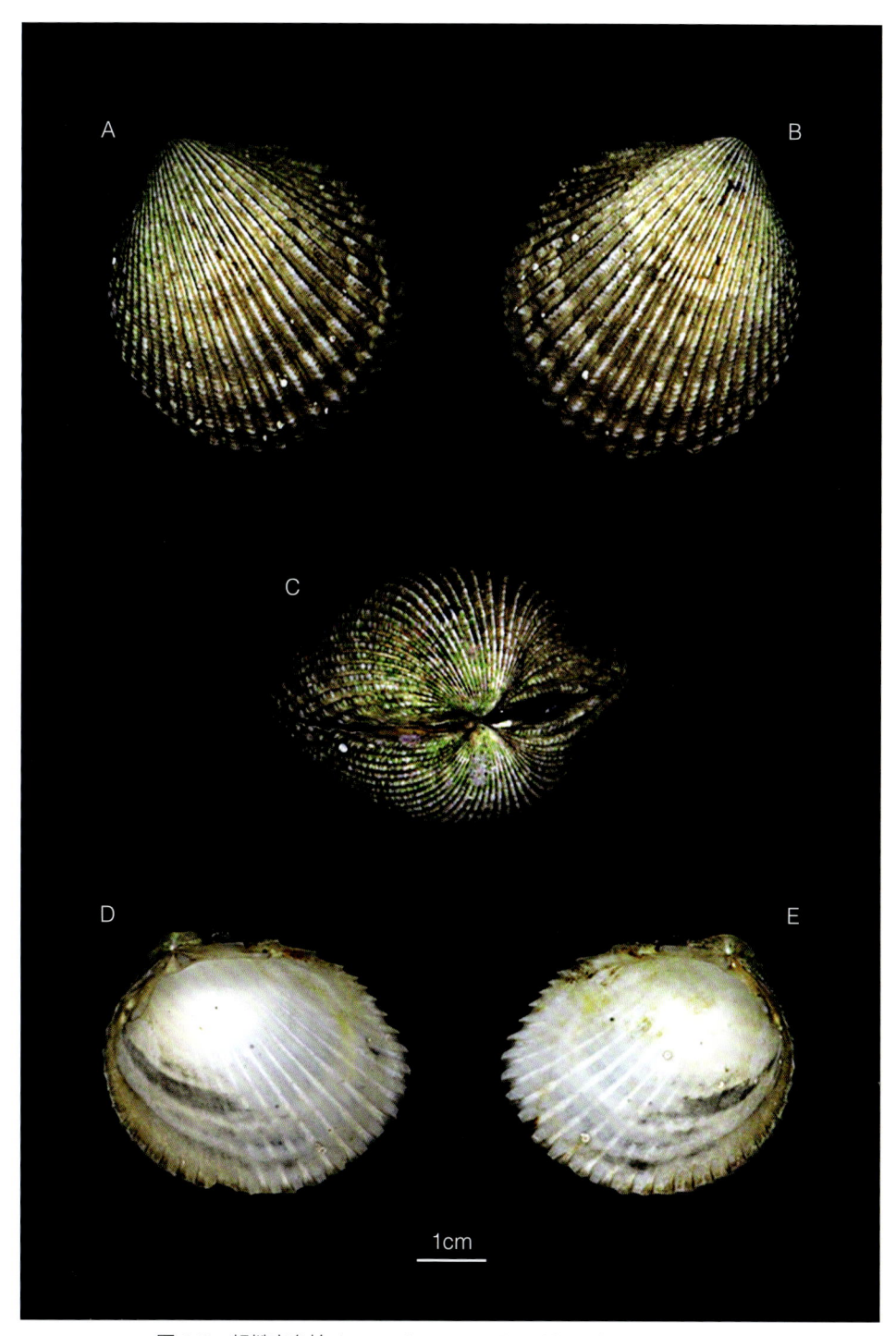

图 148　粗糙弯鸟蛤 *Acrosterigma impolitum* (G. B. Sowerby II, 1834)
A. 左壳侧面观；B. 右壳侧面观；C. 顶面观；D. 左壳内面观；E. 右壳内面观

薄壳鸟蛤属 *Fulvia* J. E. Gray, 1853

澳洲薄壳鸟蛤
Fulvia australis (G. B. Sowerby II, 1834)

同物异名： Cardium australe G. B. Sowerby II, 1834； Cardium pulchrum Reeve, 1845； Cardium striatum Spengler, 1799； Cardium varium G. B. Sowerby II, 1834； Fulvia (Fulvia) australis (G. B. Sowerby II, 1834)； Fulvia pulchra (Reeve, 1845)； Laevicardium australe (G. B. Sowerby II, 1834)

标本采集地： 广东陆丰。

形态特征： 壳质脆薄，呈卵圆形。壳顶尖；前缘圆，后缘略呈截状，后端密闭无开口。壳表面被有土黄色的壳皮，顶区有紫色花纹；生长线细密，放射肋低，平约45条，肋细密、间隔距离较大；壳内面灰白色，边缘无明显的缺刻。铰合部左壳有主齿2枚，后主齿大；右壳有1枚主齿，末端分叉，侧齿片状。前闭壳肌痕不明显，后闭壳肌痕呈长卵圆形。

生态习性： 栖息于潮间带至浅海。

地理分布： 海南岛，广西；印度-西太平洋。

经济意义： 肉可供食用。

参考文献： 徐凤山和张素萍，2008；杨文等，2017。

图 149 澳洲薄壳鸟蛤 *Fulvia australis* (G. B. Sowerby II, 1834)
A. 左壳侧面观；B. 右壳侧面观；C. 顶面观；D. 左壳内面观；E. 右壳内面观

砗磲属 *Tridacna* Bruguière, 1797

无磷砗磲
Tridacna derasa (Röding, 1798)

同物异名： *Tridachnes derasa* Röding, 1798

标本采集地： 西沙群岛。

形态特征： 壳体厚重且坚硬，壳型中等至较大，近扇形，两壳较侧扁，壳顶位于近中央处；放射肋宽而低平，5～12 条；壳表具明显的肋状突起，通常有 6～9 条粗壮的放射肋。肋间凹陷较深，使壳体表面显得凹凸不平。肋上有鳞片状或棘状突起，鳞片较小且不规则；突起较短，不规则排列。外壳表面颜色较浅，多为白色、浅黄或浅褐色，壳表面尚有细的放射刻纹和同心刻纹。内壳光滑，呈白色或乳白色，带有珍珠光泽，两壳各有 1 个主齿，左壳 1 枚后侧齿，右壳 2 枚。

生态习性： 栖息于热带海洋中珊瑚礁间的浅水环境里，生活在 1～20m 水深的珊瑚礁间沙地中，用足丝附着在珊瑚礁上生活或营自由生活。

地理分布： 南海；印度 - 西太平洋。

经济意义： 具有较高的经济价值。

参考文献： 徐凤山和张素萍，2008。

图 150 无磷砗磲 *Tridacna derasa* (Röding, 1798)
A. 侧面观；B. 内面观

长砗磲
Tridacna maxima (Röding, 1798)

同物异名： *Tridachnes maxima* Röding, 1798

标本采集地： 西沙群岛。

形态特征： 贝壳体型极大，略呈三角形，两壳膨胀，壳形延长；前后不等。壳表面具有5～6条较粗壮的放射肋；肋上排列着覆瓦状的鳞片；右壳顶区仅有同心和放射刻纹。

生态习性： 栖息于珊瑚礁中。

地理分布： 南海；印度-西太平洋。

经济意义： 具有较高的经济价值。

参考文献： 徐凤山和张素萍，2008。

图 151 长砗磲 *Tridacna maxima* (Röding, 1798)
A. 侧面观；B. 内面观

大鸟蛤属 *Vasticardium* Iredale, 1927

红大鸟蛤
Vasticardium rubicundum (Reeve, 1844)

同物异名： Cardium rubicundum Reeve, 1844；Trachycardium rubicundum (Reeve, 1844)

标本采集地： 海南三亚。

形态特征： 壳表面约有 35 条较粗的放射肋，后部 15 条肋上有尖刺，其他肋上有横的片状结节；红褐色斑点散布于壳的表面；后缘具突出于壳缘的锯齿状突起。

生态习性： 栖息于砂质区。

地理分布： 海南岛；印度 - 西太平洋。

经济意义： 肉可供食用。

参考文献： 徐凤山和张素萍，2008；徐凤山，2012。

图 152　红大鸟蛤 *Vasticardium rubicundum* (Reeve, 1844)
A. 左壳侧面观；B. 右壳侧面观；C. 顶面观；D. 右壳内面观；E. 左壳内面观

刺鸟蛤属 *Vepricardium* Iredale, 1929

银边鸟蛤
Vepricardium coronatum (Schröter, 1786)

同物异名： *Cardium coronatum* Schröter, 1786；*Cardium fimbriatum* Lamarck, 1819

标本采集地： 广东大亚湾。

形态特征： 壳大而膨胀，呈卵圆形或近圆形，壳质坚厚；后端尖圆，壳顶突出位于中央偏前。壳表面有 36～38 条放射肋，前部数条肋上无附属物，如绒毛、棘、刺等，后部 30 条肋上各有 1 列纵的石灰质薄片。外韧带短而凸。铰合部主齿 2 枚，侧齿发达。前闭壳肌痕卵圆形；后闭壳肌痕近圆形。外套痕完整。

生态习性： 栖息于浅海。

地理分布： 南海；印度洋，泰国，越南。

经济意义： 肉可供食用。

参考文献： 徐凤山和张素萍，2008；杨文等，2017；李海燕等，2008。

鸟蛤科分属检索表

1. 壳形特别大，放射肋粗大 .... 砗磲属 *Tridacna*
 - 壳长通常大于壳高 2
2. 壳质脆薄 .... 薄壳鸟蛤属 *Fulvia*
 - 壳质坚厚 3
3. 两壳不特别膨胀 .... 弯鸟蛤属 *Acrosterigma*
 - 壳质坚厚 4
4. 壳表面布有棘、刺突起，无成束的鬃毛 .... 刺鸟蛤属 *Vepricardium*
 - 放射肋上有横的片状结节，后缘具突出于壳缘的锯齿状突起 .... 大鸟蛤属 *Vasticardium*

图 153　锒边鸟蛤 *Vepricardium coronatum* (Schröter, 1786)
A. 左壳侧面观；B. 右壳侧面观；C. 顶面观；D. 左壳内面观；E. 右壳内面观

斧蛤科 Donacidae J. Fleming, 1828
斧蛤属 Donax Linnaeus, 1758

楔形斧蛤
Donax cuneatus (Linnaeus, 1758)

同物异名： Donax australis Lamarck, 1818; Donax deshayesii Dunker, 1853; Donax haesitans Brancsik, 1895; Donax tiesenhauseni Preston, 1908; Donax variabilis Schumacher, 1817

标本采集地： 广东省茂名市电白区博贺镇。

形态特征： 壳前中部有极细的放射刻纹，后缘放射刻纹较粗，与生长线相交形成小齿；另外深色的放射色带数条；壳内面紫色，外套窦宽大，接近顶端处膨胀大。左壳2个主齿，无侧齿，右壳2个主齿，前后各1个侧齿。

生态习性： 栖息于潮间带砂质区，能借助于潮水的涨落而迁移。

地理分布： 台湾岛，广东，海南岛；印度-西太平洋。

经济意义： 肉可供食用。

参考文献： 徐凤山和张素萍，2008。

图 154　楔形斧蛤 *Donax cuneatus* (Linnaeus, 1758)
A. 左壳侧面观；B. 右壳侧面观；C. 顶面观；D. 左壳内面观；E. 右壳内面观

微红斧蛤
Donax incarnatus Gmelin, 1791

同物异名： *Donax* (*Dentilatona*) *incarnatus* Gmelin, 1791；*Donax flavidus* Hanley, 1882

标本采集地： 广东雷州半岛。

形态特征： 壳小，近斜三角形，壳质坚硬。壳顶突出，位于背部中央之后。颜色有变化，有亮白色、淡紫色；后端圆而不尖，后背线微凸，不呈截断状；放射肋明显，与同心纹相交结成结节。左壳主齿2枚；右壳主齿1枚。前闭壳肌痕小，呈梨形；后闭壳肌痕大，呈圆形。

生态习性： 栖息于潮间带。

地理分布： 福建（东山），海南（清澜港）；印度洋，泰国湾，越南。

经济意义： 肉可供食用。

参考文献： 徐凤山和张素萍，2008；李琪，2019。

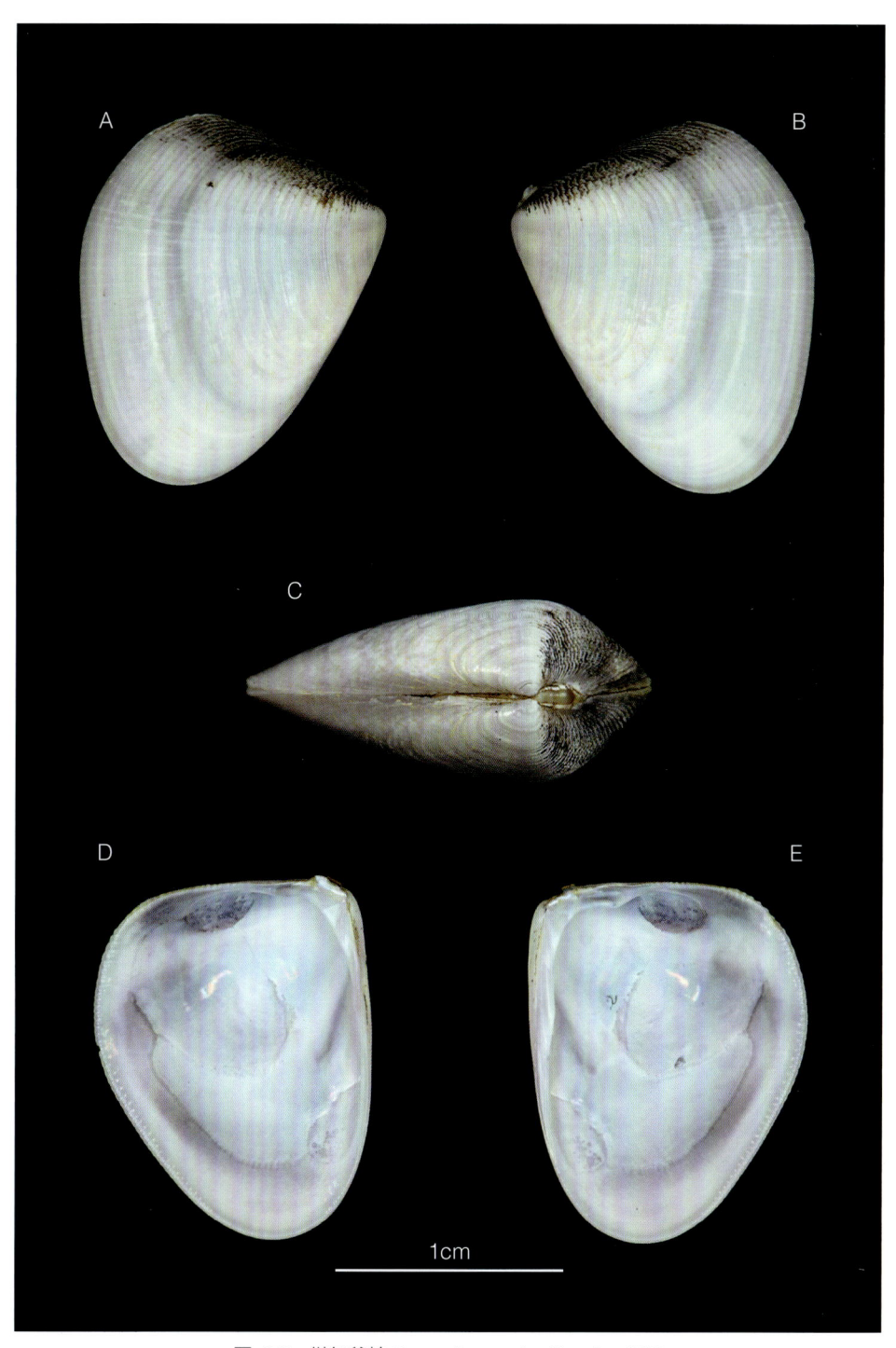

图 155　微红斧蛤 *Donax incarnatus* Gmelin, 1791
A. 左壳侧面观；B. 右壳侧面观；C. 顶面观；D. 右壳内面观；E. 左壳内面观

紫云蛤科 Psammobiidae J. Fleming, 1828
紫云蛤属 *Gari* Schumacher, 1817

紫云蛤
Gari elongata (Lamarck, 1818)

同物异名：*Capsa difficilis* Deshayes, 1855；*Capsa minor* Deshayes, 1855；*Capsa radiata* Deshayes, 1855；*Capsa rosacea* Deshayes, 1855；*Capsa rufa* Deshayes, 1855；*Capsa solenella* Deshayes, 1855；*Hiatula mirbahensis* S. Morris & N. Morris, 1993；*Hiatula sordida* Bertin, 1880；*Psammobia elongata* Lamarck, 1818；*Psammotaea elongata* (Lamarck, 1818)；*Psammotaea minor* (Deshayes, 1855)；*Psammotaea serotina* Lamarck, 1818；*Psammotaea violacea* Lamarck, 1818；*Sanguinolaria elongata* (Lamarck, 1818)；*Soletellina dautzenbergi* G. B. Sowerby III, 1909

标本采集地：福建，广东，广西，海南。

形态特征：壳型中等大小，壳质稍厚，呈椭圆形；前后端开口；壳顶低而平，位于背部中央之前；前端略尖，后端略呈截形。壳表面具有黑绿色壳皮，在近壳顶处易于脱落；壳表面有放射状浅色带；壳内面紫色。外套窦深，呈指状，部分与外套线愈合。

生态习性：栖息于潮间带的泥沙中，埋栖于15cm以下。

地理分布：广东，海南岛。

经济意义：肉可供食用。

参考文献：徐凤山和张素萍，2008。

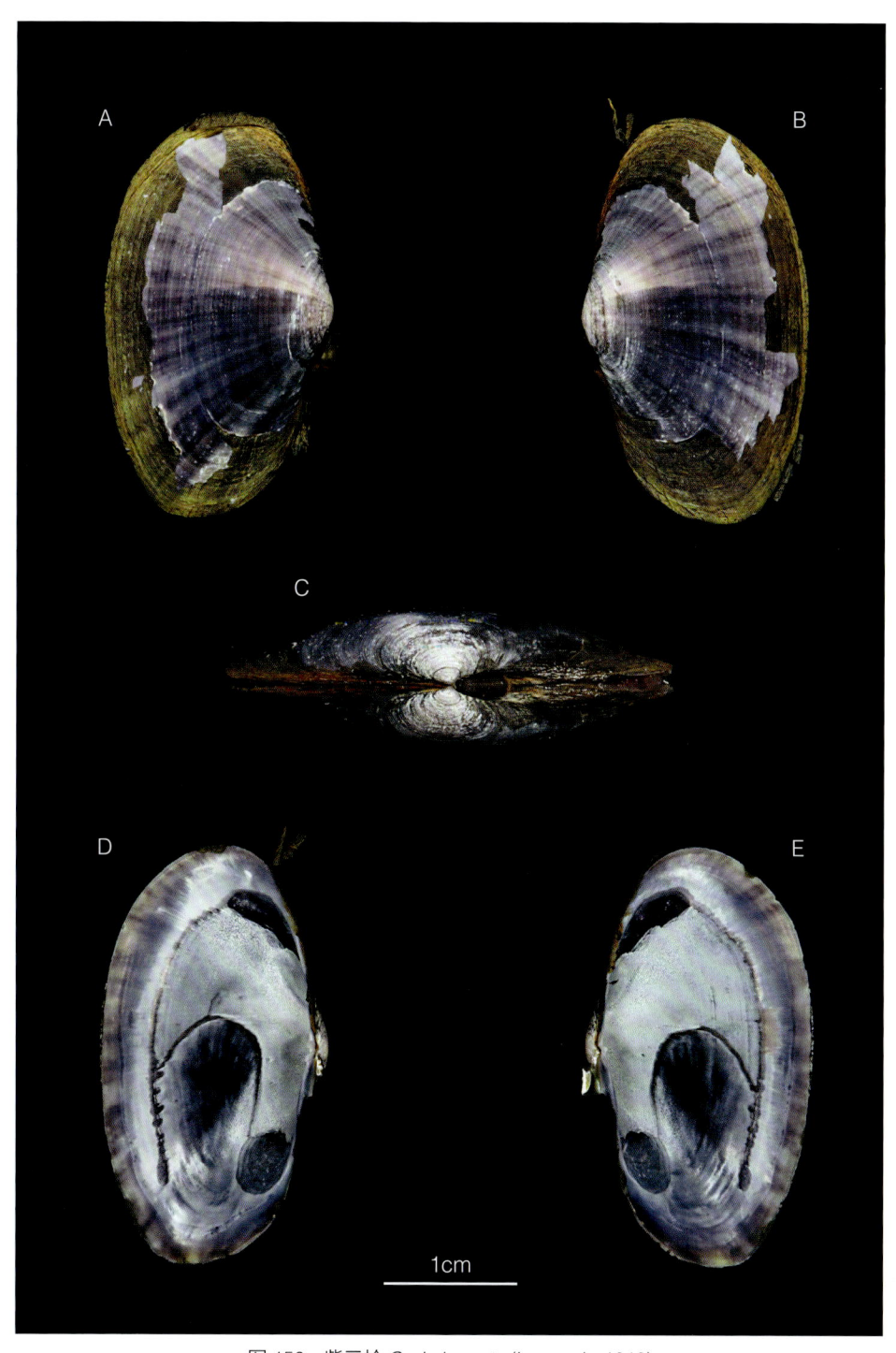

图 156 紫云蛤 *Gari elongata* (Lamarck, 1818)
A. 左壳侧面观；B. 右壳侧面观；C. 顶面观；D. 右壳内面观；E. 左壳内面观

胖紫云蛤
Gari inflata (Bertin, 1880)

同物异名： Hiatula inflata Bertin, 1880； Hiatula innominata Bertin, 1880

标本采集地： 海南三亚。

形态特征： 壳质较坚厚，呈卵圆形；壳前后端微微开口，前部短而宽，后部长而尖；壳顶位于背部中央之前，较突出。壳表面有不均匀的生长线，有明显的放射带；壳内面白色或紫色。外套窦深，部分与外套线愈合。

生态习性： 栖息于河口区潮间带泥沙中。

地理分布： 福建，广东，海南岛；东南亚，澳大利亚。

经济意义： 肉可供食用。

参考文献： 徐凤山和张素萍，2008。

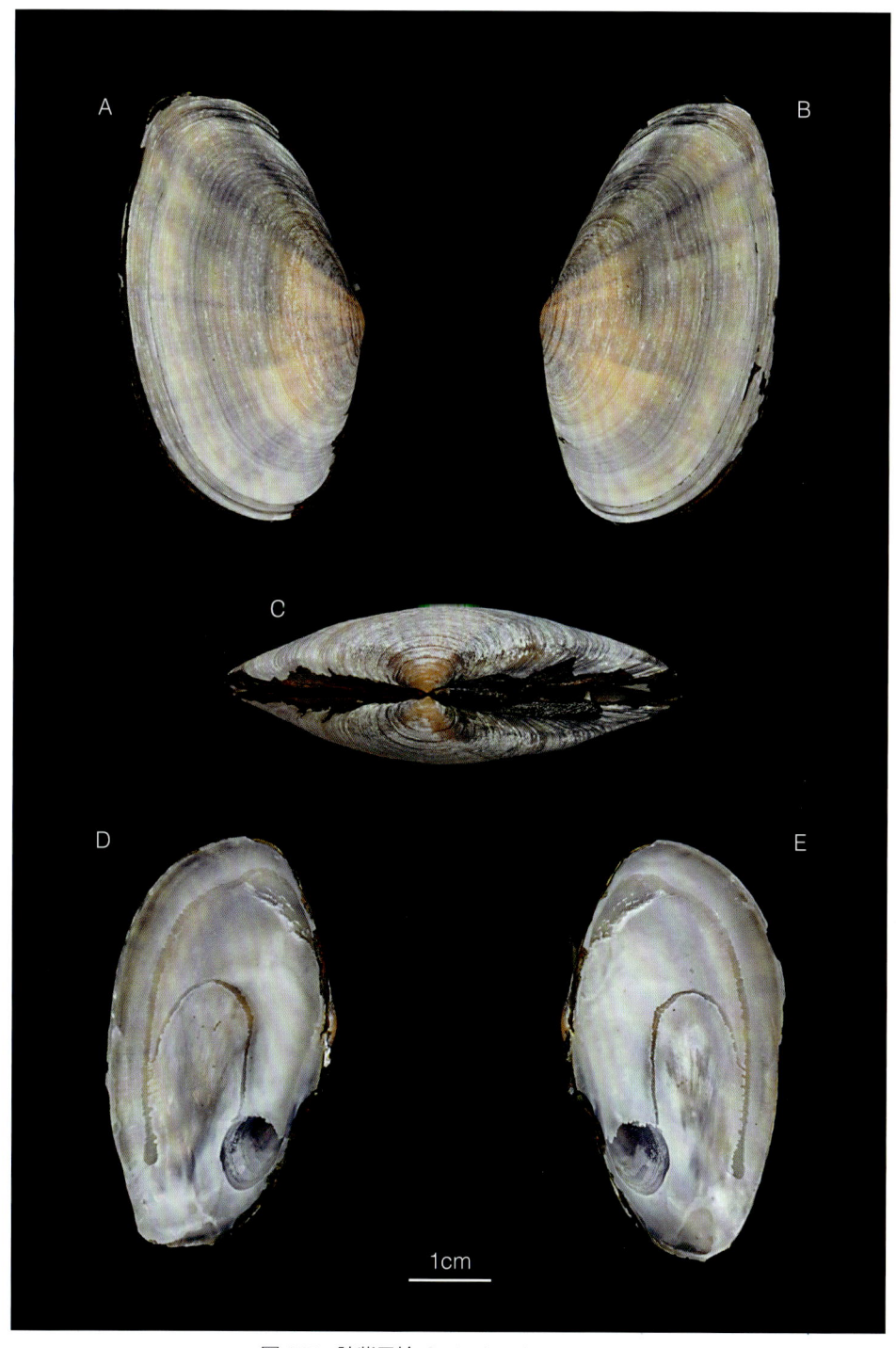

图 157　胖紫云蛤 *Gari inflata* (Bertin, 1880)
A. 左壳侧面观；B. 右壳侧面观；C. 顶面观；D. 左壳内面观；E. 右壳内面观

隙蛤属 *Hiatula* Modeer, 1793

双线隙蛤
Hiatula diphos (Linnaeus, 1771)

同物异名： Sanguinolaria (*Soletellina*) *diphos* (Linnaeus, 1771)；*Sanguinolaria acuminata* (Reeve, 1857)；*Sanguinolaria diphos* (Linnaeus, 1771)；*Solen diphos* Linnaeus, 1771；*Soletellina acuminata* Reeve, 1857；*Soletellina diphos* (Linnaeus, 1771)；*Soletellina radiata* Blainville, 1824

标本采集地： 福建，广东，海南，南沙群岛。

形态特征： 壳长，呈椭圆形；前缘圆，腹缘弧形，后缘略呈斜截状，前后两端微微开口；壳顶较凸出，位于背部中央之前。壳表面被深绿色壳皮，壳顶处常脱落，自壳顶向下、向后有 2 条浅色色带；壳内面紫色。外套窦长，顶端尖，完全与外套线愈合。两壳铰合部各有 2 个大的铰合齿，其中左壳后齿常退化。

生态习性： 栖息于潮间带砂质区。

地理分布： 山东，台湾岛，广东；印度 - 西太平洋。

经济意义： 肉可供食用。

参考文献： 徐凤山和张素萍，2008；杨文等，2017。

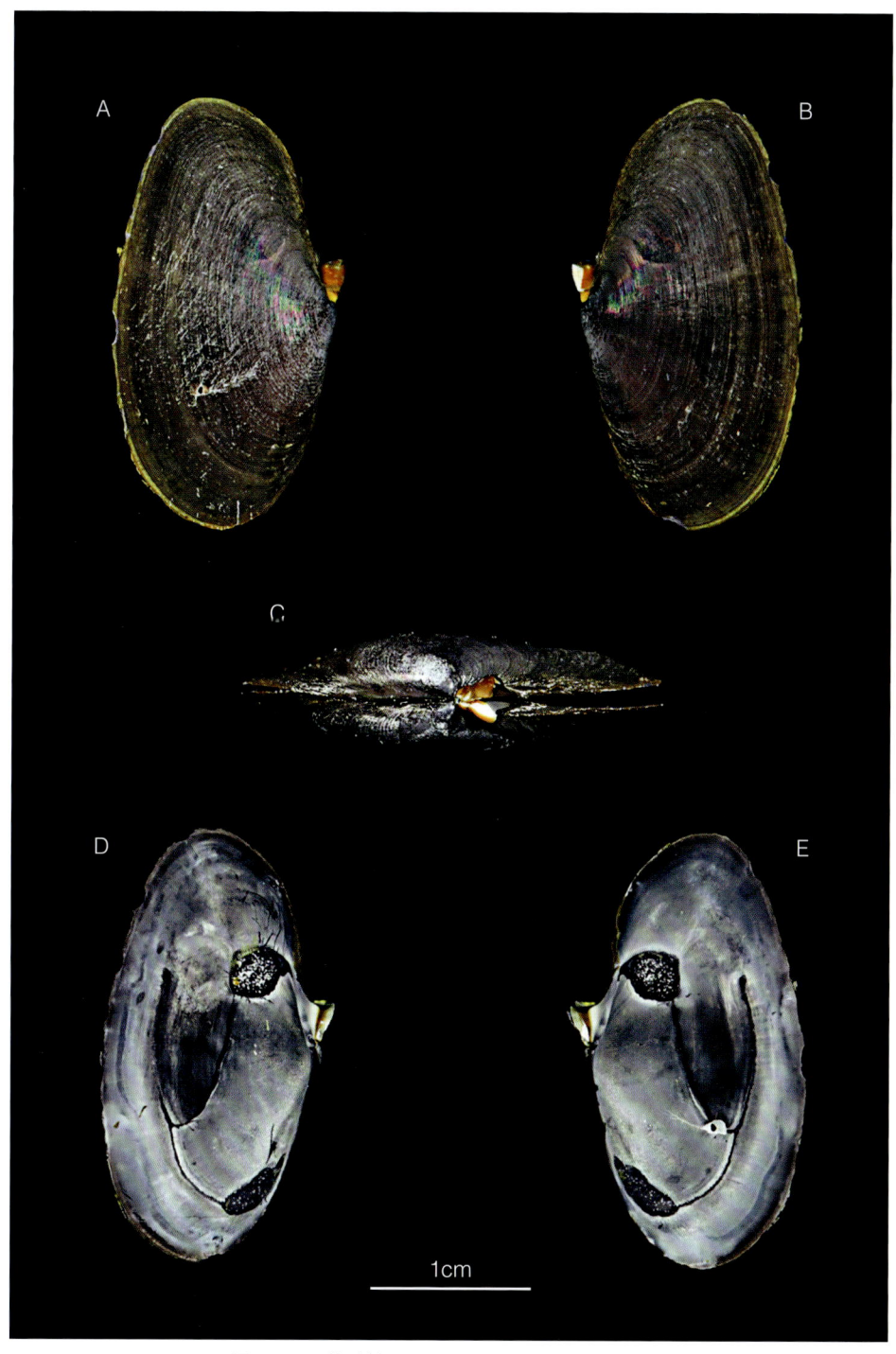

图 158 双线隙蛤 *Hiatula diphos* (Linnaeus, 1771)
A. 左壳侧面观；B. 右壳侧面观；C. 顶面观；D. 右壳内面观；E. 左壳内面观

双带蛤科 Semelidae Stoliczka, 1870 (1825)
双带蛤属 Semele Schumacher, 1817

龙骨双带蛤
Semele carnicolor (Hanley, 1845)

同物异名： Amphidesma carnicolor Hanley, 1845；*Amphidesma jukesii* Reeve, 1853；*Amphidesma concentricum* G. Nevill, 1877；*Semele alveata* A. Gould, 1861；*Semele aspasia* Angas, 1879

标本采集地： 海南三亚。

形态特征： 贝壳近圆形，壳质坚厚，较膨胀。壳顶低平，位于背部中央。小月面和楯面都下陷，细长，呈披针状。壳表面具低矮的片状同心肋，肋间沟内有细的放射线；壳内面周缘部分橙色；左壳自壳顶到后腹缘有一浅的缢沟，右壳在相应的位置有一低的放射脊。外套窦宽，顶端圆，指向前背缘。

生态习性： 栖息于潮间带的砂质或具有碎珊瑚的底质中。

地理分布： 广东，香港，海南岛；澳大利亚，墨吉群岛。

经济意义： 肉可供食用。

参考文献： 徐凤山和张素萍，2008；徐凤山和张均龙，2018；李琪，2019。

图 159 龙骨双带蛤 *Semele carnicolor* (Hanley, 1845)
A. 左壳侧面观；B. 右壳侧面观；C. 右壳内面观；D. 左壳内面观

樱蛤科 Tellinidae Blainville, 1814

锯形蛤属 *Serratina* Pallary, 1920

编织锯形蛤
Serratina perplexa (Hanley, 1844)

同物异名： *Merisca hungerfordi* (G. B. Sowerby III, 1894)；*Merisca perplexa* (Hanley, 1844)；*Tellina hungerfordi* G. B. Sowerby III, 1894；*Tellina perplexa* Hanley, 1844；*Tellina longirostrata* G. B. Sowerby II, 1867

标本采集地： 广西麻蓝岛。

形态特征： 壳质脆薄，呈近三角椭圆形，两壳侧扁。壳顶位于背部中央偏后，自壳顶至后腹缘具放射脊，后端微向右弯。无小月面。楯面细长，呈披针状，深陷。壳表面呈灰白色，生长线细密，近后端呈波状突起的肋，无放射肋；壳内面白色。铰合部具主齿2枚，左壳侧齿呈粒状，右壳侧齿片状。前闭壳肌痕长，呈卵圆形；后闭壳肌痕呈马蹄状。外套窦深。

生态习性： 栖息于潮间带到水下10m的浅水区。

地理分布： 台湾岛，广东，海南岛；印度洋，东南亚。

经济意义： 肉可供食用。

参考文献： 徐凤山和张均龙，2018；杨文等，2017。

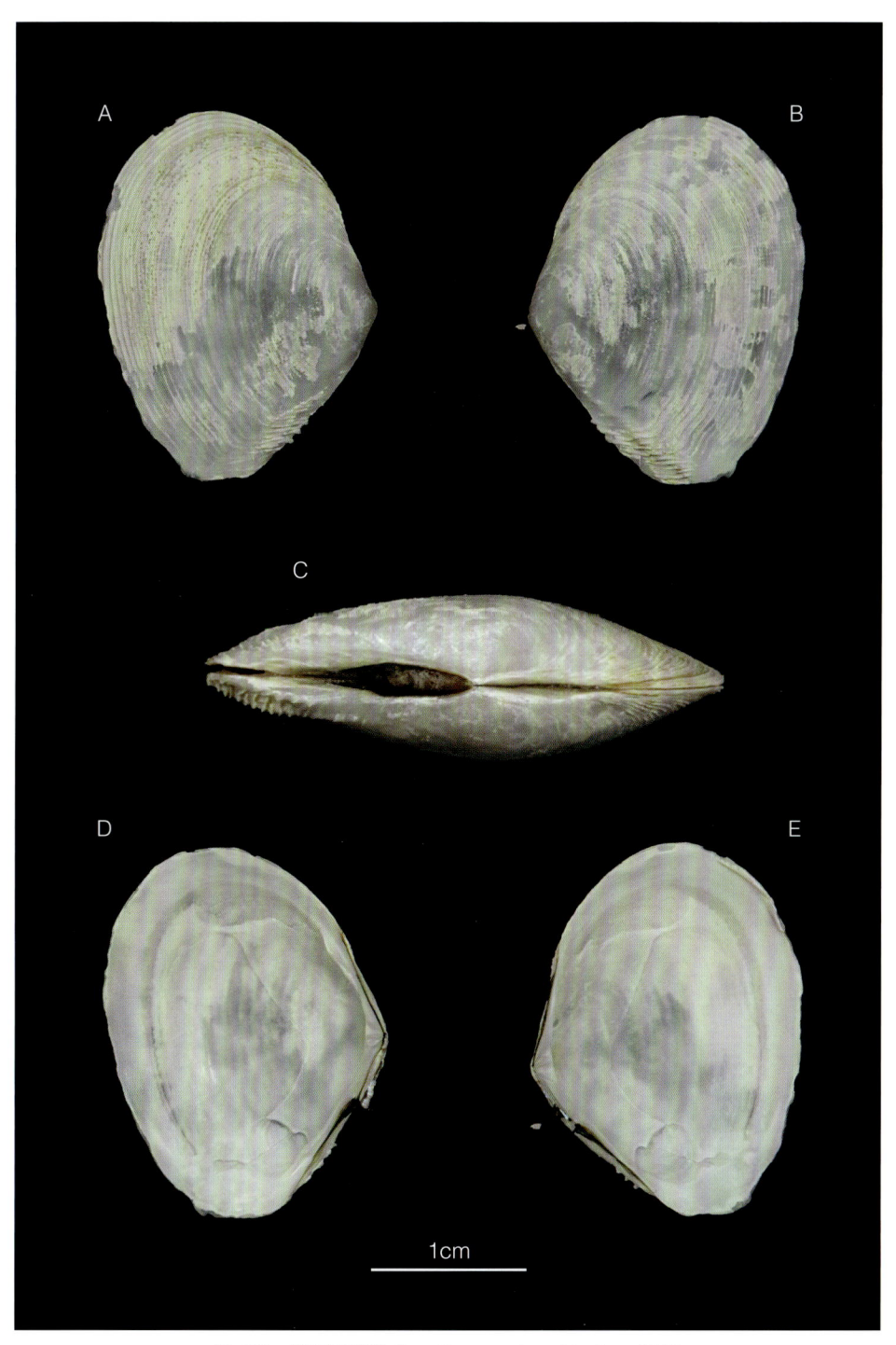

图 160 编织锯形蛤 *Serratina perplexa* (Hanley, 1844)
A. 左壳侧面观；B. 右壳侧面观；C. 顶面观；D. 右壳内面观；E. 左壳内面观

胖樱蛤属 *Abranda* Iredale, 1924

洁胖樱蛤
Abranda casta (Hanley, 1844)

同物异名： *Arcopagia casta* (Hanley, 1844)；*Arcopella casta* (Hanley, 1844)；*Pinguitellina casta* (Hanley, 1844)；*Tellina casta* Hanley, 1844；*Tellina paula* R. A. Philippi, 1851；*Tellina persimplex* Preston, 1916；*Tellina vadorum* Preston, 1916

标本采集地： 广东大亚湾。

形态特征： 壳小型，白色，壳质较厚，两壳近相等，极膨胀。壳顶尖，前倾，位于背部近中央处，壳表面的同心纹纤细。外套窦宽大，前端圆，约 2/3 的长度同外套线愈合。右壳前侧齿特别长。

生态习性： 栖息于潮间带到水下 40m 深处。

地理分布： 海南岛；西太平洋，墨吉群岛。

经济意义： 肉可供食用。

参考文献： 徐凤山和张素萍，2008；徐凤山和张均龙，2018。

图 161　洁胖樱蛤 *Abranda casta* (Hanley, 1844)
A. 左壳侧面观；B. 右壳侧面观；C. 顶面观；D. 右壳内面观；E. 左壳内面观

吉樱蛤属 *Jitlada* M. Huber, Langleit & Kreipl, 2015

幼吉樱蛤
Jitlada juvenilis (Hanley, 1844)

同物异名： *Moerella juvenilis* (Hanley, 1844)； *Tellina juvenilis* Hanley, 1844； *Tellina quadrasi* Hidalgo, 1903

标本采集地： 福建，广东，海南，南沙群岛。

形态特征： 贝壳多红色，略呈卵圆形，壳质较厚。壳顶较低，后倾，位于背部中央之后；前端圆，前背缘微凸，后背缘在韧带附着处平直，呈斜截形，后端尖。壳表面有细的生长纹，自壳顶到后端有一放射脊，形成后褶。外套窦深，但未触及前闭壳肌痕，其腹缘与外套线完全愈合。

生态习性： 栖息于有淡水注入的海湾及河口区的潮间带。

地理分布： 台湾岛，海南岛；日本，菲律宾。

经济意义： 肉可供食用。

参考文献： 徐凤山和张素萍，2008；徐凤山和张均龙，2018。

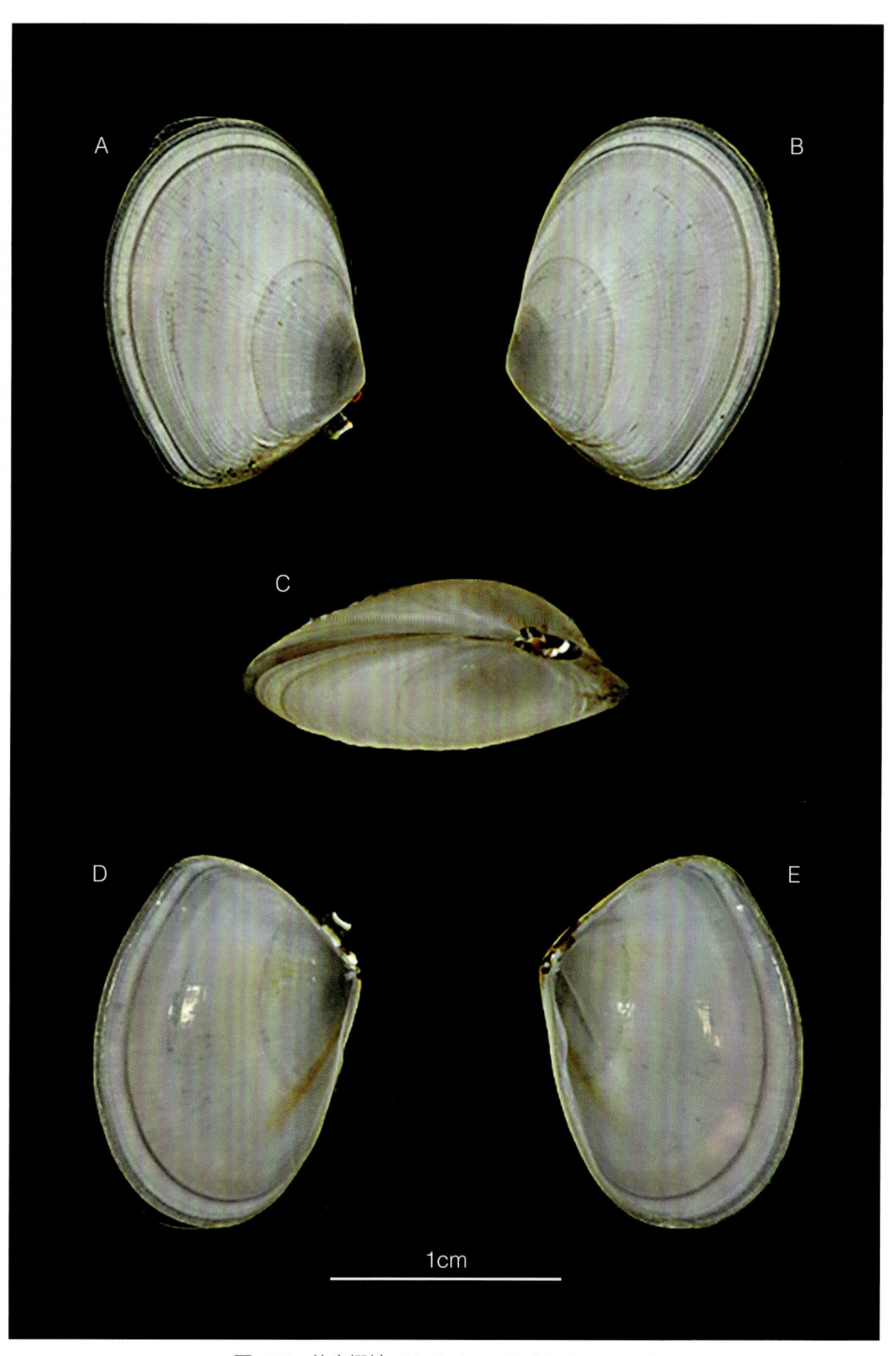

图 162　幼吉樱蛤 *Jitlada juvenilis* (Hanley, 1844)
A. 左壳侧面观；B. 右壳侧面观；C. 顶面观；D. 左壳内面观；E. 右壳内面观

菲律宾吉樱蛤
Jitlada philippinarum (Hanley, 1844)

同物异名： *Angulus philippinarum* (Hanley, 1844)； *Moerella philippinarum* (Hanley, 1844)； *Tellina philippinarum* Hanley, 1844

标本采集地： 广西防城港。

形态特征： 贝壳白色或浅粉红色，壳质较薄，两壳不等，前后亦不等。壳顶位于背部中央之前，微后倾；壳的前缘圆，前背缘短而直，后端尖，后背缘微凸。右壳表面有细的同心纹，左壳表面的同心纹不如右壳显著。外套窦长，可触及前闭壳肌痕，其背缘向壳顶处突然隆起，形成一尖的峰部，其下缘完全与外套线愈合。

生态习性： 栖息于潮间带。

地理分布： 广东，海南岛。

经济意义： 肉可供食用。

参考文献： 徐凤山和张素萍，2008；徐凤山和张均龙，2018。

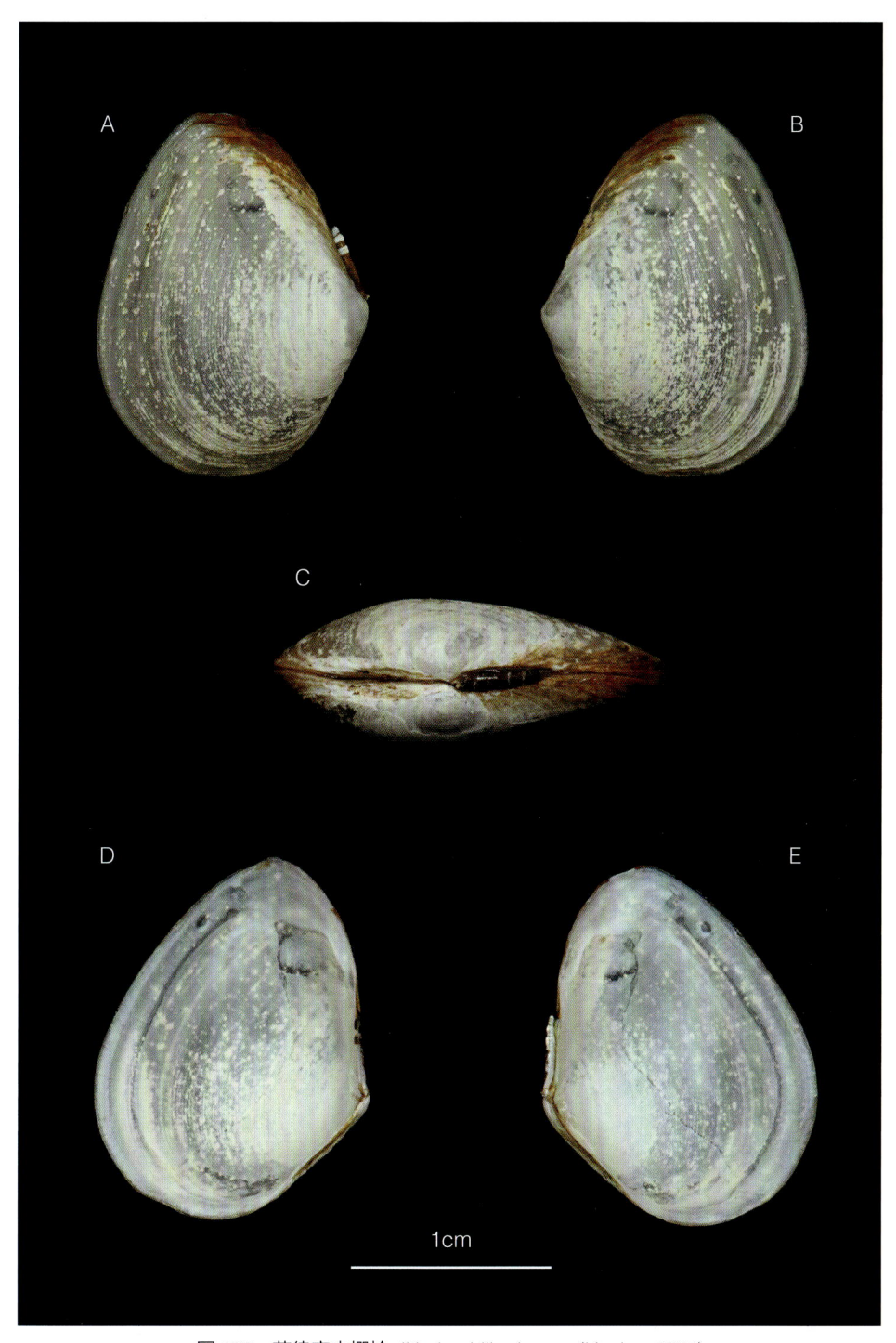

图 163　菲律宾吉樱蛤 *Jitlada philippinarum* (Hanley, 1844)
A. 左壳侧面观；B. 右壳侧面观；C. 顶面观；D. 右壳内面观；E. 左壳内面观

砂白樱蛤属 *Psammacoma* Dall, 1900

截形砂白樱蛤
Psammacoma gubernaculum (Hanley, 1844)

同物异名： *Macoma blairensis* E.A.Smith, 1906； *Macoma gubernaculum* (Hanley, 1844)； *Macoma praerupta* (A. E. Salisbury, 1934)； *Macoma truncata* (Jonas, 1843)； *Psammotreta* (*Pseudometis*) *gubernaculum* (Hanley, 1844)； *Psammotreta gubernaculum* (Hanley, 1844)； *Tellina truncata* Jonas, 1843； *Psammotreta praerupta* (A. E. Salisbury, 1934)； *Tellina gubernaculum* Hanley, 1844； *Tellina praerupta* A. E. Salisbury, 1934

标本采集地： 广东流沙湾。

形态特征： 壳型较大，略呈卵圆形，壳质较薄，壳表面土黄色。壳顶低平，无小月面，楯面细长。壳表面刻有细的同心纹，自壳顶到后腹缘有一低矮的放射脊，脊之后形成后斜面，其上的生长线较粗。外套窦舌状，可达壳中部，其腹缘部分与外套线愈合。铰合部较细弱，右壳 2 个主齿，其中后主齿分叉，左壳后主齿片状。

生态习性： 栖息于潮间带到水下 50m 以内的泥沙质海底。

地理分布： 南海。

经济意义： 肉可供食用。

参考文献： 徐凤山和张素萍，2008；杨文等，2017；徐凤山和张均龙，2018。

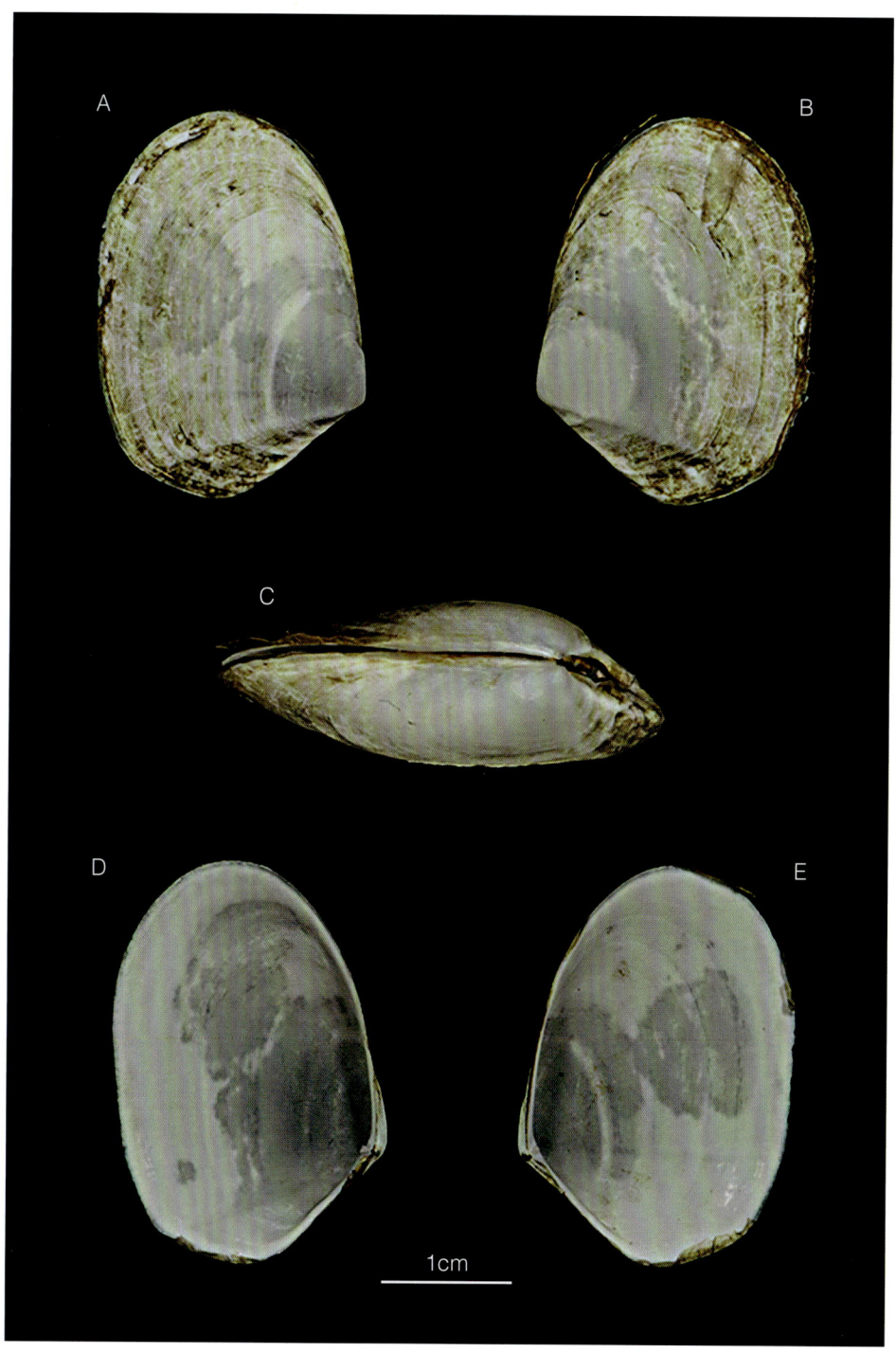

图 164　截形砂白樱蛤 *Psammacoma gubernaculum* (Hanley, 1844)
A. 左壳侧面观；B. 右壳侧面观；C. 顶面观；D. 右壳内面观；E. 左壳内面观

韩瑞蛤属 *Hanleyanus* M. Huber, Langleit & Kreipl, 2015

衣韩瑞蛤
Hanleyanus vestalis (Hanley, 1844)

同物异名： *Angulus vestalis* (Hanley, 1844)；*Psammobia tenella* A. Gould, 1861；*Psammotreta solenella* (Deshayes, 1855)；*Tellina (Angulus) vestalis* Hanley, 1844；*Tellina solenella* Deshayes, 1855；*Tellina vestalis* Hanley, 1844

标本采集地： 海南昌江。

形态特征： 壳质薄，壳形细长，后部有放射褶；壳顶位于背部中央或中央之后，外套窦较长、深，但不能触及前闭壳肌痕，其腹缘约有一半长度与外套痕愈合，两壳各具2个主齿，前侧齿特别长，前端与前主齿相连。

生态习性： 多栖息于水深0～90m的水区。

地理分布： 东海，南海包括北部湾；印度洋，泰国，菲律宾。

经济意义： 肉可供食用。

参考文献： 徐凤山和张素萍，2008；徐凤山和张均龙，2018。

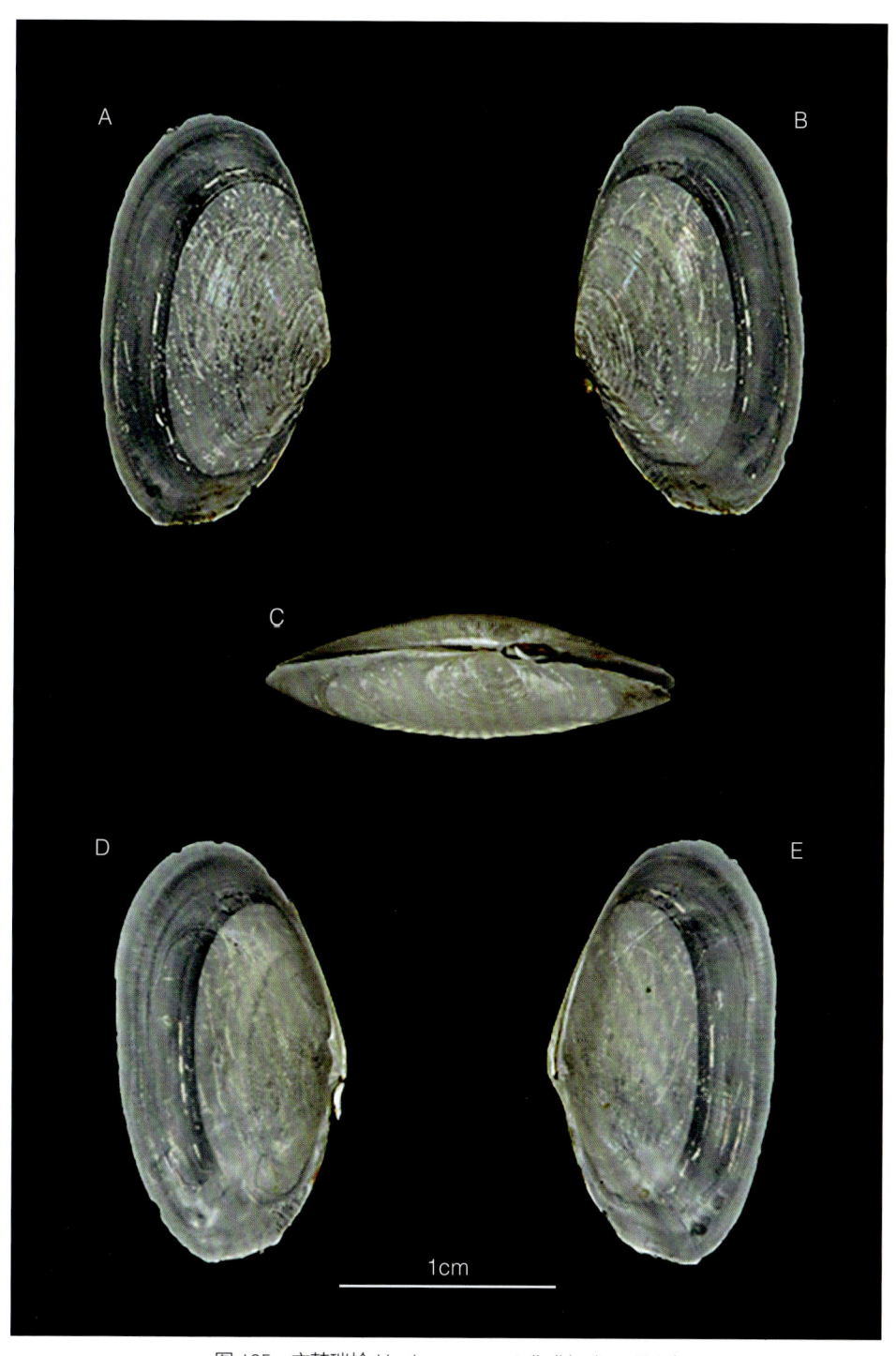

图 165 衣韩瑞蛤 Hanleyanus vestalis (Hanley, 1844)
A. 左壳侧面观；B. 右壳侧面观；C. 顶面观；D. 右壳内面观；E. 左壳内面观

长韩瑞蛤
Hanleyanus oblongus (Gmelin, 1791)

同物异名： *Angulus emarginatus* (G. B. Sowerby I, 1825)； *Angulus oblongus* Megerle von Mühlfeld, 1811； *Tellina* (*Angulus*) *emarginata* G. B. Sowerby I, 1825； *Tellina carinata* Spengler, 1798； *Tellina emarginata* (G. B. Sowerby I, 1825)； *Tellina oblonga* Gmelin, 1791； *Tellinides emarginatus* G. B. Sowerby I, 1825

标本采集地： 福建，广东，海南，南沙群岛。

形态特征： 贝壳近椭圆形，两壳相等，白色，在壳顶前后各有 1 条淡红色的放射带。壳顶低平，后倾，位于背部中央偏后；壳的前部宽大，后部短，自壳顶到后腹角有 2 条放射脊，前一条脊的末端突出于壳的腹缘，形成后腹角，两脊之间的壳面有一浅的缢沟，沟的边缘内陷，形成一浅窦。壳表面的生长线不甚规则。外套窦长而宽。

生态习性： 栖息于 30～60m 深处含有碎壳的沉积物中。

地理分布： 福建，海南岛；印度-西太平洋。

经济意义： 肉可供食用。

参考文献： 徐凤山和张素萍，2008；徐凤山和张均龙，2018。

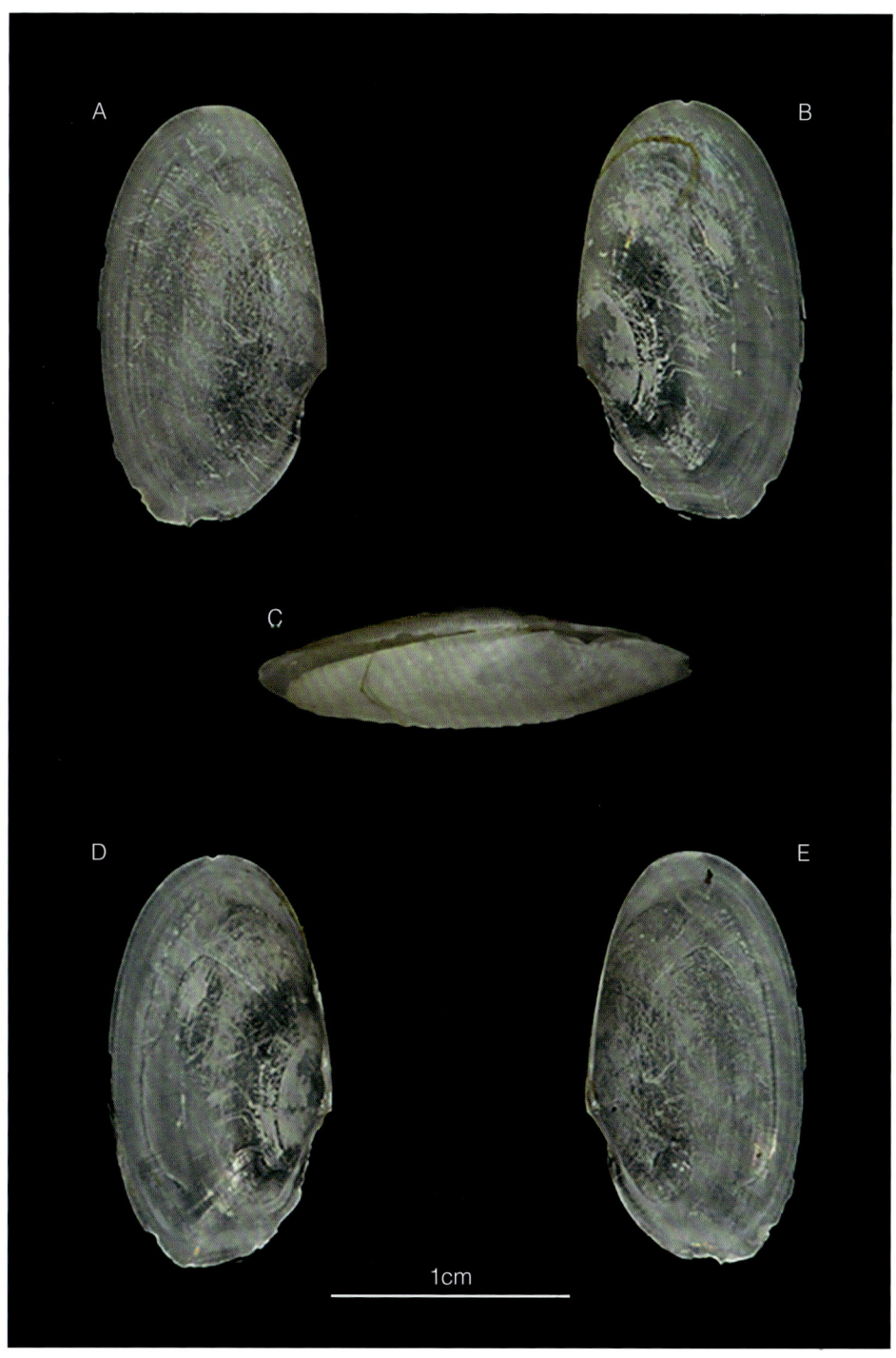

图 166　长韩瑞蛤 *Hanleyanus oblongus* (Gmelin, 1791)
A. 左壳侧面观；B. 右壳侧面观；C. 顶面观；D. 右壳内面观；E. 左壳内面观

马甲蛤属 *Macalia* H. Adams, 1861

马甲蛤
Macalia bruguieri (Hanley, 1844)

同物异名： *Macalia bruguieri refecta* Iredale, 1930；*Macoma bruguieri* (Hanley, 1844)；*Macoma* (*Macalia*) *bruguieri* (Hanley, 1844)；*Macoma californiensis* Bertin, 1878；*Tellina* (*Macoma*) *densestriata* Preston, 1906；*Tellina bruguieri* Hanley, 1844

标本采集地： 海南三亚鹿回头。

形态特征： 贝壳中等大小，壳质坚硬，略呈三角卵圆形，两壳近相等；壳顶前倾。小月面不明显，楯面细长，其周缘有隆起的脊。壳表面有不甚规则的生长线，放射刻纹非常细弱。左壳外套窦较右壳者更长也更宽，右壳外套窦的背缘有一峰状隆起。

生态习性： 栖息于潮间带到水下 20m 以内的浅水区。

地理分布： 浙江以南沿海；印度 - 西太平洋。

经济意义： 肉可供食用。

参考文献： 徐凤山和张素萍，2008；杨文等，2017；徐凤山和张均龙，2018。

樱蛤科分属检索表

1. 左壳 3 主齿，右壳 2 主齿	马甲蛤属 *Macalia*
- 左右两壳各 2 主齿	2
2. 2 片壳上均无侧齿	砂白樱蛤属 *Psammacoma*
- 至少在 1 片壳上有侧齿或退化的侧齿	3
3. 外韧带在壳顶前后伸展	胖樱蛤属 *Abranda*
- 外韧带通常位于壳顶后方	4
4. 壳后背缘有棘片状突起	锯形蛤属 *Serratina*
- 壳后背缘无棘片状突起	5
5. 贝壳三角形，右壳前侧齿强壮，后侧齿弱	吉樱蛤属 *Jitlada*
- 贝壳特别侧扁，壳内面无倾斜的肋，壳后端有 1 浅窦	韩瑞蛤属 *Hanleyanus*

图 167　马甲蛤 *Macalia bruguieri* (Hanley, 1844)
A. 左壳侧面观；B. 右壳侧面观；C. 顶面观；D. 左壳内面观；E. 右壳内面观

贫齿目 Adapedonta

竹蛏科 Solenidae Lamarck, 1809

竹蛏属 *Solen* Linnaeus, 1758

直线竹蛏
Solen linearis Spengler, 1794

同物异名： *Solen linearis* Chemnitz, 1795

标本采集地： 广西北部湾。

形态特征： 壳质薄脆，壳形细长，壳长约为壳高的 7 倍。壳顶不明显，位于贝壳最前端。壳表面的紫色同心纹粗且密，壳的后部略宽，生长线细密，由壳顶至腹缘末端有一对角线，将壳面分成两部分；上部具紫红色与白色相间排列的色带；下部呈淡黄色；壳内面黄白色。铰合部具主齿 1 枚。前闭壳肌痕细长，后闭壳肌痕近方形。

生态习性： 栖息于低潮区到水深 60m 的砂质区。

地理分布： 广东，海南岛；印度 - 西太平洋。

经济意义： 肉可供食用。

参考文献： 徐凤山和张素萍，2008；杨文等，2017。

图 168　直线竹蛏 *Solen linearis* Spengler, 1794
A. 左壳侧面观；B. 右壳侧面观；C. 右壳内面观；D. 左壳内面观

长竹蛏
Solen strictus Gould, 1861

同物异名： *Solen corneus* var. *pechiliensis* Grabau & S. G. King, 1928；*Solen gracilis* R. A. Philippi, 1847；*Solen pechiliensis* Grabau & S. G. King, 1928；*Solen incertus* Clessin, 1888；*Solen xishana* F. R. Bernard, Cai & B. Morton, 1993

标本采集地： 福建，广东，海南，南沙群岛。

形态特征： 壳极长，壳质脆薄，壳长是壳高的 6～7 倍；前端截形，略倾斜，后端圆，近圆形。壳表面光滑，生长纹明显，被有黄褐色壳皮。前闭壳肌痕细长，后闭壳肌痕略呈半圆形。外套痕明显，外套窦半圆形。铰合部小，两壳各具主齿 1 枚。

生态习性： 栖息于潮间带中潮区至浅海泥沙底。

地理分布： 中国沿海。

经济意义： 肉可供食用。

参考文献： 徐凤山和张素萍，2008；杨文等，2017；李海燕等，2008。

图 169 长竹蛏 *Solen strictus* Gould, 1861
A. 左壳侧面观；B. 右壳侧面观；C. 右壳内面观；D. 左壳内面观

赤竹蛏
Solen gordonis Yokoyama, 1920

标本采集地： 深圳宝安。

形态特征： 壳长是壳宽的近 6 倍，壳质较厚；壳顶位于最前端，韧带短，黑褐色，前端斜截形，后端近截形。壳表面黄色，透过壳皮可看到壳表面有平行于生长线的密集紫色花纹。前闭壳肌痕细长，后闭壳肌痕三角形。外套窦浅。

生态习性： 栖息于潮间带的低潮区。

地理分布： 福建，台湾岛，广东。

经济意义： 肉可供食用。

参考文献： 徐凤山和张素萍，2008；杨文等，2017；李琪，2019。

竹蛏属分种检索表

1.壳质脆薄 2
 - 壳质较厚 .... 赤竹蛏 *Solen gordonis*
2.壳长约为壳高的 7 倍；壳表面的紫色同心纹粗且密 .... 直线竹蛏 *Solen linearis*
 - 壳长是壳高的 6～7 倍；壳表面光滑，生长纹明显，被有黄褐色壳皮 .... 长竹蛏 *Solen strictus*

图 170 赤竹蛏 *Solen gordonis* Yokoyama, 1920
A. 左壳侧面观；B. 右壳侧面观；C. 右壳内面观；D. 左壳内面观

海螂目 Myida
篮蛤科 Corbulidae Lamarck, 1818
河篮蛤属 *Potamocorbula* Habe, 1955

焦河篮蛤
Potamocorbula nimbosa (Hanley, 1843)

同物异名： Corbula labiata Reeve, 1844；Corbula nimbosa Hanley, 1843；Corbula ustulata Reeve, 1844

标本采集地： 广西防城港。

形态特征： 壳质较厚，呈近等腰三角形；壳顶位于背部中央，前缘圆，后缘略尖；同心刻纹粗糙。壳表面无放射刻纹。外套窦浅。前闭壳肌痕长卵形，后闭壳肌痕近圆形。

生态习性： 栖息于浅海及江河口。

地理分布： 山东，上海，浙江河口；东南亚。

经济意义： 肉可供食用。

参考文献： 徐凤山和张素萍，2008；杨文等，2017。

图 171 焦河篮蛤 *Potamocorbula nimbosa* (Hanley, 1843)
A. 左壳侧面观；B. 右壳侧面观；C. 顶面观；D. 右壳内面观；E. 左壳内面观

海笋科 *Pholadidae* Lamarck, 1809
全海笋属 *Barnea* Risso, 1826

马尼拉全海笋
Barnea manilensis (Philippi, 1847)

同物异名：*Barnea durbanensis* van Hoepen, 1941；*Barnea labordei* Jousseaume, 1923；*Barnea elongata* S. Tchang, C.-Y. Tsi & K.-M. Li, 1960；*Barnea spica* Jousseaume, 1923；*Barnia erythraea* Gray, 1851；*Martesia delicatula* Preston, 1910；*Pholas manilensis* var. *inornata* Pilsbry, 1895；*Pholas manilensis* R. A. Philippi, 1847；*Pholas manillae* G. B. Sowerby II, 1849

标本采集地：海南三亚。

形态特征：贝壳中等大小，细长；前端尖，后端尖圆。壳表面具鳞状突起组成的环状细肋，壳表面的刻纹不清晰。壳内后闭壳肌痕卵圆形，原板的前部尖细，后端截形，最宽处位于近后端。

生态习性：栖息于潮间带下区至低潮线。

地理分布：台湾岛，广东（澳头），海南（三亚、曲口）；日本，菲律宾，泰国湾，澳大利亚，东南亚。

经济意义：肉可供食用。

参考文献：徐凤山和张素萍，2008；李琪，2019。

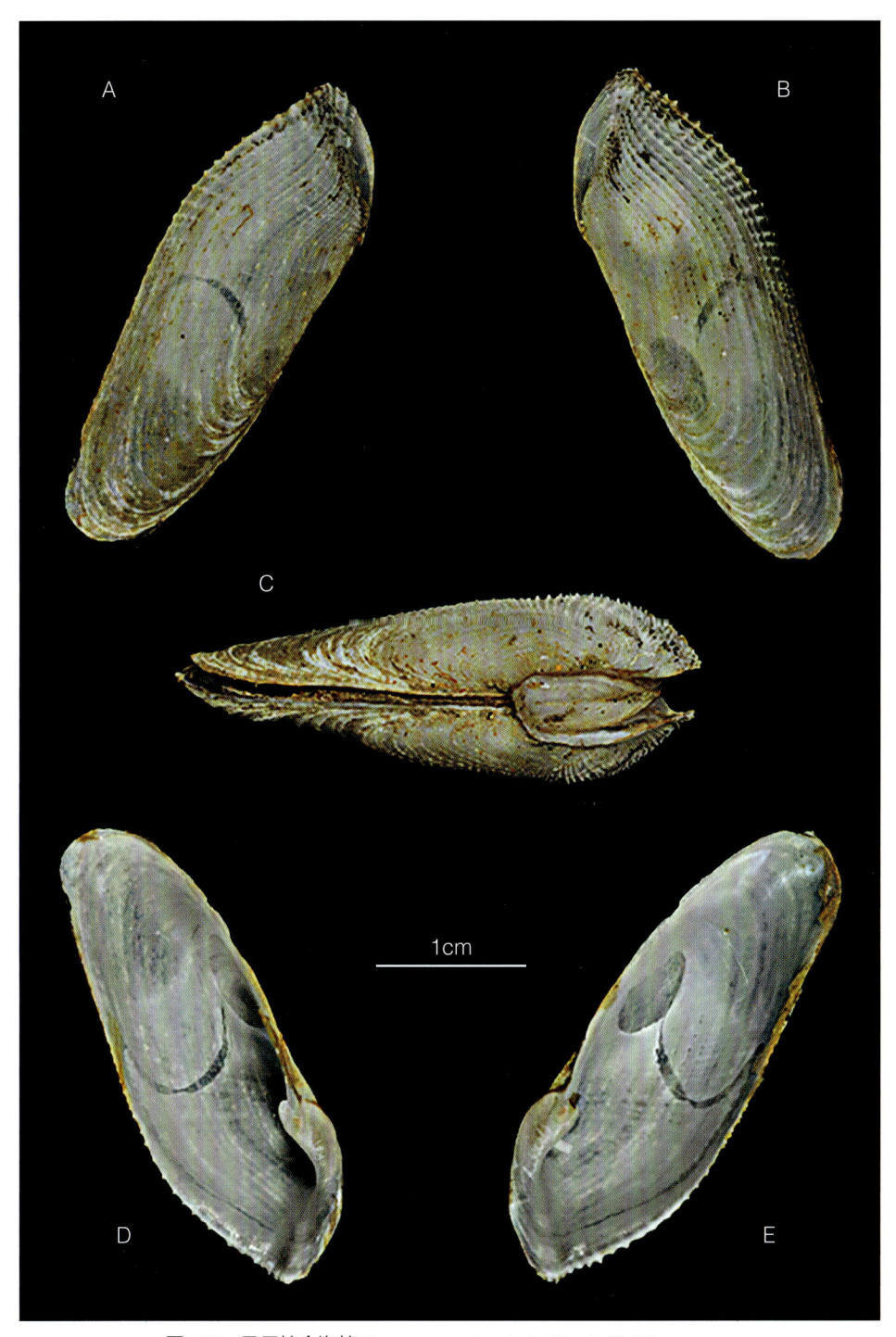

图 172　马尼拉全海笋 *Barnea manilensis* (Philippi, 1847)
A. 左壳侧面观；B. 右壳侧面观；C. 顶面观；D. 右壳内面观；E. 左壳内面观

笋螂目 Pholadomyida

鸭嘴蛤科 Laternulidae Hedley, 1918 (1840)

鸭嘴蛤属 *Laternula* Röding, 1798

渤海鸭嘴蛤
Laternula gracilis (Reeve, 1860)

同物异名： *Anatina gracilis* Reeve, 1860；*Anatina marilina* Reeve, 1860；*Anatina recta* Reeve, 1863；*Anatina tasmanica* Reeve, 1863；*Laternula marilina* (Reeve, 1860)；*Laternula recta* (Reeve, 1863)；*Laternula tasmanica* (Reeve, 1863)

标本采集地： 广西防城港。

形态特征： 壳质薄脆，两端开口，呈长卵圆形；壳顶低平，位于背部中央；两壳壳顶有1条短的横裂纹。壳表面生长线粗糙，自壳顶到后腹角有一放射刻纹，此纹前的壳表面布有粒状突起，石灰质韧带片为"V"形。前闭壳肌痕长卵圆形，后闭壳肌痕圆形。外套窦宽大，呈半圆形。

生态习性： 栖息于潮间带到水下20m深处的泥沙底。

地理分布： 中国沿海；印度-西太平洋。

经济意义： 肉可供食用。

参考文献： 徐凤山和张素萍，2008；杨文等，2017。

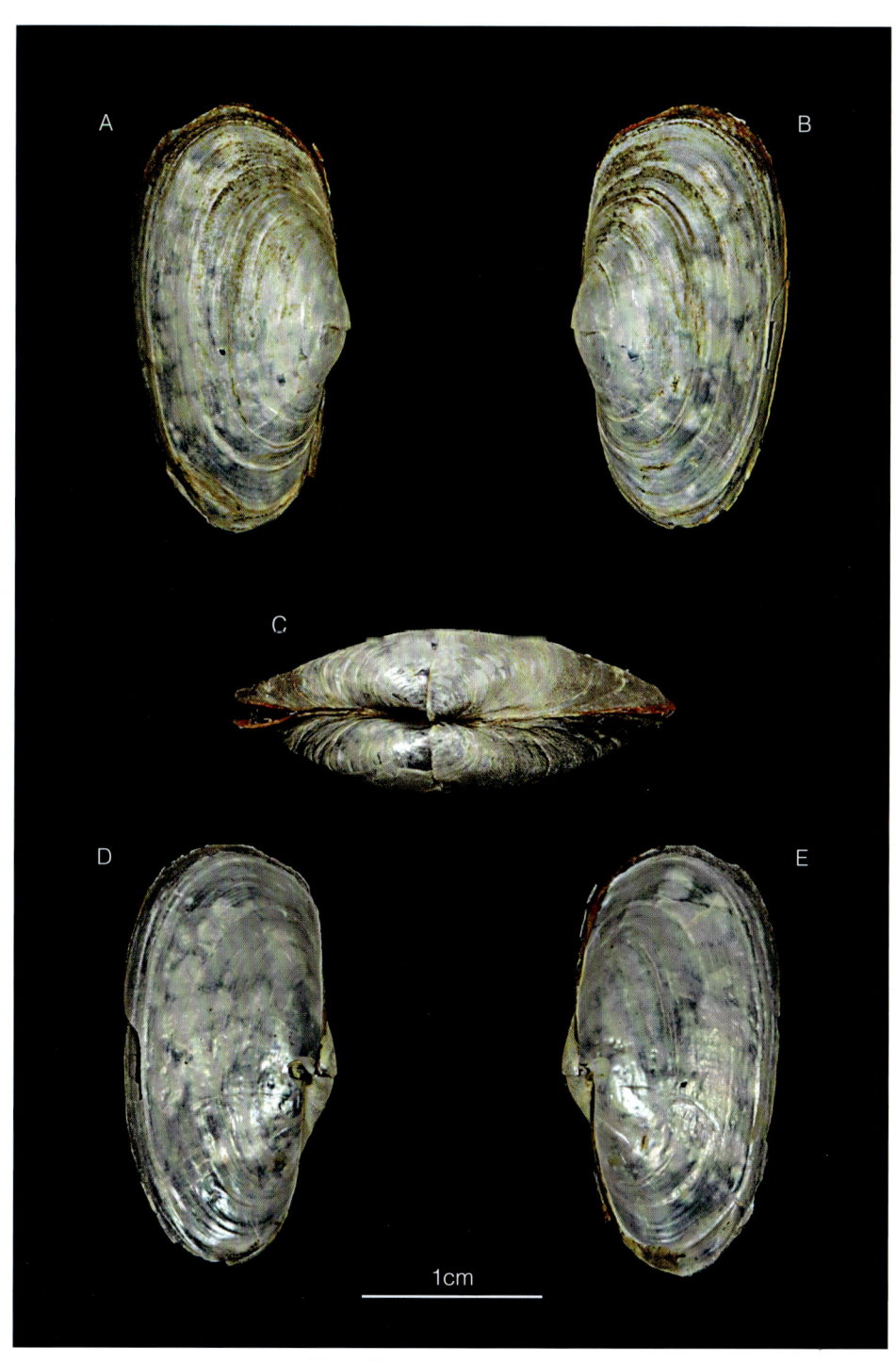

图 173　渤海鸭嘴蛤 *Laternula gracilis* (Reeve, 1860)
A. 左壳侧面观；B. 右壳侧面观；C. 顶面观；D. 右壳内面观；E. 左壳内面观

杓蛤科 Cuspidariidae Dall, 1886
杓蛤属 *Cuspidaria* Nardo, 1840

日本杓蛤
Cuspidaria japonica Kuroda, 1948

标本采集地： 南海神狐海域。

形态特征： 壳质较薄脆；壳顶极为突出，位于背部中央。两壳的着带板相等，呈半圆形，突出于铰合部。左壳有 1 个长而低矮的后侧齿，在前侧齿的位置上仅有 1 个小结节。

生态习性： 栖息于软泥底质。

地理分布： 南海；日本。

经济意义： 肉可供食用。

参考文献： 徐凤山和张素萍，2008。

图 174　日本杓蛤 *Cuspidaria japonica* Kuroda, 1948
A. 左壳侧面观；B. 右壳侧面观；C. 顶面观；D. 左壳内面观；E. 右壳内面观

灯塔蛤科 Pharidae H. Adams & A. Adams, 1856
灯塔蛤属 *Pharella* Gray, 1854

尖齿灯塔蛤
Pharella acutidens (Broderip & Sowerby, 1829)

同物异名： *Solecurtus strigosus* Gould, 1861

标本采集地： 广西北部湾。

形态特征： 壳形细长，壳顶位于中央之前，前后端圆。壳表面被以深绿色壳皮，同心线较粗糙；壳面自壳顶有一浅沟向壳的中、后腹缘延伸，同时腹缘内陷。外套窦极浅，顶端斜截形。铰合齿尖而高，铰合部左壳有主齿3枚；右壳有2枚。前闭壳肌痕呈三角形，后闭壳肌痕呈长条状。外套窦浅。

生态习性： 栖息于潮间带泥沙底。

地理分布： 浙江（温岭），广东（湛江），广西（北海），海南（文昌）；菲律宾，越南，印度尼西亚，印度洋。

经济意义： 肉可供食用。

参考文献： 徐凤山和张素萍，2008；杨文等，2017。

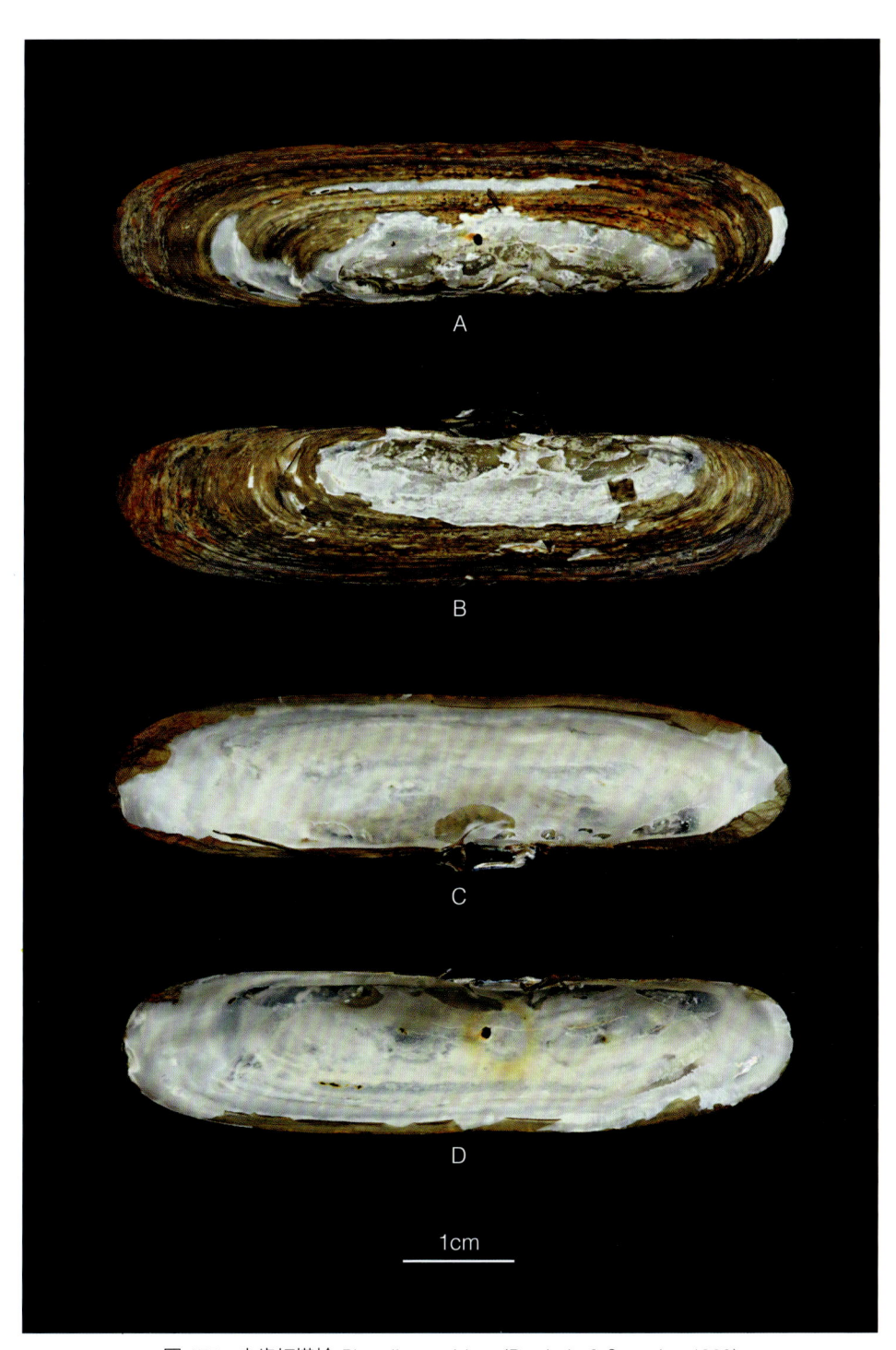

图 175 尖齿灯塔蛤 *Pharella acutidens* (Broderip & Sowerby, 1829)
A. 左壳侧面观；B. 右壳侧面观；C. 右壳内面观；D. 左壳内面观

刀蛏属 *Cultellus* Schumacher, 1817

小刀蛏
Cultellus attenuatus Dunker, 1862

标本采集地： 广西北部湾。

形态特征： 壳形细长，壳顶位于背部前端 1/4 处；前端圆，稍膨大，后端长。壳表面具有光滑的、薄的黄色壳皮，具光泽，壳面生长线细弱；壳内面白色，前闭壳肌痕小而圆，位于壳顶之下，后闭壳肌痕细长；外套窦浅而宽；外韧带突出，黑色；铰合部主齿右壳 2 枚，左壳 3 枚，中央主齿大。

生态习性： 栖息于潮间带到水下 98m 的浅水区。

地理分布： 中国沿海；印度 - 西太平洋。

经济意义： 肉可供食用。

参考文献： 徐凤山和张素萍，2008；张素萍，2016；张永普等，2012。

图 176　小刀蛏 *Cultellus attenuatus* Dunker, 1862
A. 左壳侧面观；B. 右壳侧面观；C. 右壳内面观；D. 左壳内面观

乌贼目 Sepiida
耳乌贼科 Sepiolidae Leach, 1817
耳乌贼属 Sepiola Leach, 1817

双喙耳乌贼
Sepiola birostrata Sasaki, 1918

标本采集地： 广西涠洲岛。

形态特征： 个体小，胴部圆袋形；成体最大胴长为 22.0mm。体表具很多色素斑点，其中有一些较大。肉鳍较大，近圆形，位于胴部两侧中部，状如双耳。无柄腕长度略有差异，腕式一般为 3>2>1>4，雄性第 3 对腕特粗，约为其他腕的 3 倍，顶部骤然变细，似一鞭状物，顶部吸盘正常，基部吸盘大半退化；腕吸盘 2 行，角质环不具齿，雄性左侧第 1 腕茎化，较右侧对应腕粗而壮，基部具 4～5 个小吸盘，前方边缘生有 2 个弯曲的喙状肉突，前面的 1 个较大，全腕顶部密生 2 行突起，其顶端生有小吸盘：触腕穗稍膨突，短小，吸盘极小，有十余行，细绒状。内壳退化。

生态习性： 主要栖居于浅海。早春季节从较深水中集群游至沿岸内湾生殖，游泳能力很弱。平时潜伏沙中，营底栖生活，繁殖季节才有很短距离的洄游移动。在浮游生物和底栖生物拖网中，双喙耳乌贼为常见的种类。以小型底栖甲壳类为食。

地理分布： 渤海，黄海，东海，南海；俄 - 日 - 中海域。

经济意义： 可食用或加工成干制品。

参考文献： 董正之，1988；郑小东等，2013。

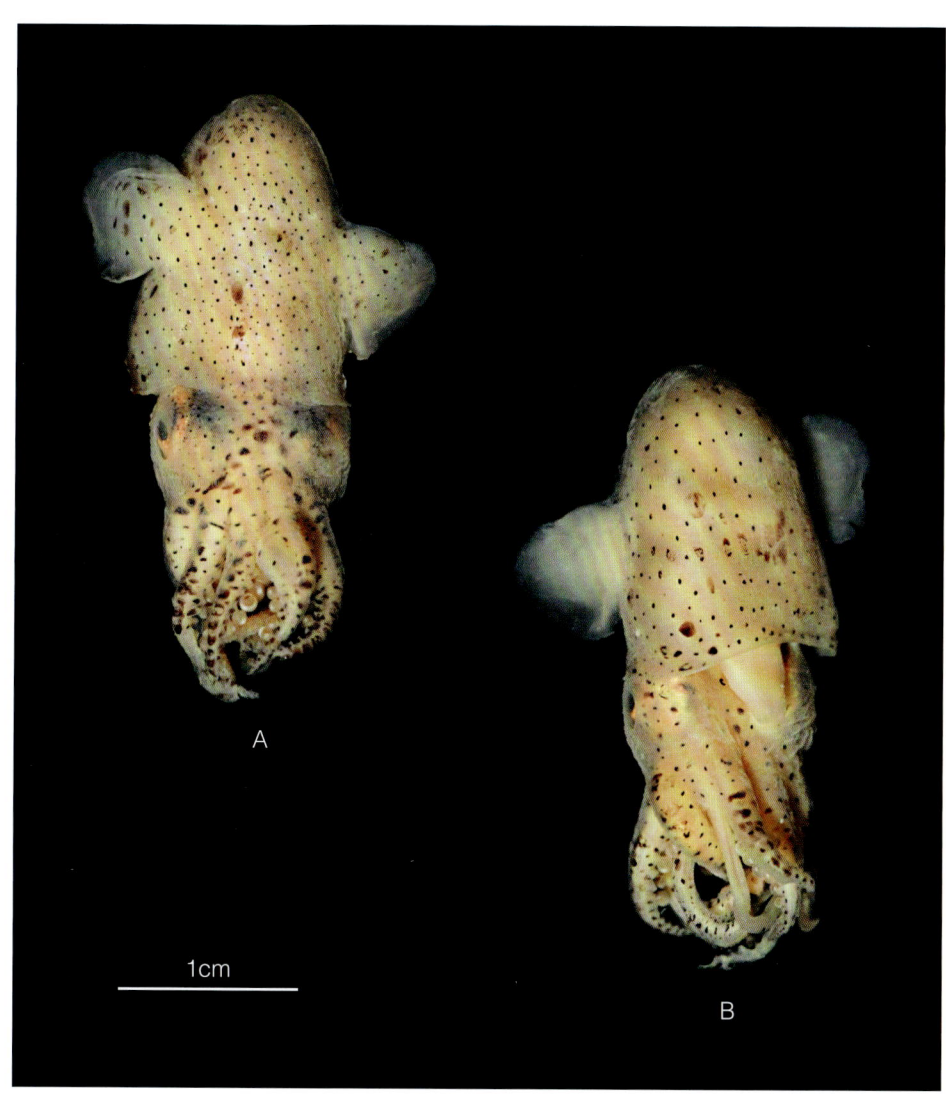

图 177　双喙耳乌贼 *Sepiola birostrata* Sasaki, 1918
A. 背面观；B. 腹面观

鹦鹉螺目 Nautilida
鹦鹉螺科 Nautilidae Blainville, 1825
鹦鹉螺属 *Nautilus* Linnaeus, 1758

鹦鹉螺
Nautilus pompilius Linnaeus, 1758

同物异名： *Nautilus pompilius pompilius* Linnaeus, 1758

标本采集地： 西沙群岛。

形态特征： 具卷曲的珍珠样外壳，壳光滑，卷曲，贝壳最大可为 26.8cm，但成年鹦鹉螺一般都不超过 20cm。外壳由许多腔室组成，内约分 36 室，最末一室为躯体所居，即被称为"住室"的最大壳室。其他各层由于充满气体均称为"气室"。外套位于外壳内。各腔室之间有隔膜隔开，室管穿过隔膜将各腔室连在一起，气体和水流通过室管通向壳外，生物体由此控制浮力。鳃 2 对。具 63～94 只腕，但无吸盘，雌性较雄性多。眼简单，无晶状体。无墨囊，漏斗两叶状，具运动功能。有近于脊椎动物水平的发达的脑，循环系统、神经系统也很发达。心脏、卵巢、胃等器官生长在靠近螺壁的地方，被保护得很好。雌雄异体，有很大的卵。头部、足部都很发达，足环生于头部的前方，所以本种是头足类的一种。头部的构造也与乌贼十分相近，口的周围和头的前缘两侧生有许多触手，但触手上面没有乌贼所具有的吸盘。

生态习性： 多在 100m 的深水底层用腕部缓慢地匍匐而行。也可以利用腕部的分泌物附着在岩石或珊瑚礁上。在暴风雨过后，海上风平浪静的夜晚，鹦鹉螺浮游在海面上，贝壳向上，壳口向下，头及腕完全舒展。有夜出性。

地理分布： 台湾东部，西沙群岛，海南岛南部；日本相模湾，西南太平洋 - 印度洋。

经济意义： 被称作海洋中的"活化石"，在研究生物进化和古生物学等方面有很高的价值。

参考文献： 郑小东等，2013。

图 178　鹦鹉螺 *Nautilus pompilius* Linnaeus, 1758

软体动物门参考文献

陈道海，孙世春．2010．9种石鳖壳板的形态研究．中国海洋大学学报（自然科学版），40(6): 53-60．

陈志云，谭烨辉，连喜平．2015．黑线蜑螺的种名修订和特征鉴别．热带海洋学报，34(4): 74-76．

董正之．1988．中国动物志 软体动物门 头足纲．北京：科学出版社．

董正之．2002．中国动物志 软体动物门 腹足纲 原始腹足目 马蹄螺总科．北京：科学出版社．

李海涛，何薇，周鹏，等．2015．伶鼬榧螺（Oliva mustelina）的分子鉴定及其形态变异．海洋学报，37(4): 117-123．

李海燕，舒琥，易祖盛．2008．大亚湾水生贝类彩色图集．广州：华南理工大学出版社．

李琪．2019．中国近海软体动物图志．北京：科学出版社．

林光宇．1997．中国动物志 软体动物门 腹足纲 后鳃亚纲 头楯目．北京：科学出版社．

马绣同．1997．中国动物志 软体动物门 腹足纲 中腹足目 宝贝总科．北京：科学出版社．

齐钟彦，林光宇，张福绥，等．1986．中国动物图谱 软体动物 第三册．北京：科学出版社．

齐钟彦，马啸同，楼子康，等．1983．中国动物图谱 软体动物 第二册．北京：科学出版社．

王海艳，郭希明，刘晓，等．2007．中国近海"近江牡蛎"的分类和订名．海洋科学，31(9): 85-86．

王海艳，张涛，马培振，等．2016．中国北部湾潮间带现生贝类图鉴．北京：科学出版社．

王瑁，刘毅，丁奕朋，等．2013．海南东寨港红树林软体动物．厦门：厦门大学出版社．

王祯瑞．1997．中国动物志 软体动物门 双壳纲 贻贝目．北京：科学出版社．

王祯瑞．2002．中国动物志 软体动物门 双壳纲 珍珠贝亚目．北京：科学出版社．

徐凤山．2012．中国动物志 软体动物门 双壳纲 满月蛤总科 心蛤总科 厚壳蛤总科 鸟蛤总科．北京：科学出版社．

徐凤山，张均龙．2018．无脊椎动物 第五十七卷 软体动物门 双壳纲 樱蛤科 双带蛤科．北京：科学出版社．

徐凤山，张素萍．2008．中国海产双壳类图志．北京：科学出版社．

杨文，蔡英亚，邝雪梅．2017．中国南海经济贝类原色图谱（第二版）．北京：中国农业出版社．

张素萍．2008．中国海洋贝类图鉴．北京：海洋出版社．

张素萍．2016．中国动物志 软体动物门 腹足纲 凤螺总科 玉螺总科．北京：科学出版社．

张素萍，马绣同．1997．中国近海玉螺科的研究Ⅱ．窦螺亚科．海洋科学集刊，(2): 1-7．

张素萍，马绣同．2004．中国动物志 软体动物门 腹足纲 鹑螺总科．北京：科学出版社．

张素萍，王鸿霞，徐凤山．2012．中国近海文蛤属（双壳纲，帘蛤科）的系统分类学研究．动物分类学报，37(3): 473-479．

张素萍，尉鹏．2011．中国宝贝总科图鉴 北京：科学出版社．

张素萍，张均龙，陈志云，等．2016．黄渤海软体动物图志．北京：科学出版社．

张玺，齐钟彦. 1964. 中国动物图谱 软体动物 第一册. 北京：科学出版社.
张永普，周化斌，尤仲杰. 2012. 浙江洞头海产贝类图志. 北京：海洋出版社.
郑小东，曲学存，曾晓起，等. 2013. 中国水生贝类图谱. 青岛：青岛出版社.
庄启谦. 2001. 中国动物志 软体动物门 双壳纲 帘蛤科. 北京：科学出版社.

中文名索引

A
阿文绶贝	40
矮拟帽贝	9
奥莱彩螺	112
澳洲薄壳鸟蛤	252

B
白带三角口螺	86
白龙骨乐飞螺	90
白小笔螺	64
半囊螺属	121
棒螺科	94
棒梭角贝	6
棒锥螺	20
薄壳鸟蛤属	252
薄盘蛤属	228
宝贝科	39
宝贝属	39
宝冠螺	42
宝冠螺属	42
编织锯形蛤	274
扁蛤蜊	192
扁平管帽螺	28
扁平钳蛤	168
变化短齿蛤	152
变肋角贝	5
滨螺科	23
波纹类缀锦蛤	240
渤海鸭嘴蛤	300
布袋蛇螺属	26
布目皱纹蛤	198

C
彩螺属	112
彩拟蟹守螺	12
蝐螺属	105
长砗磲	256
长韩瑞蛤	286
长葡萄螺科	119
长竹蛏	292
砗磲属	254
赤蛙螺属	50
赤竹蛏	294
唇粗饰蚶	144
唇翼螺属	30
次光滑新棱蛤	182
刺鸟蛤属	260
粗糙拟滨螺	23
粗糙弯鸟蛤	250
粗饰蚶属	134

D
大轮螺	117
大鸟蛤属	258
大珠母贝	164
单齿螺属	102
胆形织纹螺	78
蛋白无脐玉螺	35
蜑螺科	112
蜑螺属	113
刀蛏属	306
灯塔蛤科	304
灯塔蛤属	304
等边薄盘蛤	228
东方壳蛞蝓	122
东风螺科	66
东风螺属	66
窦螺属	36
短齿蛤属	152
短圆缀锦蛤	218
盾蛾属	99
钝缀锦蛤	220
多肋玉螺属	33

E
耳螺科	125
耳乌贼科	308
耳乌贼属	308

F
法螺	46
法螺科	46
法螺属	46
帆螺科	28
方斑东风螺	66
方形钳蛤	166
菲律宾蛤仔	224
菲律宾吉樱蛤	280
榧螺科	82
榧螺属	82
翡翠股贻贝	148
凤螺科	30
斧蛤科	262
斧蛤属	262
覆瓦布袋蛇螺	26

G
高蛤蜊	190
鸽螺	84
鸽螺属	84
格特蛤属	226
隔贻贝	150
隔贻贝属	150
股贻贝属	148
骨螺科	52
骨螺属	56
管帽螺属	28
冠螺科	41

315

冠螺属	41	华丽蛤蜊	188	可变印荔枝螺	60
光螺科	38	华丽美女蛤	208	宽板石鳖属	2
光螺属	38	汇螺科	12	宽带梯螺	22
光织纹螺	70			魁蚶	134
果蕾螺属	89	**J**		篮蛤科	296
蛤蜊科	188	吉樱蛤属	278		
蛤蜊属	188	棘螺属	52	**L**	
蛤仔属	224	加夫蛤属	210	锒边鸟蛤	260
		假奈拟塔螺	96	乐飞螺属	90
H		嫁螺	7	类枥孔扇贝属	170
海菊蛤科	176	嫁螺属	7	类缀锦蛤属	240
海菊蛤属	176	尖齿灯塔蛤	304	棱蛤科	180
海南多肋玉螺	33	尖鱼篮螺	68	丽文蛤	234
海笋科	298	江珧科	162	利石鳖属	3
海兔科	123	江珧属	162	粒花冠小月螺	108
海兔属	123	焦河篮蛤	296	粒蝌蚪螺	44
海湾扇贝	172	角贝科	5	帘蛤科	198
海湾扇贝属	172	角贝属	5	联粗饰蚶	136
海月	178	角粗饰蚶	138	裂纹格特蛤	226
海月蛤科	178	绞孔胄螺	125	伶鼬榧螺	82
海月蛤属	178	节蝾螺	110	瘤背石磺螺	128
蚶科	130	节织纹螺	72	龙骨双带蛤	272
韩瑞蛤属	284	杰氏区系螺	92	卵蛤属	214
河篮蛤属	296	洁胖樱蛤	276	轮螺科	117
核螺科	64	结蚶	146	轮螺属	117
盒螺属	120	结节滨螺属	25	轮螺总科	117
褐棘螺	52	截形砂白樱蛤	282	绿螂科	186
黑口唇翼螺	30	紧卷蛇螺	27	绿螂属	186
黑口拟滨螺	24	近江巨牡蛎	156		
黑田乳玉螺	34	镜蛤属	216	**M**	
黑线蜑螺	115	菊花螺科	126	马甲蛤	288
红大鸟蛤	258	菊花螺属	126	马甲蛤属	288
红带织纹螺	76	巨牡蛎属	156	马尼拉全海笋	298
红痘丝岩螺	54	锯齿原缀锦蛤	244	马氏光螺	38
红树蚬	184	锯形蛤属	274	马蹄螺科	102
红条毛肤石鳖	4			马蹄螺属	104
弧蛤属	154	**K**		马蹄螺总科	100
虎斑宝贝	39	蝌蚪螺属	44	满月蛤科	247
花帽贝科	7	壳蛞蝓科	122	毛肤石鳖科	4
华贵类枥孔扇贝	170	壳蛞蝓属	122	毛肤石鳖属	4

中文名索引

帽贝总科	7	浅缝骨螺	56	双带蛤属	272		
美女蛤属	206	嵌线螺科	44	双喙耳乌贼	308		
美叶雪蛤	204	青蛤	238	双纹中蚶	130		
面具美女蛤	206	青蛤属	238	双线隙蛤	270		
莫利加螺属	88	青螺科	8	丝岩螺属	54		
牡蛎科	156	青螺总科	8	四角蛤蜊	196		
		区系螺属	92	四射缀锦蛤	222		
N		全海笋属	298	松菊花螺	127		
衲螺科	86			笋螺科	98		
囊牡蛎属	158	**R**		梭角贝科	6		
泥蚶属	146	日本镜蛤	216	梭角贝属	6		
泥螺	119	日本菊花螺	126				
泥螺属	119	日本宽板石鳖	2	**T**			
拟滨螺属	23	日本利石鳖	3	塔结节滨螺	25		
拟蜑单齿螺	102	日本笠贝属	8	塔螺科	89		
拟帽贝属	9	日本杓蛤	302	塔玉螺属	32		
拟塔螺属	94	蝶螺科	107	滩栖螺科	16		
拟蟹守螺属	12	蝶螺属	110	滩栖螺属	16		
鸟蛤科	250	乳突片鳃	124	唐冠螺	41		
鸟爪拟帽贝	10	乳玉螺属	34	腾螺属	59		
扭蚶	132	瑞荔枝螺属	62	梯螺科	22		
扭蚶属	132			梯螺属	22		
扭螺科	48	**S**		梯螺总科	22		
扭螺属	48	三叉螺科	120	条蜑螺	113		
		三角口螺属	86	头巾雪蛤	200		
P		僧帽牡蛎	158	凸加夫蛤	210		
胖樱蛤属	276	砂白樱蛤属	282	凸壳弧蛤	154		
胖紫云蛤	268	扇贝科	170	托氏蝐螺	105		
片鳃科	124	杓蛤科	302				
片鳃属	124	杓蛤属	302	**W**			
平轴螺	11	蛇螺科	26	蛙螺科	50		
平轴螺科	11	蛇螺属	27	弯鸟蛤属	250		
平轴螺属	11	石鳖科	3	网纹海兔	123		
婆罗半囊螺	121	石磺科	128	网纹扭螺	48		
		石磺螺属	128	微红斧蛤	264		
Q		史氏日本笠贝	8	文蛤	232		
歧脊加夫蛤	212	绶贝属	40	文蛤属	232		
旗江珧	162	双层螺	98	纹斑新棱蛤	180		
钳蛤科	166	双层螺属	98	无齿蛤	247		
钳蛤属	166	双带蛤科	272	无齿蛤属	247		

317

无磷碎碟	254	秀丽织纹螺	80	胀粗饰蚶	142
无脐玉螺属	35	锈粗饰蚶	140	爪哇寏螺	36
		雪蛤属	200	爪哇拟塔螺	94
		血色海菊蛤	176	褶条马蹄螺	104
X				鹧鸪轮螺	118
西格织纹螺	74	**Y**		织锦类缀锦蛤	242
西美螺科	92	鸭嘴蛤科	300	织纹螺科	68
西施舌	194	鸭嘴蛤属	300	织纹螺属	70
习见赤蛙螺	50	咬齿牡蛎	160	直线竹蛏	290
细带螺科	84	钥孔蛾科	99	中国绿螂	186
细肋果蕾螺	89	伊萨伯雪蛤	202	中国仙女蛤	230
细纹卵蛤	214	衣韩瑞蛤	284	中国小铃螺	100
隙蛤属	270	贻贝科	148	中蚶属	130
仙女蛤属	230	翼螺	58	中华盾蛾	99
蚬科	184	翼螺属	58	中华莫利加螺	88
线纹塔玉螺	32	印荔枝螺属	60	胄螺属	125
镶珠腾螺	59	樱蛤科	274	皱纹蛤属	198
小笔螺属	64	鹦鹉螺	310	珠母贝科	164
小刀蛏	306	鹦鹉螺科	310	珠母贝属	164
小汇螺属	14	鹦鹉螺属	310	竹蛏科	290
小铃螺属	100	硬壳蚬属	184	竹蛏属	290
小文蛤	236	疣瑞荔枝螺	62	锥螺科	20
小阳螺科	100	疣滩栖螺	18	锥螺属	20
小翼小汇螺	14	幼吉樱蛤	278	缀锦蛤属	218
小月螺属	108	鱼篮螺属	68	紫底星螺	107
楔形斧蛤	262	渔舟蜑螺	114	紫云蛤	266
斜纹心蛤	248	玉螺科	32	紫云蛤科	266
蟹守螺总科	11	原缀锦蛤属	244	紫云蛤属	266
心蛤科	248	圆筒盒螺	120	鬃毛石鳖科	2
心蛤属	248			纵带滩栖螺	16
新加坡掌扇贝	174	**Z**			
新棱蛤属	180	掌扇贝属	174		
星螺属	107				

拉丁名索引

A

Abranda	276
Abranda casta	276
Acanthochitona	4
Acanthochitona rubrolineata	4
Acanthochitonidae	4
Acrosterigma	250
Acrosterigma impolitum	250
Anadara	134
Anadara broughtonii	134
Anadara consociata	136
Anadara cornea	138
Anadara ferruginea	140
Anadara globosa	142
Anadara labiosa	144
Anodontia	247
Anodontia edentula	247
Aplysia	123
Aplysia pulmonica	123
Aplysiidae	123
Architectonica	117
Architectonica maxima	117
Architectonica perdix	118
Architectonicidae	117
Architectonicoidea	117
Arcidae	130
Arcuatula	154
Arcuatula senhousia	154
Argopecten	172
Argopecten irradians	172
Armina	124
Armina papillata	124
Arminidae	124
Astralium	107
Astralium haematragum	107
Atrina	162
Atrina vexillum	162

B

Babylonia	66
Babylonia areolata	66
Babyloniidae	66
Barnea	298
Barnea manilensis	298
Batillaria	16
Batillaria sordida	18
Batillaria zonalis	16
Batillariidae	16
Brachidontes	152
Brachidontes variabilis	152
Bufonaria	50
Bufonaria rana	50
Bullacta	119
Bullacta caurina	119
Bursidae	50

C

Callista	230
Callista chinensis	230
Calyptraeidae	28
Cancellariidae	86
Cardiidae	250
Cardita	248
Cardita leana	248
Carditidae	248
Cassidae	41
Cassidula	125
Cassidula plecotrematoides	125
Cassis	41
Cassis cornuta	41
Cellana	7
Cellana toreuma	7
Cerithidea	12
Cerithidea balteata	12
Cerithioidea	11
Charonia	46
Charonia tritonis	46
Charoniidae	46
Chicoreus	52
Chicoreus brunneus	52
Chitonidae	3
Circe	206
Circe scripta	206
Circe tumefacta	208
Clavatulidae	94
Clithon	112
Clithon oualaniense	112
Columbellidae	64
Corbulidae	296
Crassostrea	156
Crassostrea ariakensis	156
Cultellus	306
Cultellus attenuatus	306
Cuspidaria	302
Cuspidaria japonica	302
Cuspidariidae	302
Cyclina	238
Cyclina sinensis	238
Cylichna	120
Cylichna biplicata	120
Cylichnidae	120
Cymatiidae	44
Cypraea	39
Cypraea tigris	39
Cypraecassis	42
Cypraecassis rufa	42
Cypraeidae	39
Cyrenidae	184

319

D

Dentaliidae	5
Dentalium	5
Dentalium octangulatum	5
Distorsio	48
Distorsio reticularis	48
Donacidae	262
Donax	262
Donax cuneatus	262
Donax incarnatus	264
Dosinia	216
Dosinia japonica	216
Duplicaria	98
Duplicaria duplicata	98

E

Echinolittorina	25
Echinolittorina pascua	25
Ellobiidae	125
Epitoniidae	22
Epitonioidea	22
Epitonium	22
Epitonium clementinum	22
Ergaea	28
Ergaea walshi	28
Eulimidae	38
Euprotomus	30
Euprotomus aratrum	30

F

Fasciolariidae	84
Fissurellidae	99
Fulvia	252
Fulvia australis	252
Funa	92
Funa jeffreysii	92

G

Gadila	6
Gadila clavata	6

Gadilidae	6
Gafrarium	210
Gafrarium divaricatum	212
Gafrarium pectinatum	210
Gari	266
Gari elongata	266
Gari inflata	268
Geloina	184
Geloina coaxans	184
Glauconome	186
Glauconome chinensis	186
Glauconomidae	186
Gyrineum	44
Gyrineum natator	44

H

Haminoeidae	119
Hanleyanus	284
Hanleyanus oblongus	286
Hanleyanus vestalis	284
Hiatula	270
Hiatula diphos	270

I

Indothais	60
Indothais lacera	60
Isognomon	166
Isognomon ephippium	168
Isognomon nucleus	166
Isognomonidae	166

J

Jitlada	278
Jitlada juvenilis	278
Jitlada philippinarum	280

L

Laternula	300
Laternula gracilis	300
Laternulidae	300

Liolophura	3
Liolophura japonica	3
Littoraria	23
Littoraria articulata	23
Littoraria melanostoma	24
Littorinidae	23
Lophiotoma	90
Lophiotoma leucotropis	90
Lottiidae	8
Lottioidea	8
Lucinidae	247
Lunella	108
Lunella coronata	108

M

Macalia	288
Macalia bruguieri	288
Macridiscus	228
Macridiscus aequilatera	228
Mactra	188
Mactra achatina	188
Mactra alta	190
Mactra antecedems	192
Mactra antiquata	194
Mactra quadrangularis	196
Mactridae	188
Mammilla	34
Mammilla kurodai	34
Mancinella	54
Mancinella alouina	54
Marcia	226
Marcia hiantina	226
Margaritidae	164
Mauritia	40
Mauritia arabica asiatica	40
Melanella	38
Melanella martinii	38
Meretrix	232
Meretrix lusoria	234
Meretrix meretrix	232

拉丁名索引

Meretrix planisulcata	236		182	Pholadidae	298
Merica	88	*Nerita*	113	*Pinctada*	164
Merica sinensis	88	*Nerita albicilla*	114	*Pinctada maxima*	164
Mesocibota	130	*Nerita balteata*	115	Pinnidae	162
Mesocibota bistrigata	130	*Nerita striata*	113	*Pirenella*	14
Mimachlamys	170	Neritidae	112	*Pirenella microptera*	14
Mimachlamys crassicostata	170	*Nipponacmea*	8	*Pitar*	214
Minolia	100	*Nipponacmea schrenckii*	8	*Pitar striatus*	214
Minolia chinensis	100			*Placamen*	200
Mitrella	64	**O**		*Placamen foliaceum*	200
Mitrella albuginosa	64	*Oliva*	82	*Placamen isabellina*	202
Monodonta	102	*Oliva mustelina*	82	*Placamen lamellatum*	204
Monodonta neritoides	102	Olividae	82	*Placiphorella*	2
Mopaliidae	2	Onchidiidae	128	*Placiphorella japonica*	2
Murex	56	*Onchidium*	128	*Placuna*	178
Murex trapa	56	*Onchidium reevesii*	128	*Placuna placenta*	178
Muricidae	52	Ostreidae	156	Placunidae	178
Mytilidae	148			Planaxidae	11
		P		*Planaxis*	11
N		*Paratapes*	240	*Planaxis sulcatus*	11
Nacellidae	7	*Paratapes textilis*	242	*Polinices*	35
Nassaria	68	*Paratapes undulatus*	240	*Polinices albumen*	35
Nassaria acuminata	68	*Patelloida*	9	Potamididae	12
Nassariidae	68	*Patelloida pygmaea*	9	*Potamocorbula*	296
Nassarius	70	*Patelloida saccharina lanx*	10	*Potamocorbula nimbosa*	296
Nassarius dorsatus	70	Patelloidea	7	*Protapes*	244
Nassarius festivus	80	Pectinidae	170	*Protapes gallus*	244
Nassarius hepaticus	72	*Periglypta*	198	*Psammacoma*	282
Nassarius pullus	78	*Periglypta exclathrata*	198	*Psammacoma gubernaculum*	282
Nassarius siquijorensis	74	*Peristernia*	84		
Nassarius succinctus	76	*Peristernia nassatula*	84	Psammobiidae	266
Naticarius	33	*Perna*	148	Pseudomelatomidae	92
Naticarius hainanensis	33	*Perna viridis*	148	*Pterynotus*	58
Naticidae	32	Personidae	48	*Pterynotus alatus*	58
Nautilidae	310	*Pharella*	304		
Nautilus	310	*Pharella acutidens*	304	**R**	
Nautilus pompilius	310	Pharidae	304	*Reishia*	62
Neotrapezium	180	*Philine*	122	*Reishia clavigera*	62
Neotrapezium liratum	180	*Philine orientalis*	122	*Ruditapes*	224
Neotrapezium sublaevigatum		Philinidae	122	*Ruditapes philippinarum*	224

321

S

Saccostrea	158
Saccostrea cuccullata	158
Saccostrea scyphophilla	160
Scutus	99
Scutus sinensis	99
Semele	272
Semele carnicolor	272
Semelidae	272
Semiretusa	121
Semiretusa borneensis	121
Sepiola	308
Sepiola birostrata	308
Sepiolidae	308
Septifer	150
Septifer bilocularis	150
Serratina	274
Serratina perplexa	274
Sinum	36
Sinum javanicum	36
Siphonaria	126
Siphonaria japonica	126
Siphonaria laciniosa	127
Siphonariidae	126
Solariellidae	100
Solen	290
Solen gordonis	294
Solen linearis	290
Solen strictus	292
Solenidae	290
Spondylidae	176
Spondylus	176
Spondylus squamosus	176
Strombidae	30

T

Tanea	32
Tanea lineata	32
Tapes	218
Tapes belcheri	222
Tapes conspersus	220
Tapes sulcarius	218
Tegillarca	146
Tegillarca nodifera	146
Tellinidae	274
Tenguella	59
Tenguella musiva	59
Terebridae	98
Thylacodes	26
Thylacodes adamsii	26
Trapezidae	180
Tridacna	254
Tridacna derasa	254
Tridacna maxima	256
Trigonaphera	86
Trigonaphera bocageana	86
Trisidos	132
Trisidos tortuosa	132
Trochidae	102
Trochoidea	100
Trochus	104
Trochus sacellum	104
Turbinidae	107
Turbo	110
Turbo bruneus	110
Turricula	94
Turricula javana	94
Turricula nelliae spuria	96
Turridae	89
Turritella	20
Turritella bacillum	20
Turritellidae	20

U

Umbonium	105
Umbonium thomasi	105
Unedogemmula	89
Unedogemmula deshayesii	89

V

Vasticardium	258
Vasticardium rubicundum	258
Veneridae	198
Vepricardium	260
Vepricardium coronatum	260
Vermetidae	26
Vermetus	27
Vermetus renisectus	27
Volachlamys	174
Volachlamys singaporina	174